왜곡하는 뇌

왜곡하는 뇌

Musical Illusions and Phantom Words

음악과 언어가 밝히는 뇌의 비밀

다이애나 도이치 지음
박정미 · 박종화 옮김

에이도스

책을 읽다가 풀리지 않는 의문이나 제보가 있다면
아래 메일로 보내주세요.

여러분의 이야기를 들려주셔도 좋고,
본문의 미국 초등학교 선생님처럼
착청 체험 영상을 보내주셔도 좋습니다.
다양한 제보를 환영합니다.

distortingbrain@gmail.com

이메일이 친숙하지 않으시다면,

모든 질문에 답변을 드리지 못할 수도 있으며,
시간이 걸릴 수 있습니다. 일부 흥미로운 내용은
이 책의 저자 다이내나 도이치 교수님께 전달할 수 있습니다.

옮긴이 박정미·박종화

사랑하는 기억 속
나의 남편
앤서니 도이치(Anthony Deutsch)에게 바칩니다.

추천의 글

말에 음을, 음에 말을 얹혀 이야기를 만들어내는 직업을 가진 사람으로서 너무나 흥미로운 책입니다. 어떤 강연이나 글보다 음에 얹힌 노랫말이 더 오랫동안 사람의 마음을 강하게 움직이는지 이 책을 통해 조금이나마 이해할 수 있을 것 같습니다.

윤종신(작곡가, 미스틱 엔터테인먼트 대표 프로듀서)

음악과 말소리를 우리 뇌가 어떻게 지각하는지 알 수 있을 것이라는 기대감으로 단숨에 읽었다. 청각장애 환자와 이들의 언어재활에 많은 관심이 있던 임상의의 시각에서 볼 때 이 책은 매우 독창적이면서도 개연성 있는 고찰을 통해 의미 있는 임상연구의 방향을 제시하고 있다. 사실 음악에 문외한으로서 다소 복잡한 음악이론과 표현 때문에 완전한 이해가 어렵기는 했어도, 흥미로운 실험 사례 그리고 QR코드를 통해 제시한 착청 사례는 책을 이해하고 공감하는 데 많은 도움이 되었다. 일반인의 교양적 소양을 키워줄 뿐 아니라 음악전문가 그리고 청각에 관심이 있는 뇌과학자들에게 매우 유용할 것이다.

오승하(서울대 의과대학 이비인후과 교수)

소리는 물리적인 현상이지만, 소리를 듣는다는 것은 뇌의 복잡한 인지 작용이다. 그래서 같은 소리도 개인에 따라, 언어에 따라, 문화적 배경에 따라, 다르게 듣게 된다. 이책이 말하는 과학적 근거로부터 우리가 얻는 교훈은 다음과 같다. 너의 진실과 나의 진실이 다를 수 있다는 것. 사실과 진실이 다를 수 있다는 것. 그러니 나의 진실만을 유일한 것이라 섣불리 단정해서는 안 된다는 것. 인지의 세계는 매끈하지 않고 울룩불룩하다는 것. 착각이 불가피하다는 것. 그것이 우리 인간이라는 것.

유지원(타이포그래피 연구자, 『글자 풍경』『뉴턴의 아틀리에』 저자)

저처럼 음악을 만드는 작곡가나 프로듀서를 비롯해 음악산업에 종사하는 사람은 물론이고, 음악 작품을 해석하기 전에 음악을 듣고 또 음악을 만든다는 것에 대한 근본적인 물음을 가진 이들에게 이 책은 큰 기쁨을 선사할 것입니다.

최우정(서울대 음악대학 작곡과 교수)

이 책을 읽다가 신경과 진료 중 만났던 환자가 떠올랐습니다. 노래를 부를 때, 가사는 정확하지만 멜로디와 운율이 상실된 방식으로 노래하는 분이었죠. 이는 실율증(aprosodia)이라는 희귀한 증상으로, 이 책을 좀 더 일찍 알았더라면 그 환자에게 많은 이야기를 해줄 수 있었을 것이라는 생각이 들었습니다. 수십 년간 뇌를 연구해온 신경과 의사지만, '착청 현상'이라는 말은 처음 들어봤을 정도로 음악에 문외한이었던 저에게 이 책은 많은 깨달음을 주었습니다. 인간의 뇌에 관심이 있는 분들께 아주 흥미로운 책이 되리라 생각합니다.

정기영(서울대 의과대학 신경과 교수)

사람들은 종종 사실 같은 것인데 다르게 느끼거나 다른 것을 같게 인지하는 경험을 했을 때, '속았다', '틀렸다'라고 생각하는 경향이 있다. 그렇지만 문제의 본질이 '맞느냐 틀리느냐'가 아니라 '왜 그렇게 느꼈느냐'로 옮겨갈 때, 우리는 좀 더 건설적인 접근을 할 수 있다. 이 책은 사람이 듣고 이해하는 것에 대해서 이 '문제의 본질'에 집중하고 있는 연구들을 잘 정리하고 있다. 인간의 뇌는 외부 자극을 계량하는 것이 목적인 시스템이 아니며 보다 고도화된 행위를 위한 수단에 불과하기 때문에 모든 것을 정확하게 인지할 수는 없다. 그럼에도 불구하고 저자는 다양한 연구를 통하여 이러한 한계에 의해 발생하는 착청이 뇌의 효율적인 활용을 위한 산물이며, 그 차이에는 분명한 원인이 존재함을 우리에게 설득력 있게 말해주고 있다. 이 책에는 우리가 듣는 것에 한정된 이야기를 하고 있지만, 여기서 적용되는 관점은 인간이 갖는 모든 생물학적, 사회적 차이를 이해하기 위한 공통된 접근 방법이 될 수 있을 것이다.

조완호(한국표준과학연구원 물리표준본부 음향진동표준팀 팀장)

음악과 말소리의 '착청 현상'을 소개하는 다이애나 도이치의 『왜곡하는 뇌』는 역설적이게도 지각의 오류, 특히 착청이 '세상을 올바르게 지각할 수 있도록 해주는 중요한 정보를 제공'한다고 격려한다. 세상을 이해하고 싶은가? 그렇다면 들어라. 잘 듣고 싶은가? 그렇다면 읽어라. 분열과 단절의 시대를 살아가는 이들에게 『왜곡하는 뇌』는 좋은 안내자가 될 것이다.

계희승(한양대 음악대학 작곡과 교수)

'보이는 것이 보는 것은 아니다.' 어렸을 때부터 책이나 과학잡지 등에서 종종 '착시 현상'에 대한 예제들을 접하면서 왜 실재하는 것과 내가 인지하는 것이 다를까에 대한 의문과 호기심이 생겼다. 당시에는 지면이라는 미디어의 한계 때문에 시각적 착각(illusion)에 대해서만 알고 있었지만 시간이 흐르면서 청각적 착각도 존재함을 알게 되었고, 이는 내 연구의 한 축을 차지하게 되었다. 이 책은 귀라는 감각 기관을 통해 전달되는 소리라는 정보를 처리할 때 우리의 뇌가 왜, 그리고 어떠한 과정을 거쳐 객관적 소리를 변조하고 '왜곡'하여 인지하는지에 대한 깊고 방대한 내용을 다양한 예들을 통해 아주 쉽고 친절하게 독자에게 말해준다. 이 책이 많은 독자들에게 지적 호기심을 불러일으키기를 바란다. 내가 30여 년 전에 경험했던 것처럼.

이교구(서울대 융합과학기술대학원 교수, 수퍼톤AI 공동창업자)

책을 읽다 보니 '뇌'라는 아름답고 섬세한 여인을 두고, '말'과 '음악'이라는 매력적인 두 청년이 서로 경쟁하며 마음을 뺏으려고 노력하는 것 같았다. 때로는 세 친구가 모두 장난꾸러기같이 느껴질 정도로 뇌, 말, 음악의 이면을 계속 새롭게 알게 되는 여정이 매우 재미있었다. 이 세상에 다양한 음악이 존재한다는 것 자체에 대한 감사함, 그리고 그 다양한 음악을 만들어낸 작곡가들과 음악가들에 대한 감사함, 그리고 그 음악이라는 선물을 주신 하나님께 더 깊은 감사함을 느끼게 해주었다.

서범진(작곡가, 전(前) 유니버설뮤직코리아 대표이사)

인간은 청각을 통해 들어오는 소리 정보를 어떻게 음악으로 느끼고 이해할까? 저자 다이애나 도이치는 1980년대부터 인간이 음악을 지각하고 인지하는 문제에 관해 본격적인 화두를 던지면서 우리의 뇌가 외부로부터 들려오는 소리 자극을 어떻게 자의적으로 편집하여 음악으로 형상화시키는지를 지속적으로 연구한 대표적인 학자이다. 『왜곡하는 뇌』는 이런 저자의 지난 반세기 동안의 연구가 집대성된 기념비적 책이다. 이 책을 음악인지과학 분야에서 전문적인 활동을 펴온 박종화·박정미 두 학자의 탁월한 번역으로 우리말로 접할 수 있다는 것은 우리 독자들에게는 큰 행운이다.

이석원(서울대 음악대학 작곡과 이론전공 교수, 한국음악지각인지학회 초대 회장)

소리에 대한 착각 현상을 통해 인간의 청각 인지를 연구해온 세계적인 대가인 다이애나 도이치의 책이 박정미·박종화 선생의 번역을 통해 한국에 소개되는 것을 매우 뜻깊게 생각한다. 이 책은 소리에 대한 뇌의 이유 있는 착각을 다양한 예제를 통해 흥미롭게 소개한다. 귀와 뇌를 갖고 있는 인간이라고 해서 누구나 소리를 똑같이 듣는 것은 아니다. 태어나서부터 지금까지 경험한 소리의 특징을 바탕으로 저마다 다르게 소리를 해석하고 판단한다. 책에 소개된 다양한 소리 예제를 들어보고 어떻게 들리는지 생각해보는 과정에서 자연스럽게 우리의 뇌를 이해하게 될 것이다.

이경면(KAIST 디지털인문사회과학부 교수)

지금까지도 미지의 영역인 우리의 뇌에서는 원인을 알 수 없는 신비로운 현상들이 발생합니다. 없는 걸 있다고 느끼거나, 떨어져 있는 걸 붙어있다고 느끼거나, 가만히 머물러 있는 걸 무한히 변한다고 느끼기도 하죠. 『왜곡하는 뇌』는 뇌가 만드는 이러한 착각들을 통해 인간의 지각 체계에 대해 탐구합니다. 주제 자체는 어렵지만 두 귀를 의심케 하는 착청들을 직접 들어볼 수 있어 '이게 대체 왜 이러지?' 계속해서 호기심을 갖고 몰입할 수 있었고, 그에 대한 해석들이 너무나 뜻밖이라 몇 번이나 이마를 탁! 쳤는지 모릅니다.
무엇보다 이 책, 생각보다 재밌습니다. 그리고 당연히 유익하죠. 재밌는데 유익하다? 진부하긴 하지만 이보다 더 좋을 수 있을까요.

클래식타벅스(유튜버)

추천의 글

· 목 차 ·

• 착청을 듣는 방법 •

착청 현상과 음원들은 책에 제시한 QR코드를 통해 꼭 들어보세요.

제2장의 음원들은 스테레오(2채널)로 들어야 착청을 경험할 수 있습니다. 각 음원별로 권장되는 청취 방식은 다음과 같습니다. 옥타브 착청은 반드시 헤드폰이나 이어폰을 통해 들어야 합니다. 음계 착청과 반음계 착청, 캄비아타 착청은 헤드폰이나 이어폰에서 가장 잘 들리지만, 거리를 두고 벌려놓은 스테레오 스피커를 통해서도 들을 수 있습니다. 글리산도 착청은 스테레오 스피커를 사용했을 때 가장 잘 들을 수 있고, 헤드폰이나 이어폰을 통해서도 들을 수 있습니다. 이외에는 스피커를 사용해 들어도 무방합니다.

컴퓨터나 스마트폰을 사용하시는 경우에는 외부 스피커를 연결하거나 이어폰을 사용하는 것을 추천합니다. 내장형 스피커는 스테레오로 되어 있지 않거나 적절한 음질을 제공하지 못할 수도 있기 때문입니다.

한국어판 서문

저의 책 『왜곡하는 뇌(Musical Illusions and Phantom Words)』의 한국어판이 출간된 것을 매우 기쁘게 생각합니다. 이 책은 제 친구이자 동료인 박종화 대표와의 오랜 협업에서 나온 것입니다. 박종화 대표를 처음 만난 것은 2017년 음악지각인지학회 모임으로, 당시 저는 학회 모임에서 기조연설을 했습니다. 저는 오랫동안 한국어에 관심이 있었는데, 특히 말의 어휘적 성조가 의미에 미치는 영향 그리고 그것이 절대음감과 어떤 관계가 있는지에 관심이 많았습니다.

당시 모임에서 우리는 이 주제에 관해 흥미로운 토론을 했고, 이를 토대로 여러 연구 프로젝트를 함께 하게 되었습니다. 그 프로젝트의 하나로 박종화 대표는 이 책을 동료 박정미 박사와 함께 한국어로 번역하기로 했습니다. 그리고 그 결과물로 이렇게 한국 독자들에게 언어와 음악의 관계에 관한 저의 연구를 소개할 수 있게 되었습니다.

『왜곡하는 뇌』는 음악과 언어의 관계와 관련한 물음들을 폭넓은 시각으로 다루고 있습니다. 이를테면 일상적 삶에서 볼 수 있는 말과 음악의 긴밀한 관계, 말과 노래 사이의 경계, 절대음감, 착청, 말과 음악의 환청 등에 관해 이야기합니다. 청각적 착각 현상 그리고 이러한 착각이 어떻게 발생하는지에 관심이 있는 독자들, 특히 음악가, 언어학자, 심리학자, 신경과학자, 오디오 엔지니어라면 누구나 흥미롭게 읽으실 수 있을 것이라 생각합니다.

Diana Deutsch

2023년 1월

감사하게도 박종화 선생님의 제의로 함께 이 책을 번역하게 되었습니다. 책과 논문을 통해 접해 온 존경하는 도이치 교수님의 책을 번역한다는 건 정말 영광스러운 일이었습니다. 이 책은 읽어도 읽어도 새롭고, 재미있고, 많은 생각을 하게 하고, 새로운 연구 아이디어들을 샘솟게 하는 책이라 생각합니다.

아마도 많은 분이 시각적 착각 현상을 말하는 '착시'라는 말을 들어보고 관련한 경험도 해보았을 것입니다. 하지만 청각적 착각(illusion)인 '착청(錯聽)'이라는 말은 처음 들어본 분들이 많을 것입니다. 이 용어가 매우 생소하고 사람들에게 알려지지 않아 번역하면서 고민이 많았지만, 이 책을 출발점으로 '착청'이라는 현상을 널리 알려야겠다는 생각에서 '착청'이라는 단어를 사용하게 되었습니다. 착청 현상 외에도 이 책에는 흥미로운 주제들이 가득합니다. 이 책이 다양한 분야의 독자들께 호기심과 재미를 드릴 뿐 아니라 새로운 궁금증과 아이디어가 촉발하는 계기가 되길 기대합니다.

제가 음악심리학의 길을 걷게 된 건, 서점에서 우연히 이석원 교수님의 『음악심리학』(개정판 『음악인지과학』)을 찾아 읽게 되면서였습니다. 책을 읽으면서 느꼈던 흥분이 아직도 생생합니다. 책을 읽으면서 이 길이 저의 길임을 확신하고 지금까지 왔던 것 같습니다. 이 책이 당시의 저처럼 누군가에게 큰 영향을 줄 것으로 생각합니다.

다시 한 번 이 책을 함께 번역하면서 즐겁게 논의했던 박종화 선생님께 감사드리며, 음원들을 함께 들으며 이야기를 나눈 사랑하는 딸 수지, 사랑이에게도 감사의 말을 전합니다.

박정미

옮긴이의 말 2

어느덧 3년에 걸친 번역을 마무리하게 되었습니다.

제가 이 책을 처음 만난 것은 연구논의를 위해 도이치 교수님 댁을 방문했을 때였습니다. 당신께서 직접 착청을 설명해주시면서 책에는 담지 못한 재밌는 이야기들을 들려주셨습니다. 우연히 연구의 실마리를 찾았던 감동의 순간, 컴퓨터가 없던 옛날 학회에서 카세트테이프를 챙겨가 한 명씩 착청을 들려주었다는 이야기… 이런 말씀을 들으며 저는 이 거장의 이야기를 한국에 소개해야겠다고 마음먹었습니다.

이 책이 특별했던 이유는 비단 '음악과 언어, 뇌'라는 독창적인 주제 때문만은 아닙니다. 제가 도이치 교수님께 배웠던 가장 중요한 가르침이자, 과학의 본질이라 할 수 있는 '지식의 생산 과정'을 이 책이 가감 없이 보여주고 있었기 때문입니다.

당연한 것들을 의심하고 새로운 가설을 세우는 법,

그 가설을 검증하기 위한 정교한 실험을 설계하는 법,

필요한 경우, 내가 틀렸음을 인정하는 법.

이 책은 진리를 찾는 과학자들의 논리와 사고과정을 따르면서도 쉬운 이야기로 풀어냅니다. 차근차근 읽다 보면 여러분들도 어느새 과학자들의 사고방식을 자연스레 체득하게 될 것입니다. 제가 도이치 교수님과 대화하고 토론하는 과정에서 배웠던 것처럼 말입니다.

이 책이 나올 수 있도록 도움을 주신 많은 분께 감사의 인사를 전합니다. 검수와 함께 번역의 고민을 함께 해주신 소중한 동료들, 이재원 작곡가, 이원우 작곡가, 주정현 작곡가, 이상빈 작곡가, 제 목소리로 독자분들께 QR코드를 전할 수 있도록 내레이션의 녹음과 편집을 맡아주신 서최선 선생님, QR코드의 서버 관리를 맡아주신 UCSD의 트레버 헨슨, 추천의 글을 보내주신 서울대학교 의과대학 오승하, 정기영 교수님, 융합과학기술대학원 이교구 교수님, 음악대학 최우정, 이석원 교수님, 한국표준과학연구원 조완호 박사님, 카이스트 이경면 교수님, 한양대 음악대학 계희승 교수님, 유튜버 클래식타벅스님, 타이포그래피 연구자 유지원 선생님, 작곡가이자 경영자이신 서범진 대표님, 그리고 윤종신 대표님께 진심으로 감사의 말씀을 드립니다. 번역 프로젝트를 제안하자 한달음에 달려와주신 에이도스 출판사의 박래선 대표님과 공동 번역으로 함께해주신 존경하는 선배이자 동료 박정미 박사님과 함께 작업할 수 있어 행복했습니다. 모든 일에 응원을 아끼지 않는 가족들에게도 감사를 전합니다.

마지막으로, 평생에 걸친 연구결과를 담아낸 이 책을 번역할 수 있도록 허락해주신, 언제나 믿어주시고 기다려주시는 사랑하는 스승 다이애나 도이치 교수님께 감사의 말씀을 드립니다.

박종화

감사의 글

저는 감사하게도 이 책에 등장하는 여러 주제들에 대해 오랜 시간에 걸쳐 여러 사람과 논의할 수 있는 기회가 있었습니다. 그분들의 이름을 모두 언급하진 못하더라도, 여러 동료들에게서 영감을 얻었다는 것을 꼭 밝히고 싶습니다.

미국음향학회(ASA)와 오디오공학회(AES)의 모임에서 자주 만났던 분들, 특히 존 피어스, 요한 준트버그, 윌리엄 하트만, 만프레드 슈뢰더, 에른스트 테어하트, 아드리안 후츠마, 아서 베나드, 로랑 드마니와 이 책에 등장하는 주제들에 관해 음향학적 관점에서 논의했습니다.

1980년 오스트리아 오시아크(Ossiach)의 물리학자 주안 뢰더러가 '음악의 물리학과 신경심리학적 기초'에 관한 일련의 워크숍을 개최하였고, 그때 여러 과학자, 음악가, 기술자들이 함께하는 놀라운 다학제적 모임에 참여했는데, 이를 통해 우리는 평생에 걸친 우정을 쌓을 수 있었고, 많은 아이디어를 교류하기 시작했습니다. 워크숍에서 만났던 분 중에는 음악가 레오나르드 마이어, 프레드 러달, 유진 나모어, 로버트 옐딩엔, 데이비드 버틀러가 있었고, 물리학자이자 공학자인 라이니어 플로프, 에온 반 누어덴, 심리학자로는 데이비드 웨슬, 스테판 맥아담즈, 존 슬로

보다, 앨버트 브레그만, 잼쉐드 바루차, 리처드 워런, 제이 다울링, 캐럴 크럼한슬, 이사벨 페레츠, 윌리엄 포드 톰슨, 딕슨 워드가 있었습니다.

이후 저는 에드워드 카터렛과 오구시 겐고와 함께 2년마다 열리는 국제음악지각인지학회를 창단했습니다. 이 학회는 1999년 도쿄에서 처음 개최되었고, 그곳에서 나의 친구이자 동료인 나카지마 요시타카와 미야자키 겐이치를 만났습니다.

그때 저는 프랜시스 크릭과도 신나게 많은 논의를 했는데, 당시 그는 지각 연구에 관심이 있었습니다. 크릭의 연구실은 샌디에이고 캘리포니아 대학교(UCSD)의 솔크 연구소에 있었는데, 착청(錯聽) 현상에 몰두해 있던 때라 여러 차례 제 실험실에 데리고 와서 저의 착청 음원들을 들려주었습니다. 또한 저는 신경학자인 노먼 게슈빈트와도 매우 유익한 토론을 했습니다. 게슈빈트는 특히 옥타브 착청의 신경학적 기초에 관심이 있었습니다.

또한 수년간 UCSD 심리학부의 빌라야누어 라마찬드란, 도널드 맥클리오드, 슈트어트 안스티스, 게일 헤이먼, 블라디미르 코네츠니, 인지과학부의 새라 크릴, 수학과의 존 페로, 그리고 음악대학의 로버트 에릭슨, 리처드 무어, 밀러 푸켓, 마크 돌슨, 리 레이, 리처드 불랑제, 트레버 헨슨과 많은 대화를 나누었습니다. 조 뱅크스, 샤오누오 리, 엘리자베스 마빈, 니콜라스 웨이드, 윌리엄 왕, 이사벨 페레츠와도 이 책에서 언급한 이슈들에 관해 논의했습니다. 또한 대학원생 케빈 둘리, 징 쉔, 아담 티어니, 카밀 하마위, 프랭크 라고진, 레이철 래피디스, 미렌 에델슈타인은 기꺼이 작업을 함께 진행했습니다.

　각 장에 등장하는 이슈들에 관해 소중한 의견을 주신 스콧 킴, 스티븐 핑커, 로버트 버웍, 스티븐 버디안스키, 피터 버크홀더, 앤드루 옥센험, 조너선 버거, 데이비드 휴런, 고든 바우어, 프시케 루이, 대니얼 레비튼, 리사 마굴리스, 크리스 매슬란카와 그 외 여러분들께 감사드립니다. 이 책을 읽고 아낌없는 조언을 주신 애덤 피셔, 데이비드 피셔, 조슈아 도이치, 멜린다 도이치, 템마 에렌펠트, 브라이언 컴튼께도 감사드립니다. 또한 시간을 할애해서 꼼꼼하게 읽고 중요한 피드백을 주신 익명의 여섯 분께도 감사드립니다.

　공영 라디오 프로그램인 라디오랩(Radiolab)의 설립자 겸 공동 진행자인 재드 아붐라드와의 대화를 통해서도 매우 큰 도움을 받았습니다. 그의 폭넓은 관점와 이해 덕에 착청이 가지는 광범위한 함의를 좀 더 깊게 생각할 수 있었습니다. 또한 작곡가 마이클 레빈과의 오랜 서신 교환은 특히 귀중한 정보의 원천이 되었고, 그의 지각에 관한 통찰력은 음악을 좋아하는 독자들을 위한 책을 구상하는 데 상당한 도움을 주었습니다. 물리학자 에릭 헬러와도 오랜 동안 편지를 주고받았는데, 착청과 관련된 그의 통찰력 있는 조언과 논의는 특히 도움이 많이 되었습니다.

　매우 유익한 논의를 나누었던 과학자들로 슈테판 클라인, 벤 슈타인, 잉그리드 위켈그렌, 필립 얌, 필립 볼, 하워드 버튼, 찰스 초이, 숀 칼슨, 마이클 셔머, 올리버 색스도 있었습니다.

　특히 마지막 원고가 나오기까지 현명한 지도와 격려, 상세한 조언을 주신 옥스퍼드 대학출판부의 편집장인 조앤 보서트께 특히 감사드립니다. 옥스퍼드 대학출판부의 필립 벨리노프와 케이트 파이버도 마지막

결과가 나오기까지 큰 도움을 주셨습니다. 책에서 등장하는 이슈들과 관련하여 많은 논의를 함께해 주고, 제 오디오북 녹음과 함께 음악과 언어의 착청을 비롯하여 전문적인 음원 제작 작업을 해주신 트레버 헨슨에게 큰 감사의 말씀을 드리고 싶습니다. 또한 제작 과정과 관련해 전문적이고 상세한 조언과 도움을 주신 케이티 스필러에게 깊은 감사를 드립니다.

마지막으로 지난 몇 년간 제 작업을 지지해주고, 피드백을 준 남편 앤서니 도이치에게 말로 표현할 수 없을 만큼 감사를 드립니다. 마지막으로 토니에게 이 책을 바칩니다.

음악과 언어, 그리고 뇌의 세계로 들어가는 길

이 책은 음악과 언어를 지각할 때 나타나는 청각 체계의 놀라운 능력과 기발함, 뇌에서 발생하는 신기한 오류에 관해 설명합니다. 지난 몇 년간 심리학, 심리음향학, 신경과학, 음악 이론, 물리학, 공학, 컴퓨터과학, 언어학 등 여러분야의 학자들이 청각 체계의 본질을 이해하는 데 극적인 진전을 이루었습니다. 저는 이러한 과학적 발견과 여러 실험 결과들을 여러분에게 소개하고 싶습니다.

예를 들면, 소리가 가지는 다양한 특성, 즉 음높이, 세기, 음색 등을 지각하고 분석할 때 우리 뇌의 서로 다른 부위들이 함께 관여한다는 것에서부터, 우리가 들은 소리를 기억에 표상할 때, 패턴을 조직화하는 원리까지 포함합니다. 지금까지도 우리가 알지 못하는 영역과 밝혀내야 할 것이 한참 남아 있는 이 분야를 탐구하면서 제가 느꼈던 감동과 흥분이 이 책을 읽는 여러분에게도 전해지면 좋겠습니다.

우리 뇌의 청각 시스템이 가장 정교하게 사용되는 순간 중 하나가 음악을 지각하고 이해하는 과정이기 때문에, 이 책은 특히 음악의 지각에 관해 초점을 맞춥니다. 우리가 콘서트홀에 앉아 베토벤의 5번 교향곡을 듣고 있다고 상상해봅시다. 수많은 악기들이 동시에 연주되며 복잡한 음향 덩어리를 만들어내고 있을 겁니다. 이런 상황에서 우린 어떻게 제1바이올린이 연주하는 선율을 찾아듣거나, 첼로나 플루트의 선율을 선택적으로 찾아들을 수 있는 걸까요? 또한, 연주 도중 들리는 다른 청중의 기침소리나 잡담하는 소리는 무대에서 연주되는 음악과 분리시켜 들어야 할 '소음'이라는 것을 우리 뇌는 어떻게 아는 걸까요? 실은 우리가 이렇게 지각할 수 있기 위해서는 우리 뇌의 복잡한 계산과정이 수반되어야 합니다.

다른 예시를 들어볼까요? 라디오 채널을 틀었는데 많이 들어본 노래가 나오고 있다면, 심지어 그 곡의 중간 부분부터 듣게 되더라도 듣자마자 무슨 곡인지 알아챌 수 있을 겁니다. 우리의 '기억'이 이런 일들을 해내기 위해서는 우리 뇌가 어마어마하게 많은 음악들을 상당히 정확하게 기억하고 있어야 하는데, 이를 보면 뇌가 얼마나 놀라운 능력을 가지고 있는지를 알 수 있습니다.

이 책이 중점적으로 다루고자 하는 것은 음악과 말소리의 '착청 현상'입니다. 이 독특한 현상의 특징은 무엇인지, 그리고 반대로 이 현상을 통해 알 수 있는 일반적인 소리 지각 메커니즘은 무엇인지에 대해 다룹니다.

대개는 '착각'이라는 현상을 정상적인 지각 방식으로 설명하기 힘든, 그저 재미있는 예외 현상 정도로 간주하곤 합니다만, 실은 그 반대라는 것을 말하고자 합니다. 장치의 고장과 오류를 통해 더욱 안정적으로 작동하는 장치를 만들어갈 수 있듯이, 지각의 오류, 특히 착청은 세상을 올바르게 지각할 수 있도록 해주는 중요한 정보를 제공합니다.

아마도 시각적 착각인 '착시 현상'은 많이 들어보셔서 익숙하겠지만, 청각적 착각인 '착청 현상'은 익숙하지 않을 것입니다. 하지만 놀랍게도, 우리의 청각 시스템은 무수히 많은 착각을 일으킵니다. 예를 들어 단순한 패턴의 소리를 지각하는 방식조차 사람마다 다를 수 있는데요, 이러한 차이는 음악적 능력이나 훈련의 수준 차이에서 발생하는 것이 아닙니다. 이 책 제2장의 '스테레오 착청'을 들을 때 누군가는 높은 음이 오른쪽 귀에서 들린다고 하고 다른 누군가는 왼쪽 귀에서 들린다고 합니다. 심지어 전문음악가들조차도 이러한 차이가 나타납니다. 사실 이러한 개인별 차이는 왼손잡이와 오른손잡이의 차이에서 발생합니다.

이는 뇌의 조직화 과정에서의 차이가 반영된 것으로 생각할 수 있습니다. 제5장의 반옥타브 역설에서도 이와 같은 불일치가 나타나는데, 거장 수준의 음악가들 사이에서도 동일한 소리를 듣고도 음이 이동하는 방향이 높아지는지, 낮아지는지에 대해 의견의 불일치를 보입니다. 이러한 착청의 차이는 자신이 성장기를 보낸 지역이나, 노출된 언어 혹은 사투리로부터 영향을 받습니다.

그렇다면 청각은 왜 착각을 일으키기 쉬운 감각일까요? 청각 메커니즘의 특징 중 하나는 현저히 적은 양의 신경조직으로 이루어져 있다는 것입니다. 시각 시스템과 비교해 볼까요? 외부 세계로부터 투사된 빛의 패턴은 양쪽 눈의 망막에 상으로 맺히고, 망막에 있는 광수용체는 신경신호를 보다 상위 처리기관인 뇌의 중추로 보냅니다. 한쪽 눈에만 약 126,000,000개의 광수용체(막대세포와 원뿔세포)가 있어서, 엄청난 양의 정보를 처리할 수 있습니다. 게다가 대뇌피질의 3분의 1가량이 시각과 연관됩니다.

반면 청각은 이와는 매우 다릅니다. 청각 수용체(털세포)는 상대적으로 매우 적은데, 한쪽 귀에 약 15,500개 정도이며, 이 중에서도 3,500개 정도의 청각 수용체가 보내는 신호만이 뇌로 전달됩니다. (한쪽 눈에 126,000,000개의 수용체가 있다는 것과는 매우 다르죠!) 청각에 사용하는 대뇌피질의 양은 3~20퍼센트 정도로, 청각 처리에 포함되는 피질 부위에 따라 다를 수 있습니다. 분명한 것은, 시각과 관련된 피질의 양에 비하면 명백히 적다는 것입니다.

이렇게 적은 양의 피질로도 우리의 뇌는 귀에 전달된 소리의 파형으로부터 청각 이미지들을 그려내는 엄청난 작업을 해냅니다. 현실에서는 더 복잡해집니다. 소리의 물리적 특성상 여러 공간에 반사되어 우리 귀에 전달되기 때문이죠. 방 안에서 소리를 듣는 경우를 생각해 보면, 소리는 벽, 천장, 바닥, 그리고 수많은 물체에서 반사되어 복잡한 파형의 형태로 귀에 전달됩니다. 하지만 우리의 청각 체계는 소리가 이동했던 경로를 고려하여 원래의 소리로 재구조화합니다. 좀 더 복잡하게 설명하면, 같은 공간에서도 우리가 서 있는 위치에 따라 음파 패턴은 달라지지만, 우리의 뇌는 이러한 다른 패턴의 음파들을 동일한 소리로 인지해냅니다.

더 나아가, 우리는 동시에 여러 소리들(예를 들어, 친구의 말소리, 개 짖는 소리,

자동차 소리 등)에 노출되어 있습니다. 이러한 소리들을 개별적으로 분간하기 위해서는 우리의 귀에 전달되는 소리신호로부터 주파수 성분을 분리할 수 있어야 합니다. 동시에 합쳐 있는 소리를 지각과정에서 분리해내는 것은 만만치 않은 일입니다.

이렇게 복잡한 처리과정을 적은 수의 신경조직만으로 수행해야 하기 때문에 우리의 청각 시스템이 귀에 들어온 소리를 다시 재구성하기 위해 더욱 복잡한 신경 경로들을 거치도록 설계된 것이라 할 수 있습니다. 이 복잡한 시스템은 사전 경험, 주의집중, 기대와 예상, 정서, 다른 감각에 의한 정보를 사용하여 엄청난 양의 '무의식적 추론' 혹은 '하향식 처리(top-down processing)'를 거치도록 하고, 이 과정을 통해 우리가 무엇을 듣고 있는지를 결정할 수 있도록 해줍니다.

제가 발견했던 착청 중 하나는 청각에서의 무의식적 추론의 힘을 명쾌하게 보여줍니다. 예전에 저는 단순한 음정 간격들 간의 관계를 인식하는 신경 네트워크를 제안했고, 음악을 인지할 때 뇌가 그러한 네트워크를 사용한다는 것을 주장하는 논문을 출판했습니다. [3] 하지만, 논문이 출판되고 나서, 저는 제 모델이 믿기 힘든 인지적 결과를 예측하고 있다는 것을 깨달았습니다. 즉, 만약 제 모델이 맞다면, 우리가 많이 들어봤던 멜로디를 음이름(예를 들어 C, D, F)은 그대로 연주하되, 각 음을 옥타브만 달리하여 연주한다면 원곡의 멜로디를 인식할 수 없어야 했습니다. 하지만, 직관적으로 생각해보면 이렇게 연주하더라도 무슨 노래인지 충분히 알 수 있을 것 같았고, 저는 제 모델이 틀렸다고 결론지었습니다.

저는 제가 틀렸을 거라 생각하며 피아노 앞에 앉았습니다. 유명한 노래 하나를 옥타브만 뒤죽박죽 섞어가며 연주하였고, 직관적으로 예상한 바처럼 어렵지 않게 원곡의 노래를 인지할 수 있었습니다. 논문의 주장이 틀렸다고 생각하던 중, 마침 우연히 한 친구가 지나가면서 제게 물었습니다.

"방금 그거 무슨 곡이야?"

"응? 무슨 노래인지 모르겠어?"

"전혀 모르겠어. 완전히 난해한 음악처럼 들리는데…?"

그제야 무슨 일이 일어난 것인지를 깨달았습니다. 제 논문의 모델이 예측한 바대로, 친구는 그 멜로디를 알아차리는 데 필수적인 음악적 관계와 힌트를 찾아내지 못한 반면, 저는 멜로디를 연주하는 동안 어떻게 들어야 하는지에 대한 전체적인 선율의 이미지를 마음속에 갖고 있었기 때문에, 그 심상을 참고하여 각 음이 원곡의 음역에서 정상적으로 연주되는 결과를 상상해낼 수 있었습니다. 그래서 저는 수월하게 멜로디를 지각할 수 있었지요.[4] 여러분도 당시의 상황을 느껴보실 수 있도록 음원을 준비했습니다. QR코드로 접속하여 '신기한 멜로디' 모듈에서 두 가지 버전을 들어보실 수 있습니다.

이 예를 통해 음악을 파악하는 데 사전지식이나 '이후 발생할 사건에 대한 기대'가 얼마나 중요한 역할을 하는지를 알 수 있습니다. 심리학에서는 이러한 현상을 '하향식 처리'라 부릅니다.

시각에서 많은 예들을 찾아볼 수 있습니다.

신기한 멜로디

〈그림 0.1〉   모호한 그림

적은 정보만을 보여주는 그림 조각들이 좋은 예가 됩니다. 〈그림 0.1〉을 보시죠. 처음에는 의미 없는 얼룩들로 보이지만 계속 보다 보면 점차 의미를 가지게 되고, 결국엔 처음에 이미지와 형태를 인식하는 데 어려움이 있었다는 사실조차 의아해 하게 됩니다. 심지어는 몇 달 후 같은 그림을 보더라도 바로 알아볼 것입니다. 이는 시각 시스템이 이미 습득했던 지식에 비추어 다양한 요소들을 조직하기 때문입니다.

이 책에서 몇 개의 장은 소리 지각에 있어서 무의식적 추론이 관여하는 것을 보여줍니다. 특히, 앞부분에서 다루는 착청 현상은 음악적 패턴을 설령 잘못 들었더라도 개연성이 높은 방향으로 다시 지각해내는 현상에 기반하고 있습니다. 제7장에서는 언어 처리에 있어서도 착청 현상이 무의식적 추론에 얼마나 지대한 역할을 하는지 보여줍니다.

제3장에서는 지각적 조직화의 일반 원리를 다룹니다. 이는 20세기

초에 게슈탈트 심리학자들이 처음으로 밝힌 원리입니다. 이러한 원리들은 청각과 시각 모두에 적용됩니다. 조금 더 부연하자면, 개별 요소들 중에서도 서로 가깝거나, 비슷하거나, 연속적인 것들끼리는 그 연결성을 극대화하는 경향성이 있다는 원리입니다.

덧붙여 이 책은 말과 음악이 어떻게 관련이 있는지를 행동적 측면과 뇌의 구조적 측면에서 다룹니다. 이에 관해서는 두 가지의 상반된 관점이 있습니다. 하나는 언어와 음악은 각기 독립적이고 분리된 모듈로 작동하는 기능이라고 보는 관점이고, 다른 하나는 각각의 소통방식은 다르지만 언어와 음악 모두 보편적이고 공통된 신경회로의 산물이라고 보는 관점입니다.

이 책에서(특히 제10장과 제11장에서) 저는 음악과 언어는 각각의 모듈 구조의 산물이라고 주장합니다. 실지로 이 둘은 여러 다른 모듈의 기능을 합니다. 몇몇 예에서 어떤 모듈은 특정한 소통을 위해 사용되는 반면(말에서의 의미 혹은 문법, 음악에서의 조성 혹은 음색과 같은), 다른 모듈은 말과 음악 모두에 사용되기도 합니다(음고, 위치, 타이밍, 음량 강도의 경우). 그러나 저는 기억과 주의와 같은, 일반적으로 상위차원의 인지기능도 우리가 듣고 있는 소리가 말로 들리는지 음악으로 들리는지를 결정하는 데 중요한 역할을 한다고 보고 있습니다.

이와 관련하여, 저는 제10장과 제11장에서 음악과 말의 진화에 관해 논의합니다. 음악과 말은 서로 독립적으로 진화했을까요? 아니면 병행하며 진화했을까요? 어느 하나가 다른 하나로부터 진화했을까요? 어쩌면 두 가지 요소를 함께 포함하는 원시언어(또는 조상언어)에서 갈려져 나온 것일까요? 이러한 질문은 19세기의 찰스 다윈과 허버트 스펜서 (Herbert Spencer)를 사로잡았고 그 이후로 계속 논의되었습니다. 말과 음악 이 화석화되어 남아 있지도 않고, 타임머신으로 돌아가 볼 수도 없기 때 문에 우리는 단지 추측해 볼 수밖에 없습니다. 하지만 저는 말과 음악 모두 그보다 앞선 의사소통의 한 형태인 음악적 조어로부터 파생되었다 는 설득력 있는 주장에 관해 논하려 합니다.

이 외의 이슈들도 다룹니다. 소리의 다른 속성들(음고, 강도, 음색, 위치 등) 은 독립적인 모듈로 분석되는데, 어떻게 다른 속성들이 함께 결합되어 통합된 지각을 산출할 수 있는지 의문이 발생합니다. 이것은 일반적으 로도 지각과 관련된 가장 근본적이고 어려운 질문 중 하나입니다. 지금 까지 연구자들은 우선적으로 시각에 관해 이러한 측면을 연구해왔습니 다. 예를 들어서 물체의 색과 모양이 어떻게 통합된 지각을 산출하는지 에 관해 연구하였습니다. 하지만 이는 청각에서 특히 중요합니다. 이 책 제2장, 제7장, 제9장에서 소리의 속성들이 잘못 결합되어 발생하는 착 각적 결합을 탐구합니다.

'지각된 것'과 '실제'의 관계에 관한 문제는 이 책 전반에 등장합니다. 앞서 설명했듯이 청각 체계는 특히 착각을 일으키기 쉽기 때문에, 소리 지각과정에서 발생하는 다양한 오류들이 이 책에서 탐구됩니다. 이러한 착청 중 몇몇 주목할 만한 특징은 듣는 사람에 따라 전혀 다른 양상으로 나타난다는 것입니다. 제2장에서 나타나는 스테레오 착청과 같이 일부 착청들은 청자가 오른손잡인지 왼손잡이인지에 따라 다르게 나타나기 도 하는데요, 이 양상은 뇌의 구조적 차이를 반영합니다. 제5장의 반옥타브 역설 같은 또 다른 형태의 착각은 주로 노출되었던 언어에 따라 달라집니다(특히 어린 시절에 노출된 언어에 영향을 많이 받습니다). 종합해보면, 이러한 착청들은 청자의 선천적인 지각적 뇌 구조와 후천적인 환경 모두로부터의 영향을 반영합니다.

음악 지각에 대한 개인차는 극단적인 음악적 능력에서도 뚜렷이 나타납니다. 가령 제6장에서 다룰 '절대음감'은 서양에서는 음악 전공자, 전문 음악가들에서조차 잘 나타나지 않는 능력입니다. 하지만 성조(聲調)언어를 사용하는 중국에서는, 절대음감이 음악인들 사이에서 그리 특별한 능력은 아닙니다. 절대음감을 얻을 수 있는 능력에는 유전적인 영향도 있는 것으로 보입니다. 제10장에서는 다른 의미에서 극단적인 능력인 '음치'에 관해 알아봅니다. 대부분의 사람들이 멜로디, 화성, 리듬, 음색을 지각하고 음악에 감정적으로 반응하지만, 일부는 그렇게 하지 못하는 경우가 있는데, 여기에는 명백하게 유전적 요소가 있습니다.

또한 제8장에서는 우리의 음악적 마음, 즉 내면에서 일어나는 음악적 현상이 어떻게 작동하는지를 다룰 것입니다. 여기서는 외부 자극으로부터 독립적으로 일어나는 것으로, 의도하지 않았는데도 음악의 한 부분이 귓가에서 끊임없이 맴도는 현상인 '귀벌레(earworms)'에 관해 이야기합니다.* 이 현상은 방해가 되는 원치 않는 생각이 떠오르는 것과도 같고 의도적으로 없애기도 어렵습니다. 말과 음악의 환청은 제9장에서 다루는데, 이는 내적 정신 활동을 보여주는 더욱 분명한 현상이라 할 수

---

* 이와 비슷한 의미로 '맴도는 곡조(stuck tunes)'라고도 한다. 우리나라에서는 한 번 들으면 귀에서 계속 맴돌아 수능을 보기 전에 들으면 안 된다는 의미에서 '수능금지곡'이라는 표현을 쓴다.옮긴이

있겠습니다. 우리의 감각에 대한 흥미와 호기심을 자극하는 음악적 환청을 통해 청각 시스템의 일반적인 작동방식을 밝히게 될 것입니다.

⌒

이 책은 과학적 발견의 탐구와 앞서 언급했던 이슈들을 설명하는 것을 목적으로 하지만, 또 다른 중요한 목적이 있습니다. 오랜 세월 동안 사람들은 음악을 두 가지 매우 다른 방식으로 접근해왔습니다. 한쪽에선 음악이론가들이 작곡가들이 따라야 할 규칙을 정하는 시스템 구축자처럼 접근해왔습니다. 그리고 이렇게 만들어진 규칙에 대해 '왜 그래야만 하는가'라는 질문에 대한 답을 청지각 시스템과 그 한계와 관련하여 설명하기보다는 수비학(數秘學)*이나 자연의 신비로 설명하려는 경향이 있었습니다.

반대쪽에선 과학자들이 간간이나마 음악 이론과 실제를 확고한 경험적 토대 위에 세우려고 시도했습니다. 음악이 어떻게 지각되고 이해되는지를 실험해가면서 말이죠. 이들의 초기 실험들은 에릭 헬러(Eric Heller)의 광범위하고 매력적인 책인 『왜 우리는 우리가 듣는 것을 듣는가?』에 풍부하게 설명되어 있습니다.[5]

17세기 전환기 무렵은 특히 과학적 진보가 활발했던 시기로 갈릴레오, 메르센, 데카르트, 하위헌스와 같은 과학자들이 소리와 음악 지각에

---

* 수에서 신비와 오컬트를 찾는 믿음. 마방진이나 피타고라스 학파의 황금률 또한 수비학적 접근의 일종이다_옮긴이

관한 중요한 발견을 했습니다. 하지만 이러한 시도는 한두 세대를 지나면서 사그라졌는데, 탄탄한 결론에 도달하기 위해서 꼭 요구되는 수준으로 정교하게 소리 패턴을 만드는 것이 어려웠기 때문이었습니다. 6세기의 음악이론가이자 독실한 수비학자(numerologist)였던 보에티우스는 그 문제에 대해 다음과 같이 썼습니다.

> '감각의 오류'에 관한 논의에 앞서, 모든 사람을 균일하게 측정하지 못하고, 심지어 한 명의 사람조차 매번의 측정이 균일하지 못하는 상황이라면, 무슨 필요가 있어 이 논의를 진전시키겠는가? 즉, '가변적인 판단'은 진리를 쫓는 사람에게는 신뢰할 수 없는 것이라 할 수 있다.[6]

심지어 20세기 동안에도, 소리 지각에 관해 연구하는 과학자들은 순음(pure tone)* 하나 혹은 동시에 울리는 두 음 정도만 사용하는 매우 단순한 소리 혹은 다양한 대역의 소음을 이용한 연구가 대부분이었습니다. 이러한 접근법은 당시에는 합리적인 것이었습니다. 왜냐하면 이렇게 단순한 소리만이 재현 가능한 결과를 얻을 수 있는 확실한 방법이었기 때문입니다.

하지만, 지난 수십 년에 걸친 컴퓨터 기술의 발전은 이러한 양상을 완전히 바꿨고, 이제는 우리가 원하는 대로 소리의 조합을 만들어낼 수

---

* 배음 없이 단일 주파수로 만들어진 음을 말한다. 정현파, 사인파(sine wave)라고도 하며, '입술소리'라는 뜻의 순음과는 다른 단어이다._옮긴이

있게 되었습니다. 이젠 오로지 우리의 상상력이나 독창성의 한계에 의해서만 제한될 뿐입니다. 이에 따라 소리 패턴을 들을 때 우리가 주의를 어떻게 집중하는지, 플루트, 트럼펫, 바이올린과 같은 악기 소리를 인식하는 원리는 무엇인지, 지각적 동등성과 유사성을 만들어내기 위해 시간에 따라 나타나는 음들의 조합을 분석하는 방법 등의 주제를 탐구할 수 있게 되었습니다. 또한 말과 음악을 신호로 사용하여 소리의 여러 특성을 분석하고 처리하는 뇌의 영역에 관해 탐구할 수도 있습니다.

이러한 발전을 고려할 때, 저는 탄탄한 실험적 기초 위에 음악이론을 세울 때가 왔다는 것을 확신하고 여러분들을 설득하려 합니다. 음악이론가가 제시한 작곡을 위한 규칙을 우리는 그저 무비판적으로 받아들여야 할까요? 그렇지 않으면 스스로 고민을 해서 그 원리를 알아내야 할까요? 저는 규칙이 지켜졌을 때 청자에게 주어지는 이득은 무엇이고, 규칙을 위반했을 때 발생하는 패널티가 무엇인지를 증명함으로써 규칙이 정당화될 필요가 있다고 생각합니다.

과학자가 작곡자에게 작곡법을 가르쳐야 한다고 주장하는 것은 아니라는 점을 알아주셨으면 합니다. 반대로 지각적·인지적 원리에 관한 지식은 작곡가로 하여금 더욱 풍부하고 음악적인 선택을 하도록 도울 수 있다고 생각합니다.

예를 들어, 작곡가들은 인간이 특정한 음악적 패턴을 들을 때는 무작위 음들로 뒤죽박죽 섞여있는 것처럼 듣는다는 실험적 발견을 응용하여 지각적으로 뒤죽박죽 섞인 음들을 창조해낼 수 있을 겁니다.

즉, 음악이론에 대한 합리적 접근법을 한마디로 정리하자면, "음악이란 인간 뇌의 창조물이며, 인간의 뇌에 의해 지각되고 이해되는 것"으로 다루는 것이라고 생각합니다. 또, 우리는 뇌가 모든 유형의 음악 정보를 제한 없이, 무차별적으로 받아들이는 백지 상태라고 가정할 수 없습니다. 이후 등장할 착청 현상의 예시들을 통해 알게 되겠지만, 음악의 지각은 그 근간을 이루는 뇌의 메커니즘 특성에 의해 엄격한 제약을 받게 되며, 이러한 특성들 대다수가 선천적이지만 어떤 것들은 후천적으로 경험하는 소리 환경에 대한 노출에 의해 발생합니다.

마지막으로 한 가지만 더 이야기 해보겠습니다. 오케스트라가 교향곡을 연주한다고 할 때 음악의 '진짜' 형태는 어떤 것이라고 할 수 있을까요? 작곡가가 처음 작품을 상상했을 때 작곡가의 마음에 있는 것이 진짜 음악일까요? 아니면 작곡하는 과정 중의, 또는 여러 번 검토를 마친 뒤 작곡가의 마음에 있는 것일까요? 혹은 여러 악기 파트를 개별적으로 또는 함께 연습시키면서 오랜 시간을 보낸 지휘자의 마음에 있는 것일까요? 그 작품을 처음 듣는 관객의 마음에 있는 건 아닐까요? 혹은 이미 많이 들어서 매우 익숙해진 사람의 마음에 있는 것일까요? 만약 이 음악을 처음 듣는 청자들 사이의 지각적 수준 차이는 어떻게 고려할 수 있는 걸까요?

당연하게도 이에 대한 답은 그 음악의 '진짜' 형태는 유일하게 존재하는 것이 아니라 한 번에 다양한 형태로 존재할 수 있다는 겁니다. 각각의 음악의 형태는 감상자의 뇌 구조에 따라 달라질 수 있으며, 서로 다른 경험으로 형성된 지식이나 기대에 따라서도 제각기 다른 형태의 음악이 존재할 수 있습니다.

이 책에서 저는 음악과 언어를 지각하는 과정의 놀라운 특성들을 소개합니다. 이를 통해 청각 시스템이 어떻게 작동하는지 잘 이해하실 수 있으실 겁니다. 물론 아직도 타당하고 합리적인 수준으로 설명하지 못하는 청각에 관한 미스터리들이 있습니다. 가령 우리 중 대부분은 특정 노래가 귓가에 계속 맴도는 것을 경험하곤 하지만, 왜 이런 현상이 발생하는지는 아직 설명할 수 없습니다. 이 책에서도 이에 대해서는 적절한 설명은 없을 겁니다. 그럼에도 최대한 이유를 생각해보자면, 그 곡조들이 우리가 해야 할 일들이나 과거에 경험했던 것들을 상기시키는 역할을 할 수도 있다는 가설을 세워보는 정도에 그치겠습니다.

아무튼 개인적으로는 세상에서 알려지지 않은 청각의 지식을 탐험하고, 새로운 현상을 발견하고 그 의미를 연구하는 일은 정말 가슴 뛰는 일입니다. 제가 평생에 걸쳐 이 분야를 연구하면서 경험했던 흥분의 일부라도 이 책을 통해 독자 여러분께 전해질 수 있다면, 저는 더 바랄 것이 없겠습니다.

오른손잡이와 왼손잡이는 다르게 듣는다
음악, 언어 그리고 우세손

지휘를 할 때 왼손은 그다지 할 일이 없다. 왼손은 그저 조끼 주머니 속에 꽂아놓다가, 주머니 밖에 나오려거든 이를 제지하거나 사람들이 겨우 알아챌 정도의 작은 제스처를 취하는 정도로 충분하다.

리하르트 슈트라우스[1]

문이 열리자 간호사가 휠체어에 탄 도킨스 부인을 연구실로 밀고 들어왔다. 부인은 온화한 인상을 가진 64세의 할머니셨는데, 단정한 옷차림과 잘 정돈된 머리를 한 채 휠체어에 앉아있었다. 당시 나는 다양한 형태의 실어증(부분적으로 혹은 전혀 말을 하지 못하는 증세)을 가진 사람들이 음악적 패턴을 어떻게 지각하는지를 연구하던 중이었는데, 이분도 그 연구에 참여하기 위해 방문한 것이었다. 부인은 몇 주 전, 왼쪽 뇌의 혈전으로 인한 뇌졸중이 발생하여 오른쪽 몸을 움직이지 못하게 되었고, 언어발화에 심각한 손상을 입었다. 말은 거의 할 수 없었지만 다른 사람의 말은 듣고 이해할 수 있었고, 왼손을 사용한 몸짓으로 소통이 가능한 상태였다.

나를 소개하자 부인이 고개를 끄덕였다.

"도킨스 부인, 말씀하시는 게 쉽지 않으시죠?"

그녀는 간절히 애원하는 눈빛으로 나를 바라보며 말을 내뱉었다. "내…소원…은…." 간신히 더듬거리던 그녀는 말을 멈췄고, 내가 연구에 대해 설명하려 하자, 내 말을 가로막고 손을 붙잡더니 애원하기 시작했다. "내 소원은… 내 소원은… 내 소원은…."

이 모습을 보는 순간, 연구에 대한 생각은 사라져버렸다. '이렇게 잔인한 운명의 장난이 또 있을까? 이렇게 사랑스러운 사람을 망가뜨려버리다니.' 혈전이 왼쪽이 아니라 오른쪽 뇌에 생기기만 했어도 말하는 능력이 이렇게 손상되진 않았을 것이다. 그러다, 문득 이런 생각이 스쳐지나갔다. '간호사에게 듣기로는 이분이 한때 영어 선생님이었다고 했으니, 어쩌면 뇌졸중 전에 외웠던 구절을 암송할 수 있지 않을까?' (실어증이 있는 사람들 중 간혹 발병 전 외우고 있던 노래를 부르거나 구절을 암송하는 경우가 있다.)

"셰익스피어 좋아하세요?" 내가 물었다.

부인은 맹렬하게 고개를 끄덕였다.

"혹시 이 구절 아세요?"

나는 〈템페스트〉의 아름다운 시구를 낭송하기 시작했다.

"우리 잔치는 이제 끝이 났다 / 등장 배우들은, 내가 이전에 말했듯 /

모두 영혼이었고 / 허공 속으로 녹아 사라지겠지."

계속해서 낭송하자, 도킨스 부인도 더듬거리며 함께 하기 시작했다. 처음에는 한 단어씩 함께 하다 뒷부분에서는 계속해서 낭송하여, 마침내는 불멸의 결말을 함께 낭송할 수 있었다.

"우리는 꿈들이 만들어낸 존재이며 / 우리의 짧은 삶은 잠으로 둘러싸여 있다."[2]

비록 이런 방식으로라도 자신이 말을 할 수 있다는 것을 깨달은 도킨스 부인은 눈물을 글썽였다. 뇌졸중 이후 많은 시간이 흐른 것은 아니기에 회복 가능성이 높아보였다. 음악 실험을 마친 후 부인은 내 손을 다시 잡고, 나의 눈을 응시한 채 "내 소원은… 내 소원은… 내 소원은…"이라고 반복해서 말했다. 휠체어를 탄 도킨스 부인이 나간 후, 나는 그녀의 소원이 이루어지길 간절히 기도했다.

사람의 뇌의 무게는 불과 1.4~1.6킬로그램에 지나지 않지만, 온 우주를 통틀어 가장 복잡한 구조를 가지고 있다고 해도 과언이 아니다. 약 1000억 개의 신경세포(뉴런)로 이루어져 있고, 서로 복잡하게 연결되어 있는데, 그 연결부는 100조 개를 넘어선다. 이렇게 광대한 신경망의 복잡성 안에서, 우리가 어떻게 말하고, 지각하고, 기억하고, 감정을 느끼는지와 같은 일련의 인지과정을 해독해내는 것은 쉽지 않은 도전이고, 만만찮은 과제라 할 수 있다.

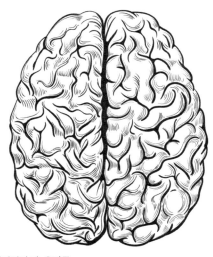

〈그림 1.1〉　　대뇌피질의 좌·우반구

　사람 뇌의 그림을 보면 좌·우뇌가 대칭적이라는 것을 바로 알 수 있다〈〈그림 1.1〉〉. 좌·우뇌는 마치 반으로 나뉜 호두의 모습을 하고 있는데, 뇌량이라는 두터운 섬유 다발들로 연결되어 있다. 양반구는 대뇌피질이라고 불리는 6개의 얇은 층으로 덮여 있으며 굵직한 주름이 잡혀 있다. 이 피질에는 뉴런들이 배열되어 있고, 이곳에서 대부분의 고차원적 정신 기능들이 행해진다. 각 반구는 네 개의 엽(葉)으로 이루어져 있는데, 각 부분의 명칭은 〈그림 1.2〉에 나타난 것처럼 전두엽, 측두엽, 두정엽, 후두엽이다.

　언뜻 뇌를 보면 대칭적일 것으로 보이지만, 많은 종류의 정신 기능이 한쪽 반구의 신경회로에 편향되어 수행된다. 대뇌의 비대칭성을 보여주는 가장 극적인 예가 언어이다. 만약 좌뇌가 손상되면, 대부분의 경우

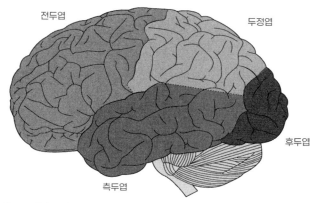

전두엽

두정엽

후두엽

측두엽

〈그림 1.2〉　뇌의 부위들

언어기능에 심각한 장애가 유발되는 반면, 비슷한 손상이 우뇌 영역에 생기면 언어기능에 미세한 교란 정도가 발생할 뿐이다.

　과학자들이 뇌의 양쪽 반구가 거울반사처럼 단순 대칭된 형태가 아니라는 결론을 내리는 데는 오랜 시간이 걸렸다. 어떤 학자들은 대뇌피질의 부위마다 역할이나 기능 차이 없이 전체 부위가 모든 인지 기능들을 함께 담당하고 있다고 생각했고, 다른 학자들은 피질이 모자이크처럼 특정한 '기관'으로 구성되어, 특정 해부학적 부위가 특정한 기능을 담당하는 것으로 보았는데, 이 두 가지 견해는 오랫동안 논쟁거리였다.

　피질의 각 부위가 기능별로 나뉘어 있다는 생각은 19세기 전환기의 비엔나 물리학자 프란츠 요제프 갈(Franz Joseph Gall)의 저술과 강의를 통해 처음으로 등장했다(〈그림 1.3〉). 갈에 의하면, '정신'이란 뚜렷하게 구분되는 능력들로 구성되며, 이들 각 부분은 뇌의 다른 위치, 혹은 '기관'에 위치해 있다고 보았다. 더 나아가 뇌의 모양이 다양한 기관의 발달 정도에 의해 결정되며, 기관의 크기가 클수록 그 기능이 더 강력하다고 보았다.

또한 뇌의 모양이 두개골의 모양을 결정짓는다고 믿었기 때문에 두개골의 튀어나온 패턴을 조사하면 사람의 적성이나 성격 특성을 추론할 수 있다고 보았다. 이를 토대로 그는 언어나 음악적 재능, 대수학, 기계적 기술 같은 27가지의 정신 능력뿐만 아니라, 부모의 사랑, 용맹, 그리고 절도나 심지어는 살인을 저지를 성향과 같은 성격적 특성까지도 '읽을 수 있다'고 주장했다.

갈은 자신의 이론을 뒷받침할 수 있다고 여겨지는 상당한 양의 증거를 모으기 위해 어떤 분야에 특히 재능이 있거나 극단적인 성격 특성을 가진 사람들의 두개골을 조사했다. 이 과정에서 대형 박물관을 세울 정도로 다양한 두개골을 수집했고, 그곳에서 다양한 정신적 특징을 보였

〈그림 1.3〉　　프란츠 요제프 갈

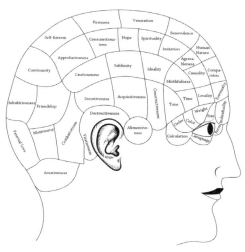

〈그림 1.4〉　　골상학자들이 묘사한 뇌의 기관들

던 사람들의 두개골을 전시했다.

갈의 제자였던 요한 가스파르 슈푸르츠하임(Johann Gaspar Spurzheim)은 갈의 이론을 진전시켜 골상학이라는 자신의 체계를 발전시켰다. 갈과 슈푸르츠하임은 다른 열렬한 지지자들과 함께 자신들의 사상을 글과 공개 강의를 통해 널리 알려 한동안 엄청난 인기를 누렸다. 정치학자들과 사회과학자들은 그들의 생각을 지지해 달라고 골상학에 호소했다. 일반 대중들은 누구와 결혼할지, 유망한 직원을 어떻게 구할지와 같은 온갖 종류의 조언을 얻기 위해 골상학자를 찾아갔다. 한동안 골상학자들은 대중들의 마음에 마치 오늘날의 점성술사처럼 자리를 잡았다.

하지만 과학적으로 봤을 때, 골상학자들의 과장과 근거가 빈약한 주장들이 그 도를 넘자, 반발을 피할 수 없었다. 프랑스 생리학자 피에르 플루랑스(Pierre Flourens)는 수많은 동물 실험을 통해, 피질의 특정 영역이 파괴되면 서로 다른 정신 기능들이 각기 독립적으로 작동하는 것이 아니라, 함께 영향을 받게 된다는 결론을 내렸다. 그는 또한 갈을 사람들의 두개골을 수집하는 데 집착하는 미치광이로 묘사하면서 다음과 같이 신랄하게 공격했다.

> 한때 비엔나의 모든 사람들은 자신의 머리 때문에 떨고 있었고, 죽은 후 자신의 머리가 갈 박사의 캐비닛을 채우기 위해 요청될까 봐 두려워했다. … 대다수의 사람들이 갈 박사의 관심 대상이 될까 봐 염려하게 되었고, 특히 자신의 머리가 갈망의 대상이 될 수도 있다는 것을 상상하게 되었다.[3]

골상학에 대한 반론이 커지자, 마침내 그들에 대한 과학적 존경심은 사라졌다. 하지만 대뇌의 특정 위치가 특정 기능을 담당할 것이라는 개념은 남았다. 신중한 과학자들은 이를 증명하기 위해 뇌손상 환자들 연구에 눈을 돌렸다. 이러한 과학자들 사이에서 두드러진 사람은 장 밥티스트 부이요(Jean-Baptiste Bouillaud)였는데, 그는 관찰을 통해 말과 언어는 전두엽에 국한된다고 주장하였다. 부이요는 전두엽의 좌우를 구분해서 생각하지 않았고, (골상학자들이 했던 것처럼) 서로 다른 정신적 기능을 담당하는 뇌 영역이 양반구에 대칭으로 위치할 것이라고 가정하였다. 그 결과 그의 주장에 대한 설득력 있는 반례들이 보고되었고, 논란은 격렬하게 계속되었다.

이제 피에르 폴 브로카(〈그림 1.5〉)의 이야기로 넘어갈 텐데, 그는 뛰어난 프랑스 외과의사이자 신체 인류학자였고, 최근 파리에서 존경받는 인류학협회(Société d'Anthropologie)를 설립한 연구자였다. 신중하고 엄격한 연구자였던 브로카는 점점 더 국소주의자(뇌의 영역마다 다른 기능을 수행한다고 주장하는 학파_옮긴이)들의 관점에 끌리게 되었다. 마침 르보르뉴라는 환자가 파리 비세트르 병원에 있었는데, 병원 사람들은 그를 '탕'이라 불렀다. 이 환자는 여러 해 동안 말을 할 수 없었는데 단지 '탕(tan)'이라는 단음절만을 말할 수 있었기 때문에 '탕'으로 불렸던 것이다. 끝내 그 환자는 마비가 되었고, 1861년 4월 17일에 사망하였다.

다음날 브로카는 곧장 부검을 시행해 그 결과를 자신이 설립했던 학회에 보고하였다. 부검 결과 왼쪽 전두엽의 특히 뒤쪽 부분(현재는 브로카 영역이라 지칭)이 심하게 물러져 있는 것을 발견하였는데, 브로카는 이 부위의 손상이 탕의 언어 발화 상실의 원인이라고 주장하였다. 몇 달 후, 브로카는 언어 발화 능력을 상실한 또 다른 환자에 대한 부검을 실시하여 왼쪽 전두엽에 마찬가지로 손상이 발견되었다는 결과를 보고하였다.

그 후 몇 년 동안, 브로카의 관심을 끌었던 더 많은 사례들이 나왔고, 추가 강의에서 언어 발화를 상실한

〈그림 1.5〉   피에르 폴 브로카

1. 오른손잡이와 왼손잡이는 다르게 듣는다

8명의 사례에 대해 그들이 모두 왼쪽 전두엽의 손상과 관련된다는 것을 밝혔다. 반면, 이와 대응되는 손상이 우측 전두엽에 발생한 환자들의 경우, 언어 발화에는 장애가 없었다는 보고도 있었다. 이 모든 증거들을 종합하여, 1865년 브로카는 마침내 '우리는 좌뇌로 말한다'라는 유명한 선언을 하였고, 언어 발화 기능의 국소화 이론은 반구 비대칭성 개념과 함께 널리 받아들여졌다.

얼마 지나지 않아 1874년 독일 과학자 카를 베르니케(Carl Wernicke)는 언어와 관련한 또 다른 중요한 영역을 발견하였는데, 이 또한 좌뇌에 있었지만, 전두엽이 아닌 측두엽에 있었다. 내가 만났던 도킨스 부인처럼 브로카 영역 손상으로 인한 언어 발화 능력을 상실한 사람들은 종종 다른 사람의 말은 매우 잘 이해할 수 있지만 말하는 것이 느리거나 한정된 단어만을 구사할 수 있다. 반대로 베르니케 영역에 손상을 입은 사람들은 말의 의미와 내용을 이해하는 데 어려움이 있으며, 말이 빠르고 유창하나 내용은 두서없거나 의미 없는 말을 한다.

우리의 인체를 보면 신체 중앙에 거울을 놓은 것처럼 좌우가 서로 대칭으로 보인다. 우리의 양측 대칭적 신체의 움직임을 제어하는 것은 그에 대응된 뇌의 대칭적 구조와 연결된다. 신비로운 이유로 인해 양측이 서로 전환되어, 뇌의 좌반구가 신체의 오른쪽을 제어하고, 우반구가 왼쪽을 제어한다. (시각과 청각에서도 마찬가지로, 좌뇌는 오른쪽 공간에서 보고 들은 위치를 등록하고, 우뇌는 왼쪽에서 보고 들은 것을 등록한다.) 예컨대 오른손으로 글을 쓸 때 좌뇌가 움직임을 지시하고 있는 것이다.

가만히 있을 때는 우리의 신체 양측이 대칭인 것으로 보이지만, 양측 팔다리를 움직일 때는 대칭적이지 않다. 최소한 학계에서 보고된 바에 따르면, 모든 시대와 모든 문화를 통틀어 대부분의 사람들은 오른손을 선호해 왔다. 전문가들이 도구와 무기를 들고 있는 사람을 묘사한 예술 작품을 조사한 결과 대다수의 사람들이 최소 50세기 동안 오른손잡이였다고 결론지었다. 다른 전문가들은 선사 시대 도구를 조사한 결과 오른손잡이의 경향이 200만 년에서 300만 년 전에 살았던 오스트랄로피테쿠스까지 거슬러 올라간다고 추론했다.

앞서 인간의 뇌가 언뜻 보기엔 양측 대칭인 것으로 보인다고 언급했지만, 자세히 살펴보면 좌우반구는 외적 형태에서도 차이가 나타나며, 이러한 차이는 우세손과 관련된다. 오른손잡이의 경우에는 측두평면이라는 측두엽에 있는 베르니케 언어 영역의 일부가 일반적으로 우뇌보다 좌뇌에서 더 크다. 이러한 비대칭은 발달 초기에 발생하며 심지어는 출산 이전의 태아에게서도 발견된다. 또한 선사시대의 인간까지 거슬러 올라간다. 두개강(머리뼈 속의 공간_옮긴이)의 모양은 그것이 덮고 있는 뇌의 모양에 의해 결정되기 때문에 두개골의 내부에 넣어 만든 주물의 모양을 조사하여 선사시대 인간의 뇌 모양을 추론할 수 있다.

이 방법을 통해 연구자들은 약 5~6만 년 전에 살았던 네안데르탈인의 두개골이 현대인의 오른손잡이와 유사한 비대칭을 보인다는 것을 발견했다. 심지어는 약 30만 년에서 75만 년을 살았던 북경인의 두개골도 마찬가지였고, 유인원에서도 유사한 비대칭성이 발견되었다. 그러나 흥미롭게도 이 비대칭은 왼손잡이들에게 훨씬 덜 두드러지며, 때로는 좌뇌가 아닌 우뇌의 측두평면이 더 큰 경우도 있다.

오른손잡이들은 오른쪽 귀가 우세한 경향이 있다. 하지만 이는 특별한 상황 하에서만 알아차릴 수 있다. 오른쪽 귀와 오른손에 강한 편향성을 가진 사람은 동시에 양쪽 귀와 양손을 사용하는 데 많은 시간이 걸리고 불편함까지도 느낄 것이다. 나의 경우에는 전화기가 울리면, 오른손으로 집어 올려서 왼손으로 옮긴다. 그러고는 왼손으로 전화기를 오른쪽 귀에 대곤 오른손이 자유롭게 글을 쓸 수 있도록 한다. 만약 전화기를 왼쪽 귀에 대야 하는 경우엔, 전화기에서 들리는 말소리가 이상하게 들린다. 설령 청력 테스트에서 왼쪽 귀가 오른쪽 귀보다 더 좋게 나온다고 하더라도 말이다.

좌뇌가 언어와 우측 신체의 움직임 모두에 중요한 역할을 하기 때문에, 뇌손상으로 인한 언어기능 상실은 종종 우측 마비가 수반된다. 실어증과 우측 편마비와의 연관성은 멀리 과거로까지 거슬러 올라가며, 심지어 시편 137편의 구절에도 등장한다.

오, 예루살렘아,
내가 너를 잊는다면, 내 오른손이 그 재주를 잃게 될 것이다.
내가 너를 기억하지 못한다면, 나의 혀가 입천장에 붙어 버릴 것이다.

오늘날 사람들은 대부분 오른손을 지배적으로 사용하곤 하나, 실제로 사람들의 우세손 경향성은 연속적인 형태를 띤다. 강한 오른손잡이에서 혼합된 오른손잡이, 그리고 혼합된 왼손잡이와 강한 왼손잡이가 존재한다. 이러한 연속선상에서 자신이 어디에 있는지를 결정하기 위한 수많은 테스트들이 있다. 나는 두 가지를 사용하는데, 하나는 에든버러 우세손 평가법[4]이며, 다른 하나는 바니(Varney)와 벤튼(Benton)[5]에 의해 개발된 것이다. 두 번째 평가방법이 아래와 같으니, 질문에 답하면서 우세손 테스트를 해볼 수 있다. 이 설문지에서 '오른손'이 9점 이상이면 강한 오른손잡이, '왼손'이 9점 이상이면 강한 왼손잡이이며, 그 중간의 어딘가이면 혼합된 손잡이이다.

1. 어느 손으로 글을 쓰나요?   오른손 / 왼손 / 양손
2. 어느 손으로 테니스 라켓을 잡나요?   오른손 / 왼손 / 양손
3. 어느 손으로 드라이버를 사용합니까?   오른손 / 왼손 / 양손
4. 어느 손으로 공을 던지나요?   오른손 / 왼손 / 양손
5. 어느 손으로 바느질을 하나요?   오른손 / 왼손 / 양손
6. 어느 손으로 망치질을 하나요?   오른손 / 왼손 / 양손
7. 어느 손으로 성냥불을 켜나요?   오른손 / 왼손 / 양손
8. 어느 손으로 양치질을 하나요?   오른손 / 왼손 / 양손
9. 어느 손으로 카드를 다루나요?   오른손 / 왼손 / 양손
10. 고기를 자를 때 어느 손으로 칼을 잡나요?   오른손 / 왼손 / 양손

사람들은 때로 자신의 점수를 알고 놀라기도 한다. 한번은 명백히 왼손잡이인 영특한 공대 여학생과 이야기를 나누고 있었다. 그 여학생은 이야기 도중 우세손 질문지를 보고는 작성해 보겠다고 하였다. 놀랍게도 왼손으로 모든 답을 적어내려 갔음에도 '어느 손으로 글을 쓰나요?'라는 질문을 포함한 모든 답을 '오른손'이라고 답하였다!

"카렌, 왼손으로 쓰면서 왜 오른손이라 표시했나요?"

"글쎄요, 제가 오른손잡이여서 그렇게 했어요."

"하지만 질문지에 답할 때 왼손만 사용하던데요."

"알아요. 하지만 그건 왼손을 사용하고 싶어서 그랬어요."

"그렇다면 얼마나 자주 왼손을 사용하고 싶나요?"

"거의 대부분 그렇긴 해요. 하지만 전 정말 오른손잡이에요."

놀랍게도 사람들이 질문지를 작성하는 방식에는 많은 차이가 있었다. 당신은 여러 유형의 응답을 볼 수 있는데, 만약 그들의 응답에 대해 질문한다면, 종종 자신이 답한 모든 답이 논리적이라고 주장할 것이다. 나의 경우에는 '어느 손으로 카드를 다루나요?'를 제외하곤 모두 '오른손'에 표시한다. 이 질문에는 확실히 '왼손'에 표시하는데, 다른 사람들이 오른손으로 카드를 다룬다는 것을 이해하기 어렵다. 하지만 대부분의 강한 오른손잡이들은 이 질문에도 '오른손'에 표시한다.

가장 흥미로운 것은 진정한 양손잡이인 사람들로 매우 드물며, 질문의 전부 혹은 대부분을 '양손'으로 응답한다. 이들은 오른손으로 왼쪽의 머리를 빗고, 면도를 하며, 양치질을 하고, 왼손으로는 오른쪽의 머리를 빗고, 면도를 하며, 양치질을 한다. 또한 상황에 따라 어떤 손이든 공을 던지거나 테니스 라켓을 휘두른다. 논리력이 우세손과 상관이 있다면, 아마도 양손잡이가 가장 논리적일 것이다.

우세손과 언어능력은 복잡한 관계를 가진다. 대부분의 오른손잡이에게 좌뇌는 언어기능에 특히 중요한 역할을 담당하며, 우리는 오른손잡이를 '좌뇌가 우세'한 사람이라고 말한다. 왼손잡이의 3분의 2는 유사한 패턴을 보이나, 3분의 1은 우뇌가 언어에 더 중요하게 관여한다. 또한 왼손잡이 대부분은 양반구 모두 중요한 역할을 담당한다. 이는 뇌졸중에서 회복되는 통계적 수치로 반영된다. 회복될 가능성도 왼손잡이들이 훨씬 더 좋다. 왜냐하면 뇌의 한쪽이 손상되었을 때, 손상되지 않은 쪽의 언어 영역이 그 자리를 대신할 수 있기 때문이다.

또한 흥미롭게도, 만약 당신의 직계가족(부모나 형제) 중에 왼손잡이가 있다면 양반구 모두 언어기능에 중요한 역할을 할 가능성이 높다. 즉, 예상했는지 모르겠으나, 똑같은 오른손잡이라도 직계가족 중 왼손잡이가 있는 오른손잡이는 뇌졸중 이후 언어기능이 회복될 확률이 높다. 러시아 신경학자 알렉산더 루리아(Alexander Luria)는 뇌의 언어영역에 관통상을 입어 실어증 증세를 보이는 환자들을 연구했다. 부상 후 얼마간의 시간이 흐른 후 꽤 많은 환자들이 잘 회복되었는데, 이런 환자들은 대부분 왼손잡이였거나, 왼손잡이 친척이 있는 오른손잡이들이었다.[6]

심리학자들은 왼손잡이의 정신 능력에 대한 논의에 있어서 엇갈린 연구결과를 보였다. 수많은 연구자들은 왼손잡이인 경우에 난독증과 학습 장애 발생률이 더 높다고 주장했다. 하지만 다른 연구자들은 상당수의 왼손잡이와 혼합형 손잡이들이 다른 전공분야에 비해 미술 전공에 많다는 것을 밝혔다.

한 연구에서는 왼손잡이이거나 혼합손잡이인 경우가 매사추세츠 미술대학과 보스턴대 미술대학의 미술 전공 학생에서는 47퍼센트를 차지한 반면, 보스턴 대학교의 자유전공학부 학생에게는 22퍼센트 정도일 뿐이었다.[7] 미켈란젤로, 레오나르도 다 빈치, 라파엘로, 한스 홀바인, 파울 클레, 파블로 피카소를 포함한 많은 위대한 화가들이 왼손잡이였다. 에서(M. C. Escher)는 오른손으로는 글을 썼고, 왼손으로는 그림을 그렸다. 다음은 에서의 글이다.

> 사실 난 왼손으로 그림을 그리고 조각을 하는데, 이때 오른손도 왼손의 긴장을 같이 공유하는지 피로감을 느끼는 것 같다. 이 때문인지 오른손으로 글을 쓸 때 글이 너무 흔들려서 짜증이 난다.

아마도 이것은 〈그림 1.6〉의 석판화 〈그리는 손〉에 영감을 준 것 같다.

우세손에 관해서는 음악에서 특히 복잡한데, 대부분의 악기가 오른손잡이들을 위해 고안되었기 때문에 왼손잡이들이 연주하기엔 어려울 수 있기 때문이다. 피아노나 오르간과 같은 건반악기들은 일반적으로 오른손으로 연주되는 부분이 더 어려울 뿐만 아니라 더 중요한 부분(이를테면 주된 멜로디)을 담당하곤 한다. 바이올린이나 기타와 같은 현악기 역시

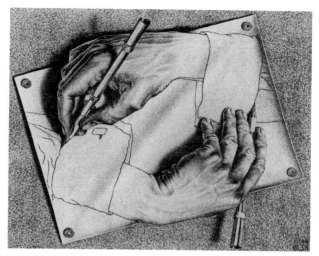

〈그림 1.6〉　에셔의 〈그리는 손〉 © 2018 The M. C. Escher Company-The Netherlands. All rights reserved. www.mcescher.com. 이는 일종의 "이상한 고리"이다(제4장 참조).

왼손잡이들에게 불리하다. 현악기에서는 오른손이 활을 켜거나 현을 튕겨서 '소리를 섬세하게 창조하는 역할'을 하는 반면, 왼손은 지판과 현 위에 손가락을 짚어 '음정을 낼 준비를 하는 역할'을 한다.

　가끔 강한 왼손잡이의 음악가들 중 일부는 악기를 반대로 연주할 수 있도록 '리메이크'하기도 한다. 찰리 채플린은 바이올린의 바와 사운드 포스트를 옮기고 현을 반대로 끼워서 좌우를 바꾸어 연주하도록 하였다. (영화 〈라임라이트〉에서 이와 같은 방식으로 연주한 것을 볼 수 있다.) 대중음악계에서 베이스 연주자 폴 매카트니와 기타리스트 지미 헨드릭스가 모두 왼손잡이였는데 둘 다 오른손잡이 악기를 뒤집고, 현을 바꿔 껴서 사용하였다.[9]

원손잡이 현악기 연주자들은 오케스트라에서 연주할 때도 문제가 발생할 수 있다. 만약 왼손으로 활을 사용한다면 왼쪽에 앉아 있는 오른손잡이 연주자와 부딪혀 불행한 결과를 초해할 수 있다. 이러한 이유로 오케스트라에서 왼손으로 활을 연주하는 사람은 매우 드물다. 유명한 헝가리 지휘자 야노스 페렌치크(János Ferencsik)에 관한 이야기가 있다. 야노스는 늦은 밤까지 선술집에서 술을 많이 마시고 동 트기 직전에 집으로 돌아왔다. 그날 아침에 리허설 약속이 있었기 때문에 잠시 눈을 붙였다가 일어나서는 커피 몇 잔을 마시고 콘서트 홀로 향했다. 그런데 지휘대에 오르니 두 명의 왼손잡이 바이올린 연주자가 나란히 앉아 있는 것 아닌가! 환각을 보았다고 생각한 그는 놀라서 "오늘 리허설은 없습니다!"라고 말하고는 황급히 떠났다고 한다.[10]

여하간에 많은 악기들이 왼손잡이에게 불리하게 디자인되어있다는 점을 생각하면, 연주자들 사이에서는 왼손잡이들이 드물 것이라 유추할 수 있다. 반면 지휘자들은 어떨까? 지휘봉은 양손 모두 잡으면 될 테니 예외가 될 수 있다고 생각할 수도 있다. 하지만 왼손잡이 지휘자들 또한 왼손잡이에 대한 편견에 직면한다. 작곡가로 알려져 있지만, 지휘자이기도 했었던 리하르트 슈트라우스(Richard Strauss)는 이렇게 말했다.

> 지휘를 할 때 왼손은 그다지 할 일이 없다. 왼손은 그저 조끼 주머니 속에 꽂아놓다가 주머니 밖에 나오려거든 이를 제지하거나 사람들이 겨우 알아챌 정도의 작은 제스처를 취하는 정도로 충분하다.

왼손잡이들이 직면하는 여러 불리함에도 불구하고, 음악가 중 왼손잡이의 수가 더 적은 것은 아니다. 에든버러 대학의 카롤루스 올드필드(Carolus Oldfield)는 왼손잡이의 비율이 심리학과 학부생과 음악 전공 학생들이 거의 같다는 것을 발견했다.[11]

따라서 왼손잡이 악기 연주자들이 직면하는 어려움을 감안할 때, 음악의 지각과 기억에 관해서는 왼손잡이들이 오른손잡이들보다 통계적으로 우위에 있다는 것을 추측해볼 수 있다.

내가 이런 의문에 관심을 갖게 된 것은 우연한 관찰에서 시작됐다. 당시 나는 음고 기억에 관한 실험을 진행하던 중이었다. 먼저 테스트할 음 하나를 들려준 다음 바로 6개의 방해음을 들려주고, 잠깐의 정적을 가진 뒤, 두 번째 테스트 음을 하나 들려준다. 이때, 중요한 것은 처음과 마지막에 들려주는 테스트 음이 동일한지 판단하는 것이다. 이 두 음은 똑같은 음고이거나 반음 차이의 음고로 구성된다. 실험참여자들은 첫 번째 테스트 음을 듣고, 방해음들은 무시한 후에 두 번째 테스트 음이 첫 번째 테스트 음과 같은 음고인지 다른지를 판단하게 된다. 흥미롭게도 비교하는 음들 중간에 일련의 음들이 제시되면 청자들은 그 음들을 무시해도 된다는 것을 알면서도 사실상 혼동이 되어 맞히기 어려워진다.[12]

한번은 이 과제를 매우 잘 해내는 사람들은 어떤 공통점을 가지는지 궁금해졌다. 그래서 나는 이 과제를 매우 잘 수행한 실험참가자들을 찾기 시작했다. 참여에 관심을 보이는 사람들에게 몇 가지 예시 문제를 제시하고, 거의 틀리지 않게 수행하는 사람들을 모았다. 마침내 우수한 실험참여자들을 모으고 보니, 이들의 대다수가 왼손잡이라는 것을 발견했다. 과연 왼손잡이들이 일반적으로 음악적 기억 과제를 더 잘 수행하는 것일까?

이를 밝혀내기 위해 거의 비슷한 시간의 음악 훈련을 받은 오른손잡이 집단과 왼손잡이 집단을 모집하였다.[13] 예상대로 왼손잡이들이 오른손잡이들에 비해 통계적으로 유의미하게 적은 오류를 범했다. 그리고 좀 더 세분화해서 네 그룹(강한 오른손잡이, 혼합된 오른손잡이, 혼합된 왼손잡이, 강한 왼손잡이)으로 나눈 결과, 혼합된 왼손잡이가 가장 수행능력이 높았다는 것을 발견했다.[14]

이 결과를 어떻게 설명할 수 있을까? 혼합된 왼손잡이의 대다수가 음고 정보를 한쪽 반구가 아니라 양반구에 저장한다고 가정해보자. (마치 대다수의 왼손잡이가 양반구가 언어에 관여하는 것처럼 말이다.) 만약 첫 번째 테스트 음이 양반구에 저장된다면, 한쪽 뇌에만 저장한 상황에 비해 인출할 수 있는 가능성이 커지기 때문에 정답을 맞힐 가능성도 높아질 것이다.

그래서 추가실험에서는 새로운 실험대상자 집단을 모집했는데, 이번에는 음악 훈련을 거의 받지 않았거나 전혀 받지 않은 사람들을 대상으로 하였다. 이번에는 다른 음고 기억 과제를 사용하였는데, 여기서는 5개의 음을 들려준 후 잠깐의 정적을 가진 뒤, 테스트 음을 들려주었다. 실험 참여자에게 주어진 미션은 마지막 테스트 음이 직전에 들었던 5개의 음들에 포함되어 있는지를 맞히는 것이었다. 응답자들이 범한 오류의 패턴을 분석해보니, 마찬가지로 우세손에 대한 연관성이 나타났다. 왼손잡이 집단이 유의미하게 오른손잡이 집단을 앞섰고, 네 집단으로

나누었을 때에도 혼합된 왼손잡이들이 다른 세 집단을 유의미하게 앞섰다.[15]

이 두 실험을 통해 약한 왼손잡이(혼합된 왼손잡이)가 음고 기억과 관련된 과제에서 특히 뛰어난 수행능력을 보여준다는 것을 알 수 있었다. 이 결과는 많은 질문을 열어준다. 왼손잡이들은 리듬, 음색, 혹은 음악의 다른 요소들과 관련된 과제에 있어서도 유리한 수행능력을 보여줄까? 현재 이 문제들은 아직 밝혀지지 않은 채 남아 있다.

이번 장에서는 인지기능이 뇌의 부위별로 특화되어 구성된다는 결론이 도출되기까지 뇌과학자들의 담론의 역사를 특히 언어와 음악에 초점을 맞추어 소개했다. 이러한 맥락에 이어 다음 장에서는 똑같은 소리를 듣고도 왼손잡이와 오른손잡이가 전혀 다르게 듣게 되는 음악적 착청 현상들을 소개하고, 이를 과학과 통계의 언어로 탐구해보려 한다.

착청 현상

왜곡해서 듣는 뇌

2
chapter

1973년 가을, 나는 새로운 컴퓨터 프로그램을 이용해 실험을 하고 있었다. 이 소프트웨어는 왼쪽과 오른쪽 귀에 서로 다른 음들의 패턴을 동시에 재생할 수 있는 시스템으로, 이를 활용하면 소리를 지각하고 기억하는 메커니즘에 관해 오랜 기간 품어 왔던 의문들을 탐구할 수 있을 거라 기대했다. 하지만 오후가 지날 무렵, 뭔가 이상한 일이 일어나고 있음을 깨달았다. 내 감각이 예상과는 전혀 다른 방식으로 작동하고 있었던 것이다. 그래서 나는 하던 실험을 멈추고 아주 간단한 패턴부터 테스트해보기 시작했다.

새로 고안한 패턴은 한 옥타브 간격의 두 음이 한 번씩 번갈아가며 반복되는 것이다(〈그림 2.1〉). 똑같은 음들의 패턴이 양쪽 귀에 재생되지만, 타이밍은 서로 반대로 제시된다. 즉, 오른쪽 귀에 고음이 들릴 때 왼쪽 귀에서는 저음이 들리고, 반대로 왼쪽 귀에서 고음이 들릴 때는 오른

제시된 소리 패턴

오른쪽 귀 고 저 고 저 고 저

왼쪽 귀 저 고 저 고 저 고
⊢─1초─⊣

지각된 소리 패턴

오른쪽 귀 고 고 고

왼쪽 귀 저 저 저

고 고음   저 저음

〈그림 2.1〉　　　옥타브 착청. 스테레오 이어폰 또는 헤드폰을 사용해야 지각할 수 있다. 분명히 양쪽 귀에 고음과 저음을 교대로 제시되었음에도 불구하고, 대부분의 사람들은 한쪽 귀에서 고음만 띄엄띄엄 들리고, 반대쪽 귀에는 저음만 띄엄띄엄 들린다. (Deutsch, 1974b)

쪽 귀에서 저음이 들리는 방식이다. 다시 말해서 오른쪽 귀에서 '고음—저음—고음—저음…'으로 들릴 때, 왼쪽 귀에서는 '저음—고음—저음—고음…'으로 들리는 것이다. (제시된 〈그림 2.1〉을 참고하면 쉽게 이해할 수 있다_옮긴이) 이 단순한 패턴이 어떻게 지각되는지 테스트해봄으로써, 적어도 내가 들었던 소리가 왜 그렇게 들렸는지 이해할 수 있고, 그 다음에는 좀 더 복잡한 패턴의 지각 방식 또한 이해할 수 있으리라 생각했다. (본격적으로 이어폰을 끼기 전, 가설을 한 번 더 짚어보자면, 분명 왼쪽과 오른쪽 귀에 동일한 소리가 번갈아가며 제시되므로, 고음이 두 귀에 번갈아가며 들릴 때, 저음 또한 반대쪽 귀에 들리면서 두 음이 교차되며 움직이듯 들려야 한다.

옥타브 착청

또한, 두 귀는 비슷한 소리를 들어야 한다.)

다음 이야기를 읽기 전, QR코드를 통해 여러분들은 이 소리가 어떻게 들리는지 직접 들어본 뒤 이어서 읽어보길 추천한다.[*] 이야기를 읽고 나서 듣게 되면 여러분의 순수한 경험이 오염될 수 있으니까 말이다.

하지만 이어폰을 낀 나는 내 귀를 믿을 수 없었다. 두 개의 음이 한꺼번에 들리는 것이 아니라, 한 음씩 고음과 저음으로 바뀌며 오른쪽과 왼쪽을 번갈아 이동하는 것처럼 들렸고, 고음은 항상 오른쪽에서만 들렸다. 즉 오른쪽 귀는 '고음—무음—고음—무음'으로 들릴 때, 왼쪽 귀는 '무음—저음—무음—저음'으로 들렸다.

혹시나 컴퓨터 프로그램의 코딩 과정에 실수가 있었나 싶어서 꼼꼼하게 살펴보았지만 실수는 없었다. 아무래도 소프트웨어에 오류가 있는 게 틀림없다고 생각하며, 이어폰의 좌우를 바꿔서 들어보았다. 그러면 분명 고음과 저음이 들리는 귀의 방향도 바뀔 거라 생각하면서 말이다. 하지만 놀랍게도 내 귀에 들리는 소리는 전혀 바뀌지 않은 채, 오른쪽 귀에는 여전히 '고음—무음—고음—무음'으로, 왼쪽 귀에는 '무음—저음—무음—저음'으로 들렸다. 이는 마치 이어폰의 위치를 바꾸면 고음이 한쪽 이어폰에서 다른 쪽으로 옮겨가고, 저음은 반대쪽으로 옮겨가는 것처럼 느껴졌다! 도저히 믿어지지가 않아서, 이어폰을 몇 번이고 바꿔가며 들어봤지만, 그때마다 고음은 여전히 오른쪽 귀에서 들리고,

---

[*] 제2장에서 나오는 착청을 듣는 방법. 옥타브 착청은 반드시 스테레오 헤드폰이나 이어폰을 통해 들어야 한다. 음계 착청과 반음계 착청, 캄비아타 착청은 헤드폰이나 이어폰에서 가장 잘 들리지만, 거리를 두고 설치한 스테레오 스피커를 통해서도 들을 수 있다. 글리산도 착청은 스테레오 스피커를 사용했을 때 가장 잘 들을 수 있고, 헤드폰이나 이어폰을 통해서도 들을 수 있다.

저음은 왼쪽 귀에서 들린다는 것을 결국 인정할 수밖에 없었다.

혹시 내 귀만 이렇게 들리는 건 아닐까 싶어, 당장 문 밖으로 나가 복도에 있던 사람들을 데리고 와서 이 소리들을 들려줬다. 최소한 이 사람들도 나처럼 듣는지, 아니면 나 혼자만 이렇게 듣는지를 테스트 해봐야 했다. 놀랍게도 대부분 나와 같은 착청을 경험했고(내 귀에 문제가 있는 게 아니라서 정말 다행이었다), 어느 누구도 실제로 재생된 패턴을 파악하지 못했다.

마침내 나는 새로운 착청 현상을 발견했음을 확신할 수 있었지만, 이 아이디어들을 설명하고 전달하는 것은 쉽지 않았다.[1] 왜냐하면 이는 분명히 실제하는 동시에 허상인 역설적이고 기괴한 현상이었고, 이를 설명할 수 있는 과학적 문헌이나 나의 경험적 토대가 없었기 때문이다. 당시 경험을 통해 놀랍게 깨달았던 것은 우리의 청각 메커니즘이 어떤 면에서는 매우 정교하고 복잡하게 구성되어 있지만, 가끔은 이처럼 단순한 패턴을 지각할 때에도 완전히 틀리게 지각할 수 있다는 것이었다. 그리고 이 현상은 시각 처리과정의 오류로 발생하는 착시현상처럼, 분명 그 기전이 아직까지 밝혀지지 않은 새로운 종류의 착각현상 중 하나임에 틀림없다는 것도 깨달았다.

무슨 일이 있었던 걸까? 적당한 조건만 갖춰진다면, 우리 귀는 수소 원자의 지름만큼 작은 공기의 움직임이 만들어낸 소리도 들을 수 있고, 소리가 왼쪽과 오른쪽 귀 중 어느 쪽에서 먼저 들렸는지 수천만 분의 1초 수준의 시간차까지 파악할 수 있다. 또한 긴 음악 작품이라 할지라도 놀라울 정도로 정확하게 기억해 낼 수 있고, 음악의 구간들 사이의 긴밀하고 정교한 관계도 쉽게 탐지해 낼 수 있다. 우리의 청각 시스템은 이처럼 엄청나게 어려운 분석을 해내면서도 왜 동시에 이렇게 단순하고 쉬운 소리패턴에 관해서는 터무니없는 해석을 해버리는 걸까?

옥타브 착청 현상에 대해 논리적으로 명쾌한 설명을 제시하는 것은 결코 쉽지 않은 문제였다. 우선, 음높이가 고음과 저음으로, 좌우로 교대되듯 지각되었던 현상을 어떻게 설명할 수 있을까? 첫 번째 가설을 세워보자면, 청자가 한쪽 귀에서 들리는 소리에만 집중하고, 반대쪽 귀에 들리는 소리는 무시하고 있었기 때문이라고 설명해볼 수 있겠다. 하지만 이 가설이 맞다면, 고음과 저음이 모두 한쪽 귀에서 들렸어야 하지 않겠는가? 음이 좌우로 이동하는 경험은 설명하지 못하므로, 이 가설은 충분하지 못하다.

그렇다면 이번엔, 청자가 주의를 왼쪽 오른쪽으로 왔다 갔다 옮겨가며 들었기 때문이라고 가설을 수정해보면 어떨까? 그러면 음 하나가 한쪽 귀에서 다른 쪽 귀로 옮겨가듯 교대로 지각되는 현상을 설명할 수 있다. 하지만 이 수정된 가설에 의하면, 음이 들리는 방향이 변하더라도 음높이는 변하지 않아야 한다. 즉, 높은 음이 양쪽 귀에서 교대로 들리거나 낮은 음이 교대로 들려야 한다. 하지만 우리가 들어본 바에 의하면, 단일음이 음높이도 교차하고 들리는 방향도 교차하듯 지각되었다. 즉, 수정된 가설도 여전히 이 역설적인 착청을 충분히 설명하지 못한다.

더 나은 가설을 찾기 위한 단서로, 이어폰의 왼쪽과 오른쪽을 바꾸어 끼어도 동일한 착청 현상을 경험했던 놀라운 사실을 떠올려보자. 대부분의 사람들은 방향을 바꾸어 껴도 똑같이 오른쪽에서 들었던 것을 오른쪽에서 듣고, 왼쪽에서 들었던 것을 왼쪽에서 듣는다. 이는 마치 이어폰의 위치를 바꾸면 높은 음이 한쪽에서 다른 쪽으로 옮겨가고, 낮은음은 반대 방향으로 옮겨간 것처럼 느껴진다!

여기서 한 걸음 더 나아가면 이 착청 현상의 가장 놀라운 점을 발견하게 되는데, 바로 청자가 오른손잡이인지 왼손잡이인지에 따라서 높은음과 낮은 음이 들리는 방향이 통계적으로 다르다는 것이다. 오른손잡이는 높은 음은 오른쪽에서, 낮은 음은 왼쪽에서 듣는 경향이 강하지만, 왼손잡이는 상당히 양분되어 있다. 나는 우세손에 따라 세 집단(강한 오른손잡이, 혼합된 손잡이, 강한 왼손잡이)으로 나누어 착청 현상 실험을 진행해 보았다. 그리고 각 집단마다 두 집단(부모형제 중 왼손잡이가 있는 집단과 부모형제가 모두 오른손잡이인 집단)으로 다시 세분했다.

이렇게 6개 집단으로 나누어 비교한 결과는 놀라웠다. 강한 오른손잡이는 혼합된 손잡이보다 오른쪽 귀에서 높은 음을 듣는 경향성이 컸고, 혼합된 손잡이는 왼손잡이에 비해 더욱 그런 경향을 보였다. 그리고 각 우세손 그룹에 대해서 오른손잡이 가족만 있는 사람들이 왼손잡이나 혼합손잡이 가족이 있는 사람들에 비해 오른쪽 귀에서 고음을 듣는 경향성이 컸다.[2] 앞서 논의했던 좌우뇌의 우세 패턴과 우세손 사이의 관련성을 고려해볼 때, 우리는 우세한 반구의 반대편 귀에서 높은 음을 듣는 경향이 있다고 결론지을 수 있다. 예컨대 좌뇌가 우세한 오른손잡이는 주로 오른쪽 귀에서 높은 음을, 왼쪽 귀에서 낮은 음을 듣는 경향성이 있다는 것이다.

이 실험결과와 착청 현상은 어떤 이유에서, 그리고 어떤 메커니즘에 의해 발생하는 걸까? 이를 설명하기 위해, 우리 뇌에 두 개의 분리된 시스템이 있다고 가정해보자. 하나는 들리는 음의 높낮이가 '무엇'인지 판단하는 '무엇 시스템(what system)'이고, 다른 하나는 소리가 '어디'에서 들리는지를 판단하는 '어디 시스템(where system)'이다. '무엇 시스템'으로 무슨 소리를 듣고 있는지를 결정할 때는 우세귀에 도달하는 음높이에 주의를 기울이는 한편, 비(非)우세귀가 듣고 있는 음높이에 대한 의식은 억제하고 있는 것이다. (그래서 대부분의 오른손잡이는 음높이를 파악할 때, 왼쪽 귀보다는 오른쪽 귀에 주의를 기울인다.) 반면, '어디 시스템'은 완전히 독립적인 규칙을 따르는데, 실제로 들은 그 음이 높은지 낮은지와는 상관없이, 고음이 들리는 방향의 귀에서 지각된 음이 들린다고 판단한다.

이 모델이 작동하는 방식을 이해하기 위해, 우선 오른쪽 귀가 우세한 오른손잡이의 경우를 생각해보자. 고음이 오른쪽 귀, 저음이 왼쪽 귀에 전달된 순간, '무엇 시스템'은 오른쪽 귀로 들은 고음을 듣고 있다고 판단한다. 또한 이때, 고음이 오른쪽 귀에 제시되었기 때문에 '어디 시스템'은 오른쪽에서 소리가 들리는 것으로 느낀다. 곧이어 저음이 오른쪽 귀, 고음이 왼쪽 귀에 전달되면, '무엇 시스템'은 우세귀인 오른쪽 귀에 들리는 저음을 듣고 있다고 판단하지만, 왼쪽 귀에 고음이 들리면서 '어디 시스템'의 주의를 끌어 지각된 음이 왼쪽 귀에서 들린다고 판단한다. 이러한 방식으로 연속된 음들의 패턴을 들으면, 오른쪽 귀에서 높은 음이, 왼쪽 귀에서는 낮은 음이 교대로 들리는 것처럼 느껴지는 것이다. 양쪽의 이어폰을 바꾸어 끼어도 이 지각 패턴은 근본적으로 바뀌지 않고, 음의 연속이 단순한 하나의 음으로 상쇄되는 것처럼 들릴 것이다. 같은 방식으

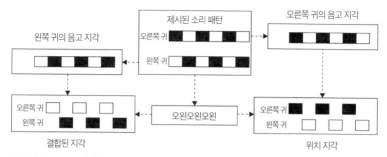

〈그림 2.2〉   두 가지의 결정 메커니즘(지각된 음고 결정, 지각된 위치 결정)의 출력이 어떻게 결합하여 옥타브 착청을 만들어낼 수 있는지를 보여주는 모델. 검정 사각형은 고음을 흰 사각형은 저음을 나타낸다. (Deutsch, 1981)

로, 왼쪽 귀가 우세한 (주로 왼손잡이) 청자에 대한 모델을 생각해보면, 높은 음이 왼쪽 귀에, 낮은 음이 오른쪽 귀에 교대로 들려야 한다(〈그림2.2〉). 수많은 실험에 의해 이 모델이 확인되었다.[3]

따라서 옥타브 착청 현상은 심리학자들이 '착각적 결합'이라 부르는 인지 프로세스의 확실한 예시를 보여준다. 이러한 반복 패턴을 들을 때, 전형적인 오른쪽 우세귀를 가진 청자는 저음이 오른쪽 귀에 제시되고, 고음이 왼쪽 귀에 제시되는 순간, 오른쪽 귀에 제시된 음높이와 왼쪽 귀에 제시된 음의 위치를 결합하여 실제로는 존재하지 않는 허상의 음을 지각과정에서 만들어내게 되는 것이다!

착각적 결합은 시각 패턴에도 일어난다. 앤 트라이스먼(Anne Treisman)과 동료들은 여러 색의 문자들을 동시에 보면, 가끔 색과 문자의 모양을 잘못 결합한다는 것을 발견했다. 가령 파란 십자 모양과 빨간 원이 제시될 때 때때로 빨간 십자 모양과 파란 원을 보았다고 보고했다는 것이다. 그러나 그러한 착각적 결합이 시각에 나타나기 위해서는 어떤 식으로든 주의력에 과부하가 일어나야 한다. 예컨대 동시에 다른 일을 수행하면서 이미지를 파악하게 하는 식으로 말이다. 하지만 옥타브 착청을 비롯하여 이후 설명하게 될 음악과 관련된 다른 착각적 결합에서 소개할 소리들은 매우 단순해서 청자의 주의에 과부하를 일으키지 않는다. 그래서 옥타브 착청의 기초가 되는 착각적 결합을 주의력이 제한되었기 때문이라고 설명하기는 힘들다.

간혹 옥타브 착청을 계속 듣다 보면 고음과 저음이 갑자기 반대로 들리는 경우도 있다. 처음엔 고음이 오른쪽에서 들리고, 저음이 왼쪽에서 들리던 사람이 얼마 후 갑자기 뒤바뀌어 고음이 왼쪽에서 저음이 오른쪽에서 들리기도 한다. 그리고 얼마 후 다시 뒤바뀌어 계속 반복되기도 한다.

이러한 갑작스러운 지각적 반전은 모호한 형태가 반전되는 시각에서의 현상과 유사하다. 〈그림 2.3〉의 네커 큐브를 보면 어떤 경우엔 왼쪽 아래 사각형이 앞쪽에, 오른쪽 위 사각형이 뒤쪽에 있는 것으로 보이고,

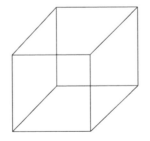

〈그림 2.3〉   네커 큐브. 이 그림을 보고 있으면, 큐브의 뒷면이 주기적으로 앞면으로 바뀌어 보인다. 이 착시는 옥타브 착청에서 고음과 저음의 위치가 주기적으로 뒤바뀌어 나타나는 지각 현상과 유사하다.

어떤 경우엔 오른쪽 위 사각형이 앞쪽에, 왼쪽 아래 사각형이 뒤쪽에 있는 것으로 보이기도 한다. 만약 한동안 시선을 고정하면 갑자기 지각이 뒤집혀 뒷면이 갑자기 앞면이 된다. 그러다 다시 원래대로 뒤바뀌는 방식으로 이러한 현상은 계속된다. 하지만 동시에 이 두 가지를 볼 수는 없다.

19세기의 결정학자이자 제네바의 광물학 교수였던 루이스 알버트 네커(Louis Albert Necker)는 1832년에 그의 이름을 따라 이를 네커 큐브라 명명하고 이에 관해 다음과 같이 말했다.

> 광물의 결정체 형상을 2차원의 판에 새긴 이미지를 조사하는 동안 종종 고찰해온 것에 관해 이야기해볼까 합니다. 2차원 평면에 새겨진 형상을 보다 보면, 제 의도와 상관없이 결정이나 고체의 위치가 갑자기 변하곤 합니다.[5]

네덜란드 예술가 에셔(M. C. Escher)는 이와 유사한 지각적 반전을 만들어내는 많은 그림을 그렸다. 〈그림 2.4〉의 〈평면의 규칙적 분할 III〉을 보면, 이 그림의 윗부분에는 검은색 기수들이, 아래엔 흰색 기수들이 명확하게 나타난다. 하지만 중간 부분은 지각할 수 있는 기수들의 색이 모호한 부분이다. 중간 부분에 시선을 고정하면 두 색의 기병이 번갈아 지각된다.

만약 이어폰이나 헤드폰이 아니라 스테레오 스피커를 통해 소리가 제시된다면 어떻게 될까? 무향실(울림이 없도록 특별히 설계된 방)에서 스피커를 정확히 청자의 좌우에 두고 실험을 진행하였다. 옥타브 착청 음원을

<그림 2.4> 에셔, <평면의 규칙적 분할 III> © 2018 The M. C. Escher Company-The Netherlands. All rights reserved. www.mcescher.com. 목판 윗부분은 검은색 기수의 형상이, 아래쪽에는 흰색 기수의 형상이 있다. 중간 부분에는 이 두 형상이 뒤바뀌면서 지각된다.

재생하자 청자는 고음이 오른쪽 스피커에서 나오고, 저음은 왼쪽 스피커에서 나오는 것처럼 들었다. 청자가 천천히 돌아보았는데도 계속 고음은 오른쪽 스피커에서, 저음은 왼쪽 스피커에서 나오는 것처럼 들었다. 정확히 청자의 얼굴 앞에 스피커 하나가, 머리 뒤쪽에 다른 스피커가 오기 직전까지 이러한 지각이 계속되었다. 그러다 갑자기 이러한 착청이 사라지고 고음과 저음이 두 스피커에서 동시에 나오는 것으로 들

렸다. 하지만 계속해서 돌자, 착청이 갑자기 다시 나타났고, 이전처럼 고음은 오른쪽에서 저음은 왼쪽에서 들렸다. 180도를 돌자, 고음이 들렸던 스피커에서는 저음이, 저음이 들렸던 스피커에서는 고음이 들리는 것으로 나타났다!

이를 유사한 시각적 상황으로 바꾸어 생각해보면 이 경험이 얼마나 불안정하고 이상한 현상인지 이해할 수 있다. 여러분이 방 안에서 앞을 똑바로 보고 서 있다고 하자. 오른쪽에는 의자, 앞쪽에는 테이블, 왼쪽에는 창문이 보인다. 그러고 나서 제자리에서 천천히 돌기 시작하면 의자, 테이블, 창문이 따라서 함께 도는 것처럼 보인다. 다시 말해, 방 전체가 함께 도는 것처럼 보이다가, 완전히 뒤로 도는 순간, 의자, 테이블, 창문이 모두 방의 뒤편으로 이동해서 반대쪽을 향하고 있는 것처럼 보이는 것이다!

잘 알려진 복화술 역시 우리 청각의 '무엇 메커니즘'과 '어디 메커니즘'이 다른 규칙을 따른다는 사실로 설명해볼 수 있다. 복화술사는 청중석의 아이들이 자기가 인형과 대화를 하고 있다고 믿도록 유도하기 위해, 가능한 한 자기의 입은 움직이지 않고, 인형의 입이 그의 말과 동시에 움직이게 함으로써 이 효과를 만들어낸다. 아이들은 무슨 말을 하는지 정확히 알아채지만, 시각적 인상에 속아서 말이 인형에게서 나온다고 믿는다. 영화를 볼 때도 비슷한 착각을 경험하고 있다. 배우의 입술이 움직이는 것을 보며 싱크가 맞는 대사를 듣거나, 스크린을 가로질러 질주하는 말들을 보며 말발굽 소리를 듣는다.

선행효과는 '무엇'과 '어디' 메커니즘의 분리를 보여주는 또 하나의 착각현상이다. 이 착각을 체험하기 위한 실험방법은 다음과 같다. 먼저 청자의 오른쪽과 왼쪽의 동일한 거리에 스피커를 각각 배치한 다음, 동일한 음원을 두 스피커를 통해 재생하되, 스피커에서 나오는 소리가 시간적으로 아주 약간 어긋나게 한다. 두 음원의 시작 시점 사이의 간격, 즉 딜레이가 약 0.03초 이내일 때까지는 두 소리를 하나의 소리처럼 듣게 되며, 먼저 재생한 스피커에서 나오는 것처럼 들린다. 심지어는 느린 쪽 스피커의 소리를 더 크게 하더라도 소리가 들리지 않는 것처럼 느껴진다.

이 선행효과는 강당 및 콘서트홀의 음향 시스템 설계에 유용하게 활용된다. 우리 의식과 지각 메커니즘을 응용하여 원치 않는 메아리나 잔향을 억제할 수 있는 것이다. 가령 누군가 연단에서 연설할 때, 어느 정도 멀리 떨어져 있는 청중은 연설을 따라가기 어려울 수도 있다. 이때, 스피커가 청중의 근처 벽에 설치되어 있다면 연설가의 목소리를 잘 들을 수 있게 된다. 이때, 들리는 소리는 가까운 스피커에서 나오는 것이지만 청중은 그 스피커가 아니라 연단에서 소리가 들리는 것으로 느낀다. 작곡가 마이클 A. 레빈(Michael A. Levine)이 내게 알려준 바에 의하면, 음악의 경우, 두 스피커의 출력을 지연시키면 더 큰 모노 사운드로 들리고, 이러한 딜레이가 길어질수록 효과도 더 크다는 사실을 추가적으로 지적했다. 단, 이 딜레이 수준은 음악의 템포를 고려해야 하고, 통상 0.03초 이내의 수준에서 경험할 수 있다.

'무엇'을 들었는지와 '어디'에서 들리는지에 대한 해리 현상을 보여주는 또 다른 흥미로운 착청 현상을 소개하려 한다. 이 실험은 네덜란드의 니코 프란센(Nico Franssen)에 의해 수행되었는데, 먼저 스피커 두 개를 준비하여, 하나는 청자의 왼쪽 앞에, 다른 하나는 오른쪽 앞에 배치한다. 그러고 나서 왼쪽 스피커로 아주 짧막한 소리(클릭 사운드)를 들려주는 동시에, 오른쪽 스피커로는 길게 지속되는 음을 점차 재생한다.

만약 당신이 실험에 참여했다면 어떻게 들었을지 예상해보라. 청자는 두 소리를 모두 들었지만, 놀랍게도 이 소리들이 모두 왼쪽 스피커에서만 나오는 것으로 느꼈으며 클릭음으로 시작해서 길게 지속하는 하나의 단일음으로 들렸다. 청자들이 왼쪽 스피커로 들었다고 착각한 긴 음이 지속되는 동안 왼쪽 스피커는 실제로 아무 소리도 내지 않았고, 반면 실제로 소리를 냈던 오른쪽 스피커에서 청자들은 아무 소리도 듣지 못했다. 청자는 긴 음을 정확히 들었지만 소리가 나는 위치는 잘못 인식한 것이다![8]

물리학자 만프레드 슈뢰더(Manfred Schroeder)는 이 실험을 잔향이 큰 방에서 시행했을 때 이 착청이 너무 강해서 청자들에게 왼쪽 스피커가 실제로 아무 소리도 내고 있지 않다는 걸 확인해주기 위해 때론 왼쪽 스피커의 플러그를 빼서 들고 보여주어야 했다고 말했다.

최근 하버드 대학교의 물리학자 에릭 헬러는 '무엇-어디' 시스템의 해리현상을 뒷받침하는 새로운 현상을 발견하고는 나에게 메일을 보내왔다. 먼저, 이어폰을 사용해서 양쪽 귀에 동일한 복합음을 제시하되, 왼쪽 귀에 들려주는 소리는 0.001초(1ms)를 지연시켰다. 여러분도 예상했겠지만, 이러한 딜레이 효과는 소리가 오른쪽에서 들리고 왼쪽 귀에서는 소리가 들리지 않는 것처럼 만들었다. 이후 헬러가 트레몰로(진폭 변조)

를 적용한 음을 왼쪽 귀에 들려주니, 놀랍게도 왼쪽이 아닌 오른쪽 귀에서 더 크고 명료한 소리가 들리는 것으로 느껴졌고 왼쪽 귀는 여전히 어떤 소리도 들리지 않았다! 헬러는 이 현상을 트레몰로 전이 착청 현상이라고 이름붙였다. 이 예시에서 어디 시스템은 소리가 오른쪽에서 들렸다고 처리했으며, 동시에 무엇 시스템은 왼쪽 귀에 입력된 소리를 들었다고 지각한 것이다!

기이한 '무엇-어디' 시스템의 해리현상은 '편측 무시' 환자들에게 나타날 수 있다. 편측 무시에 관해 조금 설명하자면, 우뇌의 뇌졸중 발생 후 종종 뒤따르는 현상으로, 특히 두정엽에 문제가 생겼을 때 나타난다. 우뇌는 공간에서 좌측의 시야와 소리를 인식한다는 것을 기억하자. 편측 무시 환자는 좌측 세계에 나타나는 물체나 사건을 알아채지 못한다. 음식이 앞에 있을 때, 이들은 오른쪽 부분만을 알아채고 왼쪽 부분은 보지 못한다. (심지어는 음식의 양이 적다고 불평하기까지 한다!) 머리를 빗거나 양치질을 할 때도 오른쪽만 관리하고 왼쪽은 신경도 쓰지 않는다. 왼편을 인식하지 못하기 때문에 걷거나 움직일 때 왼편의 물체와 부딪힌다. 그리고 무엇보다도, 왼쪽으로 들어오는 소리는 듣지 못하고 오른쪽으로 들어온 소리만을 인식한다. 이는 그들이 왼쪽 귀나 눈이 멀었기 때문에 발생하는 것이 아니다. 단지 인식하지 못하는 것이며, 인식하도록 만들 수가 없을 따름이다.

이스라엘의 텔아비브 대학교의 레온 데우엘(Leon Deouell)과 나쿰 소로커(Nachum Soroker)는 기발한 실험을 고안했다. 실험은 편측 무시 환자들에게 오른쪽에서 소리가 나오고 있다고 믿도록 하여, 왼쪽 소리를 듣도록 유도하는 것이다.[10] 연구진은 환자에게 보이도록 오른쪽에 소리가 나지 않는 가짜 스피커를 두고, 보이지 않는 왼쪽에는 진짜 스피커를 두고 소리를 들려주었다. 그러자, 가짜 스피커에 속은 편측 무시 환자들은 왼쪽에서 들리는 소리를 점점 듣기 시작했다! 물론 환자들은 이 소리가 오른쪽에서 났다고 주장했다. 이런 방식으로, 환자들이 비록 소리가 발생한 위치는 잘못 파악하더라도, 무슨 소리가 났는지를 정확하게 보고하도록 유도할 수 있었다.

그렇다면 뇌의 어떤 회로가 '무엇-어디' 해리현상을 일으키는 걸까? 조지타운 대학교의 조셉 라우쉐커(Josef Rauschecker)와 비아오 티안(Biao Tian) 연구팀은 소리의 여러 측면에 대해 원숭이의 뇌의 뉴런이 반응하는 방식을 연구하고 있다. 특히 연구팀은 1차 청각피질 옆에 있는 측면 벨트라 불리는 곳의 뉴런 반응을 조사했다. 그들은 측면 벨트의 한 부분인 앞쪽 벨트의 뉴런이 원숭이가 내는 소리에 강하게 반응하고 이 영역의 뉴런들은 각각 다른 특정 원숭이가 내는 소리에 반응한다는 것을 발견했다.

뉴런들은 작은 전기 신호를 내보내며 활동하는데, 이 전기 신호가 발생하는 빈도에 따라서 반응 수준을 측정할 수 있다. 즉, 발화율의 증가 혹은 감소를 통해 신호에 반응한다. 위에서 언급했듯, 특정 원숭이의 소리가 들릴 때 측면 벨트의 특정 뉴런이 기관총처럼 발화하고, 그 뉴런은 다른 원숭이 소리에는 약하게 발화할 것이다. 일반적으로 측면 벨트 뉴런들은 자신이 담당하는 원숭이 소리가 제시되기만 한다면, 그 소리가 '어디'에서 나는지는 별다른 영향을 받지 않았다. 반대로 측면 벨트의 또 다른 부분인 뒤쪽 벨트의 뉴런들은 특정한 공간적 위치에서 나오는 소리에 강하게 반응했고, 다른 위치에서 들리는 소리에는 반응하지 않았다. 즉, 대다수의 이 뉴런들은 소리 유형이 '무엇'이었는지에 관해서는 반응하지 않았다.

요약하자면, 앞쪽 벨트의 뉴런들은 제시되는 소리가 '무엇'인지에 선택적으로 반응한 반면, 뒤쪽 벨트의 뉴런들은 소리가 '어디'에서 들려오는지에 선택적으로 반응했다. 후속연구에서 연구자들은 뉴런들이 이 두 영역으로부터 뇌의 다른 영역으로 신호를 보낸다는 것을 밝혔고, 이는 두 개의 경로 즉, '무엇' 경로와 '어디' 경로였다. 아까 이야기했던 편측 무시 환자의 신경회로를 설명해보면, '어디' 경로는 두정엽과 관련되어 있다. 그래서 이 부위에 뇌손상을 입은 환자들이 소리의 공간적 측면을 처리하는 데 어려움을 겪었지만, 어떤 소리인지는 정확히 식별할 수 있었던 것이다.

⌢

옥타브 착청의 발견은 아직 밝혀지지 않은 또 다른 착청 현상에 대한 궁금증으로 이어졌다. 그날 밤, 내 머릿속에선 여러 소리가 춤추듯 끊임없이 귓가를 맴돌았고, 공간에 환상적인 패턴을 그려내곤 했다. 그 소리는 점차 구체화되었고, 최종적으로는 단순한 반복 패턴이 탄생했다. 〈그림 2.5〉의 위에 있는 악보에 그 패턴을 그려놓았다.

다음 날 아침 일찍 나는 음 몇 개를 대충 끼적여놓은 종잇조각을 들

실제 재생된 소리

지각된 소리

〈그림 2.5〉 음계 착청을 만들어내는 패턴과 헤드폰을 통해 들을 때 지각되는 형태.
(Deutsch, 2013a)

고 연구실로 향했고, 컴퓨터로 이 음정 시퀀스를 코딩해서 들어보았다.
놀랍게도, 내 예상대로 새로운 착청을 경험할 수 있었다. 〈그림 2.5〉의
아래 악보처럼 모든 고음은 오른쪽 귀에서, 모든 저음은 왼쪽 귀에 들렸
다. 양쪽 이어폰을 바꾸어 껴도 고음은 여전히 오른쪽에서, 저음은 여
전히 왼쪽에서 들렸다. 이는 마치 고음을 내보내던 이어폰이 이젠 저음
을 내보내는 것, 혹은 반대로 저음을 내보내던 이어폰이 고음을 내보내
는 것과 같은 기이한 느낌이었다. 그리고 들리는 것처럼 고음과 저음을
지그재그로 번갈아 나타나는 패턴처럼 들리는 것이 아니라, 순차적으로
이어지는 두 개의 멜로디, 즉 서로 반대방향으로 움직이는 고음의 멜로
디와 저음의 멜로디가 들렸다. 컴퓨터가 만들고 있는 소리는 분명 울퉁
불퉁하고 이상한 음의 연속이었으나, 내 뇌와 마음은 이를 거부하고 음
악적 의미를 갖도록 음들을 재구성하고 있었다. '음계 착청(scale illusion)'

음계착청

이라고 이름 붙인 〈그림 2.5〉의 음들의 패턴은 '음계 착청 현상' 모듈에서 들을 수 있다.[12]

아직까지는 이런 경험들이 보편적인 착청 현상인지 의구심이 들 수 있다. 이런 현상이 단순히 실험실에서만 벌어지는 현상은 아닌지, 매우 특수한 상황에서만 뇌가 잘못된 결론에 도달하는 건 아닌지 의구심이 들 수도 있다. 하지만 이 착청 현상은 실험실뿐 아니라 콘서트홀이나 강의실 같은 공간에서도 쉽게 경험할 수 있다.

어바인 캘리포니아 주립대에서 새로 단장된 콘서트홀 헌정기념으로 강연을 한 적이 있었는데, 여기서 음계 착청 현상을 시연했었다. 세 명의 바이올린 주자는 무대의 왼쪽 끝에서, 또 다른 세 명은 오른쪽 끝에서 음계 착청을 연주하도록 했다. 그 결과, 객석 중앙에 앉은 사람뿐 아니라 심지어 한쪽 편에 앉았던 사람들조차도 매우 확실한 착청을 경험했다. 즉 연주된 음들의 절반은 실제 연주된 위치가 아닌, 다른 위치에서 온 것으로 들은 것이다.

이와 관련된 착청 현상은 같은 라인으로 만들어진 다른 음악적 패시지를 가지고도 만들 수 있다. 예를 들어 두 개의 다른 성부를 이상하게 꼬아 연주하더라도, 뇌가 한 공간에서 주제선율을 할당하고 반주는 다른 공간에 할당하도록 만드는 것이다. 이러한 착청 현상의 원리가 적용된 음악적 예시는 19세기 말 차이코프스키와 지휘자 아르투르 니키슈 (Arthur Nikisch) 사이의 심각한 갈등의 원인이 되었을 수 있다.

1893년 여름, 니키슈는 차이코프스키 6번 교향곡(비창)에 관해 논의하기 위해 차이코프스키를 만났고, 이후 그 곡을 지휘했다. 교향곡의 마지막 악장은 제1바이올린과 제2바이올린 파트끼리 주제선율과 반주선율을 서로 왔다 갔다 주고받는 패시지로 시작한다. 다른 말로 하면, 제1바이올린부가 지그재그 모양의 음렬을 연주하는 동안, 제2바이올린 파트는 뒤집힌 지그재그 모양의 음렬을 연주하게 된다. 참고로 당시에는 오케스트라 왼쪽 앞에 제1바이올린이, 오른쪽 앞에(오늘날 일반적으로 첼로 파트의 자리) 제2바이올린이 배치되어 공간적으로 명확히 분리되었다. (오늘날 오케스트라에서 제2바이올린 파트는 왼쪽 뒤편에 즉, 두 파트가 인접하게 배치되는 게 일반적이므로 두 파트의 소리가 섞이게 된다.)

몇 가지 이유에서, 니키슈는 차이코프스키의 악보에 강한 이의를 제기했고, 제1바이올린이 주제선율을 전부 연주하고, 제2바이올린이 반주를 전부 연주하도록 패시지의 악보를 수정해야 한다고 주장했다. 하지만, 차이코프스키는 수정을 완강하게 거부했고, 작품은 원래 쓰인 대로 초연되었다. 하지만 니키슈는 차이코프스키의 의견에도 불구하고 여전히 자신의 생각이 옳다고 생각해 그 패시지의 악보를 수정해버렸고, 그 교향곡을 연주하는 대안적 전통이 시작되었다. 대부분은 차이코프스키의 오리지널버전(《그림 2.6》)을 고수하지만, 꽤 많은 지휘자들은 여전히 니키슈의 수정된 버전으로 연주하기도 한다.

왜 이 두 거장들이 의견을 좁히지 못했는지 우리가 알 수는 없다. 또한 이들이 착청 현상에 관한 문제를 다루고 있다는 것을 인지하고 있었는지는 더욱 알 수 없다. 그럼에도 이 둘의 입장을 짐작해보자면, 지휘

2. 착청 현상

실제 연주되는 소리

청중이 지각하는 소리

<그림 2.6.> 차이코프스키 6번 교향곡 〈비창〉, 마지막 악장의 도입부. 위의 악보는 두 바이올린 파트에 의해 연주되는 패시지이며 아래 악보는 청중이 일반적으로 지각되는 형태이다. (Deutsch, 2013a)

자였던 니키슈는 연주자들이 보다 수월하게 연주할 수 있도록 고친 악보를 사용하여 오케스트라가 최고의 연주를 해내길 원했을 테고, 작곡가였던 차이코프스키는 무대를 가로질러 왔다 갔다 이동하는 주제 선율을 청중이 경험할 것을 의도했을 것이다.

차이코프스키 곡의 착청

작곡가 마이클 레빈은 이들의 역사적인 논쟁에 대해 흥미로운 해석을 제시했는데, 두 바이올린 파트를 공간적으로 분리하여 연주하는 것은 감상자로 하여금 주제 악구를 더욱 풍부하고 큰 음량으로 들리게 할 것이고, 이를 통해 차이코프스키는 단지 멜로디의 공간적 이동뿐 아니라 강렬한 표현을 끌어내는 전반적인 효과를 의도한 것일 수 있다고 보았다. 차이코프스키가 어떤 의도를 가지고 있었든 간에, 이 패시지가 착청 현상을 만들어낸다는 것은 의심할 여지가 없다.

나는 이 효과를 매우 강렬하게 경험한 적이 있었는데, 존 앤지어 제작사(John Angier Production Company)가 1970년대의 유명한 과학 다큐멘터리였던 NOVA 시리즈를 촬영하기 위해 우리 연구실에 찾아왔을 당시였다. 당시 촬영에서는 UCSD 오케스트라가 연주를 맡았는데, 이 착청 효과를 더 잘 경험할 수 있도록 오케스트라의 배치를 차이코프스키 시대의 방식으로 바꿔서 논란의 그 악구를 연주했었다.[13] 먼저 제1바이올린 파트만 연주하고, 이어 제2바이올린 파트를 따로 연주했다. 이때만 하더라도 '저게 무슨 멜로디지?' 싶었으나, 함께 연주하자 아름다운 멜로디가 만들어지기 시작했다. 이때 촬영된 영상은 "차이코프스키 곡의 착청"에서 확인할 수 있다.

이런 방식의 공간 재구성 사례들은 차이코프스키의 사례에 한정되지 않고 광범위한 음악적 상황에서 나타난다. 음악이론가 데이비드 버틀러(David Butler)는 스피커들을 멀찍이 떨어뜨려 멜로딕한 패턴을 재생한 뒤, 음대생들에게 각 스피커에서 나온 소리를 받아 적도록 했다. 흥미롭게도 이들이 받아 적은 악보는 실제로 재생되었던 멜로디 패턴과는 달리, 고음의 멜로디와 저음의 멜로디로 구성되었다. 가끔 두 스피커에서 나오는 소리 사이의 음색 차이가 새로운 음색의 소리를 만들어내기도 했지만, 이는 양쪽 스피커에서 동시에 들리는 것으로 인식되었다.[14, 15]

존 슬로보다(John Sloboda)가 쓴 책 『음악적 마음(Musical Mind)』[16]은 또 다

른 예를 소개하고 있다. 라흐마니노프의 〈두 대의 피아노를 위한 모음곡〉 제2번의 마지막 부분에서 두 피아노 파트는 동일한 음이 포함된 패시지를 음형을 달리하여 연주하는데, 분명 두 피아노 모두 오른손 멜로디에서 동일한 음역의 음을 연주함에도 불구하고 이 패시지를 들으면 한 피아노는 고음을 연주하고, 다른 피아노는 저음을 연주하고 있는 것처럼 들린다.

음계 착청은 부정확한 소리의 매개변수를 가지고도 생성될 수 있다. 쉬운 말로 해보자면, 이 착청은 실험실에서 컴퓨터로 정교히 생성된 사운드로만 구현할 수 있는 것이 아니라 교실이나 일상에서 쉽게 구할 수 있는 악기로도 음계 착청을 얼마든지 구현할 수 있다. 첨부된 QR코드로 접속하면 위스콘신의 앳워터 초등학교의 음악 수업에서 음계 착청을 연주하는 영상을 볼 수 있다. 월트 보이어(Walt Boyer) 선생님은 5학년 학생 둘에게 실로폰으로 음계 착청의 각 파트를 연주하게 했다. 선생님은 음계 착청 현상에 대해 어떤 설명도 하지 않았지만, 연주를 지켜보던 다른 친구들이 새로운 멜로디를 듣기 시작하자 눈을 반짝이며 신기해하는 모습을 볼 수 있다.

지금부터는 음계 착청에 대한 설명을 좀 더 이어가보겠다. 〈그림 2.5〉의 악보에 나와 있듯, 이 착청 현상의 구성원리는 음계를 구성하는 음들이 왼쪽 오른쪽 귀를 한 번씩 번갈아가며 나타나는 방식으로 디자인 되어 있다. 이런 방식으로 올라가는 음계와 내려가는 음계가 왼

실로폰을 사용한 음계 착청

쪽과 오른쪽을 번갈아가며 동시에 들리는데, 상행 음계의 음이 오른쪽 귀에 제시되는 순간에는 하행 음계의 음은 왼쪽 귀에 제시되고, 다음 음이 들리는 순간에는 음의 방향이 서로 반대로 바뀌는 방식이다.

옥타브 착청과 마찬가지로, 소리만 듣고 이 패턴을 정확하게 파악해 내는 사람은 거의 없다. 또한 우세손에 따라 착청의 형태가 달라지는 경향이 나타난다. 만약 착청을 경험하지 않고 재생되는 소리 그 자체를 듣는 사람이 있다면, 순차적으로 진행하는 음계를 듣는 게 아니라 지그재그로 도약하는 음들을 들어야 한다. 하지만 대부분의 오른손잡이들은 높은 음계와 낮은 음계의 분리된 멜로디가 서로 반대 방향으로 움직이는 것처럼 듣는다. 더 나아가 고음은 모두 오른쪽 귀에서 들리고, 저음은 모두 왼쪽 이어폰에서 들리는 것처럼 느낀다. 이어폰의 방향을 바꿔서 들어봐도 고음이 들리는 방향이나 지각되는 패턴은 변하지 않는다. 옥타브 착청에서 경험했던 것처럼, 고음을 내던 쪽의 이어폰에서 저음을 내고, 저음을 내던 이어폰에선 고음을 내는 것과 같은 인상을 받는다!

예상했겠지만 고음과 저음이 들리는 방향은 우세손에 따라 통계적으로 달라진다. 오른손잡이는 고음을 오른쪽에서, 저음은 왼쪽에서 듣는 경향이 강하고, 왼손잡이는 이런 경향을 보이지 않는다. 가끔은 다른 형태의 착청을 경험하기도 하는데, 고음의 선율만 듣고 저음의 선율은 거의 듣지 못하거나 심지어 저음 음계를 완전히 듣지 못하는 경우도 있다. 또, 이런 형태의 착청은 오른손잡이보다 왼손잡이에게서 주로 나타난다.

앞서 옥타브 착청을 설명하기 위해 '착각적 결합'이라는 개념을 이야기했는데, 음계 착청도 같은 개념으로 설명할 수 있다. 〈그림 2.5〉처럼

반음계 착청

고음을 모두 오른쪽에서 저음을 모두 왼쪽에서 지각하는 사람의 뇌에서 일어나는 상황을 생각해보자. 이 사람의 뇌는 왼쪽에 제시된 고음들을 오른쪽으로 잘못 결합시키고, 오른쪽에 제시된 저음들을 왼쪽으로 잘못 결합시켜 처리한 것이다. 지금부턴 이러한 원리를 토대로 제작한 음계 착청의 다양한 변형들을 설명하려 한다.

첫 번째로 소개할 변형 패턴은 '반음계 착청 현상'이다. QR코드로 착청 현상을 소리로 먼저 들어본 뒤 〈그림 2.7〉의 악보를 보길 추천한다. 한 옥타브의 온음계로 구성된 음계 착청과 달리, 반음계 착청은 두 옥타브에 걸친 반음계로 구성되며, 음계 착청과 같은 방식으로 왼쪽과 오른쪽 귀를 옮겨가며 제시된다. 역시 우세손에 따라 지각되는 착청 현상이 달라지며, 대부분의 오른손잡이들은 오른쪽 귀에서 한 옥타브를 내려갔

〈그림 2.7〉 반음계 착청에서 실제로 재생되는 소리와 지각되는 패턴의 예시. (Deutsch, 1987)

오른쪽

왼쪽

실제로 재생되는 소리

오른쪽

왼쪽

뇌에서 지각되는 소리 (오른손잡이 기준)

〈그림 2.8〉　　캄비아타 착청에서 실제로 재생되는 소리와 지각되는 패턴의 예시. (Deutsch, 2003)

다가 올라가는 고음의 멜로디 라인을 듣고, 동시에 왼쪽 귀에서 한 옥타브를 올라갔다 내려가는 저음의 멜로디 라인을 듣게 되며, 중간에서 이 둘이 만나는 것처럼 듣는다. 물론 실제로는 오른쪽과 왼쪽에서 들리는 음들은 지그재그로 널뛰듯 도약하고 있다.[17]

　　같은 원리를 응용해서 나는 '캄비아타 착청 현상(Cambiata illusion)'을 만들었다.[18] ('캄비아타'는 대위법 용어로, 중심음 주위를 도는 선율 패턴을 지칭한다. 여러분도 소리를 들어보면 왜 이런 이름을 붙였는지 이해할 수 있을 것이다.) 이 착청은 이어폰이나 스테레오 스피커에서 모두 구현할 수 있으며, QR코드로 소리를 들어본 뒤, 〈그림 2.8〉의 악보를 보면 잘 이해할 수 있을 것이다. 대부분의 사람들은 한쪽 귀에서 고음의

캄비아타 착청

선율이 맴돌고, 반대쪽 귀에선 저음 선율이 맴도는 것을 경험한다. 양쪽 이어폰을 바꿔도, 고음 선율이 들리던 귀에서 계속해서 고음 선율이 들리고, 저음 선율이 들리던 귀에서 계속 저음 선율이 들린다. 하지만 실제로 각 귀에 재생되는 소리는 순차적으로 이어진 선율 패턴이 아닌, 두 옥타브를 넘나들며 급격하게 도약하는 음정 패턴이다.

위에 설명한 방식과 다른 방식으로 착청을 경험하는 사람들도 있다. 예를 들면 왼쪽 귀에서 저음의 멜로디를 듣는 동안에는 오른쪽에서의 고음은 잠시 멈췄다가 곧이어 다시 들리는 방식으로 들을 수도 있다. 앞서 언급했던 2채널 스테레오 착청 현상들과 마찬가지로 왼손잡이는 오른손잡이보다 더욱 복잡하고 다양한 방식으로 착청을 경험한다.

음높이와 음색의 조합으로도 '착각적 결합'을 구현할 수 있다. 네바다 대학교의 마이클 홀(Michael Hall) 연구팀은 다양한 음색의 음을 여러 위치에서 동시에 들려준 후 실험참가자들에게 어떤 음고가 어떤 음색이었는지를 알아내도록 하였다.[19] 실험 결과 착각적 결합은 23~40퍼센트가 일어날 정도로 매우 흔하게 나타났다.

사실 우린 이미 오케스트라 실황 연주를 들을 때 이런 착각적 결합을 빈번하게 경험하고 있을 수 있다. 예를 들면, 실제로는 현악기가 연주하는 어떤 음을 금관악기가 연주하는 음이라고 지각하는 것이다.

착각적 결합은 기억 속에서도 일어날 수 있다. 나는 한 실험에서 참가자들에게 첫 번째 테스트 음을 들려준 후 이어서 4개의 음을 간섭하듯 들려주고, 마지막으로 두 번째 테스트 음을 들려주었다. 참가자에게는 중간에 등장한 음들은 무시하고 처음과 마지막의 테스트 음이 같은 음높이인지 아닌지 맞히도록 했다. 중요한 것은 처음과 마지막의 테스트 음이 서로 다른 경우에는 간섭음에 마지막 테스트 음과 같은 음높이의 음을 포함시켰다. 이는 참가자들로 하여금 첫 테스트 음과 마지막 테스트 음이 같다고 착각하게 하는 경향을 크게 증가시켰다. 즉 청자들은 마지막 테스트 음과 중간에 등장한 음이 같은 음고라는 것을 정확히 인식했지만, 그 음이 첫 번째 음이라고 잘못 판단한 것이다.[20]

위의 실험은 음길이가 고정된 상태에서 음높이만 달리한 경우였지만, 음높이와 음길이를 모두 달리하는 방식으로도 기억을 왜곡하는 착각적 결합을 만들 수 있다. 윌리엄 톰슨(William Thompson) 연구팀은 청자들에게 높이와 길이를 달리해서 음의 시퀀스(여러 음이 연속하는 것)를 들려준 후 마지막에 테스트 음을 제시하였다. 이때, 음 시퀀스 중 어떤 음은 음높이가 테스트 음과 같고, 다른 어떤 음은 음길이가 테스트 음과 같은 경우, 실험참가자들은 빈번하게 테스트 음이 음 시퀀스에 포함되어 있었다고 잘못 판단했다.[21]

지휘자의 입장에서는 '착각적 결합'이 문제를 야기할 수 있는데, 이들은 오케스트라 어디에서 어떤 음이 연주되고 있는지를 정확하게 식별하는 능력이 필요하기 때문이다. 예를 들면 틀린 음을 연주하고 있는 연주자를 발견해야 하는 상황처럼 말이다. 물론 일반적인 사람들과 비교하면 많은 지휘자들이 착각적 결합으로부터 영향을 덜 받을 수 있다.

내가 파리 음향·음악연구소(IRCAM)에 방문했을 때, 작곡가이자 지휘자였던 고(故) 피에르 불레즈(Pierre Boulez)와 흥미로운 논의를 한 적이 있다. 당대 최고의 거장 중 한 사람이었던 그는 나에게 옥타브 착청과 음계 착청을 들려달라고 부탁했다. 헤드폰을 통해 옥타브 착청을 듣자 불레즈는 어리둥절하고 혼란스러워 했다. 추측컨대 복잡하고 변화하는 소리 패턴의 착청 현상을 경험하고 있는 것 같았다. 다음으로 스피커로 음계 착청을 들려주었다. 한참을 집중해서 들은 불레즈는 실제로 재생된 사운드의 패턴을 정확하게 파악해냈다.

내가 말했다. "마에스트로, 지금까지는 스피커에서 나오는 소리를 한 번에 하나씩, 분석적으로 들으셨을 겁니다. 이제는 앞에 오케스트라가 있다고 상상하시고 두 패턴을 전체적으로 들어보시죠." 내가 다시 옥타브 착청을 재생하자, 불레즈는 곧장 외쳤다. "소리가 바뀌었어요! 오른쪽 스피커에서 고음의 멜로디가, 왼쪽 스피커에선 저음의 멜로디가 들리는군요!"

불레즈와의 대화를 되짚어보면, 이 위대한 음악가는 착청 음원을 다른 방식으로 지각하는 게 가능했다. 그는 자신이 의도한 청취 전략에 따라 전혀 다른 멜로디 패턴을 들을 수 있었던 것이다. 이러한 청취법은 지휘자에게 있어서 이상적인 능력일 것이다. 왜냐하면 개별 연주자의 소리와 오케스트라 전체의 밸런스나 앙상블을 모드를 바꾸듯이 듣는 게 가능하기 때문이다.

여기서 중요한 질문을 하나 던질 수 있다. 우리의 뇌는 왜 착청을 듣는 방식으로 작동하는 걸까? 재생된 실제 소리 그대로 지각하지 않고,

굳이 새로운 착청을 만들어내 듣는 이유가 뭘까?

　우리가 일상에서 경험하는 소리들은 대체로 질서를 가지고 있다. 그리고 우리의 청각 메커니즘은 이 질서에 부합하던 청각적 경험들을 학습하면서 앞으로 들을 소리는 어떤 패턴일지 예측하거나 가정하며 들을 수 있게 발달되었다. 이런 맥락에서 음계 착청 같은 패턴은 일상적으로 듣는 소리의 질서와는 완전히 다른 형태의 패턴이라고 할 수 있으며, 이런 패턴을 들은 우리 뇌는 두 위치에서 각기 따로 도약하는 음들을 지각하는 것이 옳음에도 불구하고, 현실적으로 가능성이 없는 결론을 거부하는 것이다. 그 대신 현실에서 들어봄직한 소리인, 한 곳에서 비슷한 음역의 멜로디를 듣고 다른 곳에서 다른 음역의 멜로디가 들리는 것으로 가정해버리는 것이다. 그래서 우리는 뇌의 해석에 따라 공간의 음들을 지각적으로 재조직해 듣는 것이다.*

　우리의 지각이 우리의 지식과 기대로부터 강하게 영향받는다는 견해는 19세기 독일 물리학자 헤르만 폰 헬름홀츠(Hermann von Helmholtz)가 주장한 것인데, 그의 저서 『음악이론의 생리학적 기초로서의 음 감각에 관하여』는 오늘날까지도 중요한 책으로 알려져 있다.[22] 지각과정에 '무의

---

* 이 개념으로 불레즈 같은 음악가가 착청 사운드를 듣고 실제 제시된 패턴을 정확히 파악해낼 수 있었던 이유를 설명할 수 있다. 불레즈는 지휘자인 동시에 현대음악 작곡가이기도 했는데, 그는 음악의 여러 매개변수(예를 들면 음길이, 음높이, 아티큘레이션 등)들을 독립적으로 조직하는 방식으로 음악을 만드는 총렬주의 시대를 주도한 대표적인 작곡가였다. 또한 파리 음향·음악연구소는 전 세계에서 가장 활발하게 실험적인 컴퓨터음악이 창작되고 발표되는 곳 중 하나인데, 불레즈가 바로 이 기관을 설립하고 십수 년에 걸쳐 이끌어온 사람이었다. 즉, 그는 최신 컴퓨터 기술들을 적용한 음악들을 누구보다 많이 경험한 사람이었고, 음악의 개별 요소들을 독립적으로 듣고 구상하는 작업을 수십 년에 걸쳐 해온 사람이었다. 불레즈가 쌓아온 청각적 경험의 폭은 대다수 사람들의 청각 경험과는 매우 큰 차이가 있었을 것이며, 그의 뇌와 청각 메커니즘은 음계 착청을 충분히 개연성 있는 소리라고 판단했을 것이다. 옮긴이

식적 추론' 혹은 '하향식 처리'가 미치는 영향은 여기서 설명하는 스테레오 착청에서 잘 드러난다.

내가 제작한 또 다른 음악적 착청으로 '글리산도 착청 현상'이라 이름 붙인 것이 있다. 이 착청을 경험하기 위해서는 이어폰이나 헤드폰보다 스피커를 사용하는 것이 좋다. 스피커를 왼쪽 앞과 오른쪽 앞에 배치한 뒤 착청 음원을 들어보길 바란다.

이 착청을 들은 사람들은 음의 패턴은 정확히 지각하나, 소리가 나는 위치는 잘못 지각하게 된다.[23] 이 음원은 고정된 음높이에서 지속되는 오보에 소리와 사이렌처럼 음높이를 오르락내리락 움직이는 순음(pure tone) 글리산도로 만들어 졌으며, 오보에 음이 오른쪽에 제시될 때는 글

〈그림 2.9〉   헤르만 루트비히 페르디난트 폰 헬름홀츠

리산도는 왼쪽에 제시되고, 오보에 음이 왼쪽에 제시될 때는 글리산도가 오른쪽에 제시된다. 이런 방식으로 소리가 양쪽을 번갈아가며 옮겨다니는 것을 반복한다.

글리산도 착청

대부분의 사람들은 오보에 소리는 살짝 끊기면서 두 스피커 사이를 왔다 갔다 점프하는 것처럼 듣는다. 동시에 소리의 위치도 정확히 파악할 수 있다. 반면 글리산도는 아주 매끄럽게 결합되어 하나의 긴 음처럼 듣는다. 분명 오보에가 끊긴 횟수와 동일하게 끊어져 재생되었음에도 불구하고 말이다. 글리산도가 들리는 위치는 어땠는지 기억하는가? 가능하다면 다시 한 번 들어보면서 소리가 움직이는 패턴을 허공이나 종이에 그려보길 바란다.

글리산도의 움직임은 사람들마다 다르게 듣게 되는데, 역시 오른손잡이 대부분은 음이 올라갈 때는 왼쪽에서 오른쪽으로 이동하는 것으로 듣고, 음이 내려갈 때는 다시 오른쪽에서 왼쪽으로 이동하는 것처럼 듣는다. 하지만 왼손잡이는 이동 방향이 제각기 다르게 나타난다.

더욱 흥미로운 것은, 글리산도 소리가 단지 오른쪽 왼쪽으로 이동할 뿐 아니라 대각선 방향으로 휘어져 들리는 현상이 나타난다는 것인데, 가장 낮은 음일 때는 바닥 아래쪽에서 들리고, 가장 높은 경우에는 거의 천장의 위쪽에서 들려 대각선 방향으로 움직이듯 들린다. 여러 연구에 의하면 사람들은 고음을 들을 땐 공간의 위쪽에서 듣고, 낮은 음은 아래쪽에서 듣는 경향이 있다고 한다.[24]

2. 착청 현상

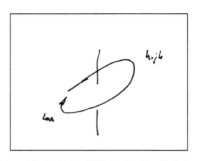

〈그림 2.10〉 청자들이 묘사한 글린산도 착청이 지각되는 형태. (Deutsch, Hamaoui, & Henthorn, 2007)

사실 '음고' 혹은 '음높이'라는 단어에 함축된 '높고', '낮음'은 바로 이 경향을 반영하는 것이다. 왜 인간이 그렇게 듣는지는 아직 밝혀지지 못했지만 말이다. 글리산도 착청에서는 좌·우 차원과 저·고 차원의 명백한 움직임이 결합해, 듣는 이로 하여금 왼쪽 아래에서 오른쪽 위로 대각선 공간을 움직이는 착각적 궤적을 종종 야기한다. 〈그림 2.10〉은 한 실험 참가자가 글리산도 착청이 지각된 방식을 묘사한 그림이다.

이러한 착청들을 모두 종합해보면, 오른손잡이는 실제 음이 어디에서 제시되었는지에 상관없이 고음은 오른쪽에서, 저음은 왼쪽에서 듣는 경향이 있다고 결론내릴 수 있다. 또한 오른쪽에 고음이, 왼쪽에 저음이 제시될 때 음들의 조합을 더 정확하게 지각하는 경향이 있다.[25] 현장에서 음악을 들을 때, 이런 착청 경향 때문에 생기는 난제가 있다. 현대 오케스트라의 일반적인 좌석 배치는 '연주자의 관점'에서 고음 악기는 오른쪽에, 저음 악기는 왼쪽에 있다.

〈그림 2.11ⓐ〉는 연주자의 관점에서 (즉, 무대 뒤편에서) 본 시카고 심포

니의 좌석배치표이다. 현악기가 배치된 방식을 보자. 가장 높은 음역을 담당하는 제1바이올린이 가장 오른쪽에 배치되며, 왼쪽으로 갈수록 한 단계씩 저음악기가 배치된다. 제2바이올린, 비올라, 첼로, 그리고 마지막에는 더블베이스 순서로 말이다. 금관악기의 경우에도 고음악기부터 저음악기까지 트럼펫-트럼본-튜바 순으로 오른쪽에서 왼쪽으로 배치되어 있으며, 목관악기 또한 플루트가 오보에의 오른쪽에, 클라리넷이 바

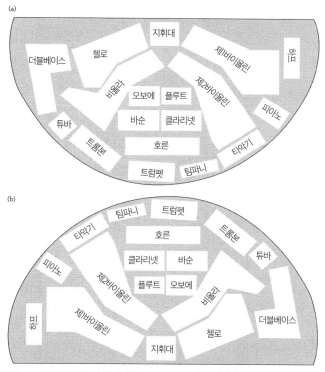

〈그림 2.11〉　시카고 심포니의 악기 배치도. (a)는 연주자의 관점에서 무대 뒤에서 바라본 배치도. (b)는 (a)와 동일한 배치도를 청중의 관점에서 바라본 방식으로 다시 그린 것이다.

순의 오른쪽에 배치되어 있다. 상대적으로 높은 음역의 악기가 오른쪽에 배치되어 있는 것이다.[26]

대체로 동일한 원칙이 합창단이나 다른 성악 단체에도 적용된다. 일반적으로 높은 음역이 '연주자의 관점'에서 오른쪽에 서고, 낮은 음역이 왼쪽에 선다. 아마도 연주자들이 가능한 한 서로의 소리를 잘 듣는 것이 중요하기 때문에 여러 시행착오 끝에 최적의 연주에 도움이 되도록 이러한 배치가 자리 잡은 것 같다.

그런데 바로 여기서 패러독스가 발생한다. 청중은 오케스트라를 마주보고 있기 때문에 청중의 관점에서는 좌우 배치가 거울처럼 반전되어 뒤집힌다. 〈그림 2.11(b)〉처럼 고음 악기가 청중의 왼쪽에, 저음악기가 오른쪽에 있다. 그래서 청중 입장에서는 이런 좌우 배치가 지각적 어려움을 야기한다. 특히 청중의 오른쪽에 있는 저음 악기들은 음을 지각하는 것도, 위치를 파악하는 것도 어려운 경향이 발생한다.

혹시 '첼로가 사라지는 미스터리'라는 말을 들어본 적 있는가? 특정 콘서트홀에서 발생하는 현상으로 청중이 첼로 소리를 듣기 힘들어하는 현상을 뜻한다. 하지만 건축음향학자들도 대체 어떤 이유로 이런 효과가 발생하는지 정확히 알지 못한다. 물론 이런 현상이 발생하는 이유는 여러 가지가 복합적으로 작용하겠으나, 청중의 오른쪽에 저음 악기인 첼로가 배치되는 것은 확실히 도움이 되지 못한다.

그럼 이 문제를 어떻게 해결할 수 있을까? 오케스트라의 배치를 단순히 좌우 반전시켜 재배치하는 것은 좋은 해법이 되지 못한다. 왜냐하면 그렇게 되면 연주자들이 서로를 잘 들을 수 없기 때문이다. 만약 오케스트라 배치를 고정한 채 180도 회전시켜 연주자들의 등이 청중을 향하도록 한다면 어떨까? 이 또한 해결책이 되지 못한다. 왜냐하면 금관악기와 타악기가 청중에게 가장 가까워져서 섬세한 현악기들의 소리가 묻히기 때문이다.

그렇다면 아까처럼 연주자들의 등이 청중을 향하게 하되, 연주자의 앞과 뒤를 반대로 배치하면 어떻게 될까? 이렇게 하면 다시 현악기를 가깝게 들을 수 있게 되니 청중에게는 좋은 해결책이 될 수 있지만, 지휘자에겐 오히려 금관악기와 타악기가 가장 가까워져 현악기를 잘 들을 수 없게 되어서 효과적인 지휘를 할 수가 없게 된다.

실현 불가능한 농담이긴 하지만, 한 가지 해결방안은 오케스트라를 원래대로 두고, 청중들이 천장에 거꾸로 매달리는 것이다.[27] 오케스트라 공연을 더 잘 듣기 위해 천장에 뒤집혀 매달릴 관객들이 있을지 모르겠다! 홈 스테레오 시스템으로 레코딩 된 음악을 듣는 경우라면, 좌우 채널을 바꿔서 들을 수 있을 테고, 이렇게 하면 대부분의 오른손잡이는 더욱 명료하게 지각할 수 있을 것이다.

그러나 이 방식 역시 몇 가지 단점이 있다. 무작정 좌우를 뒤집는다면 녹음 당시 콘서트홀의 울림과 잔향이 고려되지 않은 방식의 소리가 만들어질 것이므로 소리가 많이 달라질 수도 있다. 작곡가 마이클 레빈이 묘사했던 것처럼, 정교한 연주를 추구해야하는 오케스트라 연주자들과는 달리, 청중들은 음악을 정확하고 명확하게 지각하는 것보다는 전체적인 경험을 원한다. 레빈은 실제로 실험을 했는데, 고전적인 오케스트라 배치를 반전시켜 고음 악기는 오른쪽에 저음 악기는 왼쪽에 오도록 녹음하였다. 그러고 나서 최대한 편견 없이 들으면서 음악으로 느껴지는 정서적 감동과 전반적 효과를 판단해본 결과, 고전적 배치가 더 나은 소리를 낸다고 결론지었다.

이처럼 위대한 지휘자와 프로듀서라면 분석적으로 듣는 방식과 전체적으로 듣는 방식을 모두 사용할 수 있어야 한다. 어떤 상황에서는 분석적으로 개별 연주자들의 소리를 평가할 수 있어야 하고, 또 다른 상황에서는 선입견 없는 청중처럼 전체적인 소리를 들을 필요가 있다. 앞서 이야기했듯, 피에르 불레즈는 음계 착청을 들을 때 이런 두 청취 전략을 의도적으로 취할 수 있었다.

이번 장에서 소개한 다양한 스테레오 착청 현상을 경험하면서 우리가 얻은 지혜는 뭘까? 어떠한 경우에도, 우리는 우리 귀에서 들리는 음악이 악보에 기보된 음악이나 악보를 보고 머릿속으로 상상한 음악과 정확하게 같다고 확신하거나 단정지을 수 없다. 앞서 논의했던 것처럼 대부분의 사람들이 고음을 오른쪽에서 듣고, 저음을 왼쪽에서 듣는 것과 같은 착청을 경험지만 지각하는 방식에 있어서는 청자들 사이에서도 현격한 차이가 있다. 즉 우리는 이러한 패턴들을 '틀리게' 듣기도 하면서, 서로 '다르게' 듣는다. 이 차이는 통계적으로 우세손과 관련되기 때문에, 왼손잡이는 오른손잡이보다 다른 착각들을 경험하게 될 가능성이 높다.

지금까지는 동시에 재생되는 두개의 음들의 흐름으로 구성된 패시지에 집중했다. 하나의 흐름이 오른쪽에 다른 하나는 왼쪽에 제시되었으나, 이 음들은 지각과정에서 새로운 공간으로 재조직되었으며, 우리가 지각한 선율은 실제로 제시된 것과는 사뭇 달랐다. 다음 장에서 우리는 계속해서 연속적인 음악적 음들을 들을 때 나타나는 기이한 현상에 관해 탐구하려 한다. 마찬가지로 여기서도 지각적 조직화의 원리와 원칙들을 추가적으로 다룰 예정이다.

뇌는 질서를 찾아가며 듣는다
소리를 조직화 하는 뇌

음악은 조직화된 소리의 결정체이다.

에드가르 바레즈(Edgard Varèse)

도로 옆 카페에 앉아있다고 상상해보자. 차도에는 차들이 지나가는 소리가 들린다. 거리에는 사람들이 활기차게 대화를 나누며 거닐고 있다. 카페 종업원이 음식을 나르면서 접시가 달그락거리는 소리가 나고, 건물 안에서는 음악이 은은하게 흐른다. 가끔은 이러한 여러 소리들 중 하나가 주의를 끌기도 하고, 이내 다른 소리가 귀를 사로잡기도 한다. 그럼에도 우리 귀에 도달하는 모든 소리들을 어느 정도까지는 계속해서 인식할 수 있다.

이번엔 콘서트홀에서 오케스트라 연주를 감상하고 있다고 상상해보자. 서로 다른 악기들이 만들어낸 소리들은 함께 뒤섞이고 여러 방식으

로 왜곡되어 귀에 도달한다. 우리 귀에 도달한 소리의 혼합체에서 어느
정도는 악기별로 구분해서 들을 수 있다. 제1바이올린, 플루트, 클라리
넷의 연주를 각각 따로 들을 수 있는 것이다. 또한 멜로디, 화성, 음색 등
을 듣기 위해 지각적으로 재구성한 소리들을 다시 묶어서 들을 수도 있
다. 청각 시스템은 이러한 어려운 작업을 수행하기 위해 어떤 알고리즘
을 사용할까?

우리의 청각 메커니즘은 끊임없이 소리를 식별하고, 하나의 흐름으
로 그룹화한다. 그래서 여러 소리 중 하나에 선택적으로 집중하고 다른
소리들은 배경으로 밀어낼 수 있다. 그리고 다시 주의를 옮겨 전경에 있
던 것을 배경으로, 배경에 있던 것을 전경으로 오게 할 수도 있다.

작곡가들은 이러한 효과를 수많은 방식으로 활용한다. 대다수의 반
주 딸린 성악곡에서 성악 파트는 명확하게 전경으로, 반주는 배경으로
의도된다. 반면 바흐의 〈인벤션〉이나 〈푸가〉 작품과 같이 대위법적
성격이 짙은 음악에서는 이와는 다른 형태의 전경-배경 관계를 볼 수 있
다. 이런 음악에서는 두 개 혹은 그 이상의 멜로디 라인이 병렬로 연주
되고, 감상자는 이 라인들 사이를 왔다 갔다 옮겨다니며 듣는다. 이런
종류의 음악은 시각에서의 '모호한 그림'과 유사한 특징을 가진다. 즉, 보
는 사람이 자신의 주의를 어디에 두느냐에 따라 다른 형태가 지각되는
것과 유사하다.

〈그림 3.1〉에 나와 있는 덴마크 예술가 에드가 루빈(Edgar Rubin)의 작
품을 보자.[1] 이 그림은 검은색 배경에 놓인 흰색 꽃병으로 해석할 수도
있고, 흰색 공간에서 두 검은 얼굴이 서로 마주 보고 있는 것으로 해석

3. 뇌는 질서를 찾아가며 듣는다

<그림 3.1.>　　　루빈의 꽃병

할 수도 있다. 우리의 의지대로 꽃병이나 얼굴들을 선택적으로 볼 수는 있지만 이 둘을 한 번에 지각적으로 조직화하는 것은 불가능하다.

　　개별 요소들의 배열로부터 하나의 통합된 전체를 그룹화하는 과정에서 우리 뇌와 마음은 어떤 지각적 원리를 사용할까? 20세기 초반에 번성했던 게슈탈트 심리학자들은 감각에 제시된 정보들을 통해 관련 없는 부분들의 합이 아닌, 전체적 형상을 지각하기 위해 뇌가 어떤 방식으로 조직화하는지에 관심을 가졌다. 주요한 게슈탈트 심리학자로는 쿠르트 코프카(Kurt Koffka), 막스 베르트하이머(Max Wertheimer), 볼프강 쾰러(Wolfgang Köhler)를 꼽을 수 있다.[2] 이들은 오늘날의 청각과 시각 연구 모두에 중요한 영향을 끼친 몇 가지 그룹화 원리들을 제시했다(〈그림 3.2〉).

　　첫 번째 원리인 '근접성'은 멀리 떨어져 있는 것보다는 가까이 있는

100

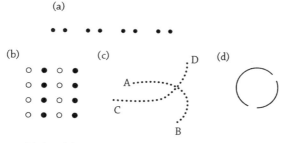

〈그림 3.2〉　　지각적 조직화에 관한 게슈탈트 원리에 관한 삽화들. (a) 근접성, (b) 유사성, (c) 좋은 연속성, (d) 폐쇄성. (Deutsch, 1980c)

것들끼리 연관짓는 경향을 말한다. 〈그림 3.2〉의 (a)를 보면, 떨어져 있는 점들보다 가까이 붙어 있는 두개의 점들끼리 그룹을 만들어 지각하게 된다. 이것이 근접성의 원리다.

두 번째 원리인 '유사성'은 서로 유사한 요소들끼리 연관짓는 경향을 말한다. 〈그림 3.2〉의 (b)처럼 검은 원끼리 함께 그룹화하고 흰 원끼리 따로 그룹화하여 지각하는 것이다.

세 번째 원리는 '좋은 연속성'으로 같은 방향으로 매끄럽게 따라가는 요소들끼리 연결짓는 것을 일컫는다. 〈그림 3.2〉의 (c)를 보자. A-C와 B-D를 서로 연결짓기보다는, A-B와 C-D가 선으로 연결된 것으로 지각한다.

또 다른 원리인 '폐쇄성'은 하나의 집합체를 구성하는 분리된 요소들을 완전한 하나의 단위로 지각하는 경향을 말한다. 〈그림 3.2〉의 (d)를 보면, 두개의 분리된 곡선으로 지각하는 것이 아니라 두 개의 틈이 있는 하나의 원으로 지각한다.

추가적인 원리로, '공동 운명'은 같은 방향으로 움직이는 요소들을 서로 연결해 지각하는 것을 말한다. 같은 곳을 향해 함께 날아가는 새들의 무리를 상상해보자. 여기서 무리 중의 한 마리가 방향을 바꾸어서 반대 방향으로 날아간다면, 다른 새들에 비해 지각적으로 두드러질 것이며, 다른 새들은 하나의 그룹으로 묶여져 보일 것이다.

이런 원칙들에 따라 지각하는 것은 결국 진화적 이점이 있다. 예전에 내가 썼던 글 "음악적 착청 현상"[3]에서 주장하고 앨버트 브레그만(Albert Bregman)의 영향력 있는 저서 『청각적 장면 분석(Auditory Scene Analysis)』[4]에서도 자세히 다뤘던 것처럼, 이러한 그룹화 방식은 세계를 가장 효과적으로 해석할 수 있게 하기 때문에 지각적 체계가 이러한 원리에 따라 그룹화하도록 진화한 것으로 추측해 볼 수 있다. 선사시대 초기에는 이러한 지각 방식이 식량의 위치를 알려주거나 포식자의 존재에 대해 경고해 줄 수 있었을 것이다.

근접성의 원리를 예로 생각해보자. 시각에 있어서 공간적으로 서로 가까운 요소들은 떨어져 있는 것들보다 동일한 물체에서 생겨났을 가능성이 크다. 청각적으로는 음높이나 시간적으로 가까운 소리들이 떨어져 있는 소리들보다 동일한 근원에서 나왔을 가능성이 크다.

유사성의 원리도 이와 비슷한 논리를 갖는다. 시야에서 색, 밝기, 질감이 유사한 부분들은 동일한 물체에서 나왔을 가능성이 크고, 쿵쿵 소리나 짹짹 소리와 같은 유사한 특성을 갖는 소리들은 동일한 근원에서 나왔을 가능성이 크다. 매끄러운 패턴을 따르는 하나의 선이 하나의 물체에서 비롯되었을 가능성이 크고, 음높이가 매끄럽게 변하는 소리가 하나의 근원에서 나왔을 가능성이 크다.

공동 운명의 원리는 어떨까? 시야를 가로질러 움직이는 하나의 물체는 서로 일관되게 움직이는 지각적 요소들을 야기하고, 동시적으로 오르내리는 하나의 복합음의 요소들은 동일한 근원에서 생겨났을 가능성이 크다.

시각 시스템은 밝기나 색깔, 질감 같은 다양한 기준에 따라 정의되는 공간 영역으로 지각적 배열을 그려내는 경향이 있는 반면, 청각 시스템은 보통 시간과 음높이 패턴에 근거하여 그룹화한다. 이러한 방식의 그룹화는 시각 차원으로 바꿀 수 있는데, 음높이를 하나의 차원으로, 시간을 또 하나의 차원으로 치환하여 시각화할 수 있다. 사실상 우리가 관습적으로 사용해오던 악보가 바로 그러한 치환 방식에서 발전되어 온 것이다. 악보에서 높은 음은 높은 위치에 표기하고, 시간적 진행은 왼쪽에서 오른쪽으로 이동하듯 표현된다. 〈그림 3.3〉의 악보를 보면, 음표들의 전반적인 움직임과 윤곽선이 시각적으로도 드라마틱하게 잘 표현

〈그림 3.3〉　모차르트의 〈전주곡과 푸가, C장조〉에서 발췌

되어 있다.

우리는 이미 음계 착청과 비슷한 원리로 만들어진 여러 착청을 통해 음고의 근접성에 의한 그룹화의 예를 경험한 바 있다. 그 착청에서는 공간적으로 반대편에서 동시에 음이 연속하며 제시되고, 각 방향에서 들리는 음의 움직임 패턴은 지그재그로 도약하며 널뛰는 음들로 구성되었다. 이 경우 우리는 근접성의 원리에 따라 음높이 측면에서 가까운 음들끼리 지각적으로 재조직하여, 마치 한쪽 방향에서 나오는 것처럼 듣는다. 즉, 고음역에서 형성된 순차적인 멜로디를 듣고, 낮은 음역에서 구성된 또 하나의 순차적인 선율 패턴은 마치 반대편에서 나온 것처럼 듣는 것이다. 이러한 스테레오 착청에서 음높이 근접성에 의한 조직화는 매우 강력하게 작용하여 음들의 반을 잘못된 위치에서 재생된 것으로 지각하게 만든다.

다른 그룹화 효과들은 소리가 연속적으로 매우 빠르게 제시될 때 강하게 나타난다. 이미 수 세기 전부터 작곡가들은 연속적인 음들이 매우 빠른 속도로 연주될 때, 그리고 그 음들이 두 개의 다른 음역을 가질 경우, 하나의 라인이 지각적으로 나뉘어 병렬적인 두 멜로디로 들린다는 것을 알았다. 이 효과는 '유사-다성음악' 혹은 '복합 선율선(compound melodic line)' 기법을 사용한다. 이러한 패턴을 듣는 경우에는 시간적으로 인접한 음들끼리 지각적 관련성이 형성되는 것이 아니라, 높은 음들과 낮은 음들에 각각 해당되는 두 개의 병렬적 선율선을 구분하여 지각하게 된다. 바흐와 텔레만과 같은 바로크 시대의 작곡가들은 이러한 기법을 빈번하게 사용하였다.

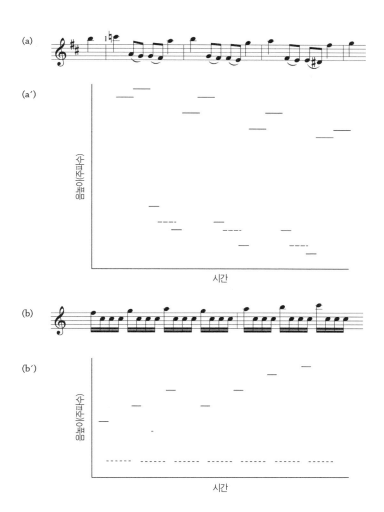

〈그림 3.4〉 음의 높낮이 측면의 근접성에 의한 멜로디 패턴의 그룹화. (a)에서 우리는 서로 다른 음역에 있는 두개의 병렬적 멜로디를 듣는다. (b)를 보면 하나의 단일 음고는 반복적으로 낮은 영역에서 나타나는데, 이는 높은 영역의 멜로디가 들리는 것과 대비되어 배경을 형성한다. (a) 텔레만(Telemann)의 〈리코더와 바소 콘티누오를 위한 카프리치오〉. (b) 텔레만의 〈리코더와 바소콘티노우를 위한 소나타, C장조〉. (Deutsch, 1975b)

〈그림 3.4〉는 두 예를 보여준다. (a)와 (b)는 전통적인 기보법으로 곡의 일부를 표기한 것으로, (a)와 (b)는 같은 패시지를 음높이(주파수)와 시간의 축으로 도식화한 것이다. 패시지 (a)에서 우리는 음역에 의해 구분되는 두 개의 선율 선을 병렬적으로 지각하게 된다. 패시지 (b)에서는 상대적으로 낮은 음역에서 단일음을 반복적으로 연주하는데, 이는 높은 음역에서 지각되는 멜로디와 대비되어 마치 반주처럼 배경 역할을 하게 된다. 이러한 유사-다성음악의 활용은 예시 악보처럼 17세기의 음악에 한정되지 않고, 19세기와 20세기 기타음악에서도 발견되는데, 그 예로 프란시스코 타레가(Francisco Tarrega)와 어거스틴 바리오스(Augustin Barrios)의 곡을 들 수 있다. (이번 장에서 악보와 음악을 함께 들어볼 것이다.)

하버드대학의 밀러(G. A. Miller)와 하이제(G. A. Heise)는 청자들이 음고 근접성에 근거하여 빠르게 반복되는 음들을 조직화한다는 것을 최초로 실험적으로 증명하였다. 이들 연구자는 실험참가자들에게 두 음이 교대로 연속되는 음을 1초당 10회의 빠른 속도로 들려주었다.[6] 교대로 등장하는 두 음이 세 반음(전문용어로는 단3도) 이하의 간격일 때, 실험참가자들은 같은 줄에서 나는 소리, 즉 트릴처럼 들었다. 하지만 세 반음 이상의 차이가 나는 경우에는 시간적으로 인접한 음들로 연결되어 들리지 않았고, 반복적인 두 음이 서로 무관하게 등장하는 것으로 지각되었다.

연속적인 음고가 두 개의 흐름으로 지각적으로 분리된 결과, 다른 흐름에 속한 음들 간의 시간적 관계성은 희미해진다. 맥길대학교의 앨버트 브레그만과 제프리 캠벨(Jeffrey Campbell)은 3개의 고음과 3개의 저음으로 된 6개의 순음들이, 고저로 서로 교대로 반복적으로 나타나도록 음들의 연속을 제작했다. 여기서 빠른 속도로 제시하자, 실험참가자들은 두 개의 구별된 선율, 즉 고음으로 구성된 하나의 흐름과 저음으로 구성된 또 다른 흐름을 듣게 되었다. 참가자들은 같은 흐름 내의 음들의 순서는 쉽게 판단할 수 있었지만, 흐름을 교차한 음의 순서는 거의 판단할 수 없었다. 심지어 대부분의 참가자들은 모든 고음들이 모든 저음들을 선행한다거나, 혹은 그 반대의 순서라고 보고하였지만, 그런 순서로 제작된 자극은 없었다.[7]

음들의 시간적 순서를 식별할 수 있도록 음들이 제시되는 속도를 낮추어도 음높이 간격이 멀어지면 음들 사이의 시간적 관련성을 판단하는 능력은 점차 감소한다. 네덜란드 아인트호벤의 물리학자 레온 반 노르덴(Leon Van Noorden)이 제작한 음원 '말발굽 리듬'을 들어보도록 하자. 그는 '…ABA—ABA…'와 같은 연속적 패턴으로 반복되는 음들의 흐름을 제작하였다. 여기서 '—'은 침묵의 간격을 의미한다. 이 흐름은 멀리 떨어져 있는 음고의 음들로 시작하여 점차적으로 모인 후 다시 벌어지는 방식으로 재생되었다. 연속된 음들 간 음고의 차이가 작아지면, 청자들은 '말발굽 리듬'(따그닥따그닥) 패턴을 지각하게 된다. 하지만 음고의 차이가 서서히 커지면 이 리듬을 서서히 지각하지 못한다.[8]

반 노르덴과 브레그만 모두 들리는 음의 수가 많아질수록 두 라인으로 지각되는 경향이 크다는 것을 발견했다. 브레그만에 의하면, 시간이 지나면서 흐름이 점차 두 개로 분리되는

말발굽 리듬

3. 뇌는 질서를 찾아가며 듣는다

겹쳐진 멜로디

것은 음이 만들어진 근원이 하나가 아니라 두 개의 근원으로부터 만들어진 것을 뒷받침하는 증거들이 시간이 지나면서 축적되어 반영되기 때문이라고 보았다.

음높이 간의 차이가 큰 음들 간의 지각적 분리는 더 흥미로운 결과를 낳는데, 이는 W. 제이 다울링(W. Jay Dowling)에 의해 증명되었다. 그는 잘 알려진 두 멜로디가 교대로 겹쳐져 빠르게 재생되도록 만든 뒤, 청자에게 어떤 멜로디인지 맞히도록 했다. 설명을 듣기 전, 여러분도 '겹쳐진 멜로디' QR 코드를 통해 어떤 선율인지 맞혀보길 바란다! 두 멜로디가 〈그림 3.5〉(a)와 같이 동일한 음역에 있을 때는 음들이 시간의 흐름에 강한 영향을 받아 한 흐름처럼 지각되었다. 그 결과 각 멜로디를 구성하는 음들끼리 지각적으로 서로 연결되지 않았고, 멜로디를 인식할 수 없었다. 하지만 〈그림 3.5〉(b)와 같이 멜로디 중 하나를 다른 음역으로 옮기자(이조(移調)하자), 멜

〈그림 3.5〉 잘 알려진 두 멜로디가 한 음씩 교차되어 빠르게 재생되었다. (a)는 두 멜로디가 같은 음역에 있는 것이고, 이 경우 청자들은 멜로디를 분리하고 식별하는 데 어려움이 있었다. 반면 (b)는 두 멜로디의 음역이 서로 달라, 분리하고 식별하는 것이 용이하다. (Dowling & Harwood, 1986)

로디들은 구별된 두 개의 흐름으로 분리해 지각했다. 개별 흐름 안에서의 음들끼리 지각적으로 연결되었기 때문에 멜로디 식별이 훨씬 용이해졌다.[9]

지금까지 소리의 지각과정에서 그룹화되는 방식을 결정하는 데 있어서 음높이의 근접성이 시간의 근접성과 경쟁하여 성공적으로 결정적 우위를 가져간 상황에 관해 탐구하였다. 하지만 다른 상황에서는 시간적 관련성이 결정적 요인이 될 수 있다.

가령 어떤 음들의 연속이 있다고 해보자. 간헐적으로 쉼표가 음들 사이에 삽입이 되면 청자들은 쉼표에 의해 구분된 단위로 지각적 그룹화를 하게 된다. 이러한 경향은 매우 강력해서 꼭 음악이 아니더라도 다른 연속적인 것들도 그룹화하는 것을 방해할 수 있다.

스탠퍼드 대학교의 고든 바우어(Gordon Bower)는 사람들에게 의미 있는 문자열(약어나 단어)을 들려줄 때 의미 단위와 일치하지 않게 쉼이 들어가면 문자열에 대한 기억이 상당히 약화된다는 것을 보였다. 예컨대 IC BMP HDC IAFM과 같은 문자열을 기억하는 것은 어렵지만, 같은 문자열이라도 ICBM PHD CIA FM처럼 제시되면 약어로 지각되어 문자열을 기억하는 데 훨씬 용이해진다.

나는 동일한 원리가 음악적 패시지에도 적용된다는 것을 보였다. 동일한 음정 구조를 갖는 작은 단위의 시퀀스들로 구성된 패시지를 고안했다. 그중 하나의 예시를 "타이밍과 동형

타이밍과 동형 패턴 지각

〈그림 3.6〉　　위계적으로 구조화된 패시지의 세 가지 유형의 시간적 분할. 원래의 패시지는 세 음으로 구성 된 4개의 하위 시퀀스들로 구성된다. 하위 시퀀스는 첫 번째 음을 기준으로 반음 낮은 두 번째 음과 원래 음으로 돌아오는 세 번째 음의 구조로 만들어진다. (a) 시간적 분할이 없는 경우. (b) 패시지의 구조와 일치되도록 시간적 분할을 삽입한 경우. (c) 패시지의 구조와 상충되도록 시간적 분할을 삽입한 경우. (Deutsch, 1999)

패턴 지각"이라는 QR코드를 통해 들어볼 수 있으며, 〈그림 3.6〉의 악보로 이해할 수도 있다. 음악적으로 훈련된 실험참가자들을 대상으로 청음 실험을 진행했는데, 이 패시지를 들려준 뒤, 악보로 음정을 받아 적도록 하였다. 반복되는 음정 구조가 강조되도록 쉼표가 단위 시퀀스 사이마다 삽입된 경우에는 패시지를 기보하는 것이 용이했다. 반면 반복되는 음정 구조와 상충되는 위치에 쉼표가 삽입된 경우에는 패시지를 기보하는 것을 상당히 어려워했다. 〈그림 3.6〉의 (b)처럼, 쉼표의 위치가 반복되는 음정 구조와 일치하는 경우에는 전체 패시지를 이해하기가 분명히 용이해진다. 하지만 (c)처럼 반복적인 음정 구조가 동일하게 있어도 이와 상충되는 부적절한 위치에 쉼표가 삽입되면 패시지를 지각하는 능력을 방해하게 된다.[11]

우리는 우리가 듣는 소리의 특징과 음색에 놀라울 정도로 민감하며, 소리들을 쉽게 범주화하여 분류할 수 있다. 이는 유사성 원리의 한 예이다. 영어에는 수백 개의 의성어들이 있고, 각 단어는 뚜렷한 이미지를 떠올리게 한다. 예컨대 '딱', '짝', '쩍', '펑', '똑', '쿵', '꽝', '쨍', '탕'처럼 짧고 간단한 소리를 묘사하는 수많은 단어들을 생각해보자. 그리고 '첨벙', '풍덩', '치지직', '바스락', '쨍그랑', '우르릉', '우웅', '콸콸', '덜커덕', '퍼엉', '삐그덕', '윙윙', '질질', '덜컹' 같은 좀 더 오래 지속되는 소리도 있다. 마찬가지로 영어에서도 이렇게 다양한 표현들이 존재하며, 이와 같은 어휘가 풍부하다는 것은 우리가 세상을 이해하기 위해 얼마나 소리의 특징과 음색을 중요하게 생각하는지를 보여준다.*

음색이라는 특성은 음악에서 여러 소리들을 지각적으로 그룹화하는 데 강력한 요소로 작용한다. 이미 오래전부터 작곡가들은 음악작품 내에서 동시에 병행하는 흐름을 감상자들이 잘 분리해서 들을 수 있도록 하기 위해 이 특성을 자주 사용하였다. 〈그림 3.8〉은 베토벤의 바이올린과 피아노를 위한 소나타

베토벤 소나타 〈봄〉

---

* 참고로 영어의 경우, 짧은 의성어로 click, clap, crack, pop, knock, thump, crash, splash, plop, clink, and bang과 같은 단어들이 있고, 긴 의성어로는 crackle, rustle, jangle, rumble, hum, gurgle, rattle, boom, creak, whir, shuffle, clatter 같은 단어들이 있다.

〈그림 3.7〉　　베토벤의 바이올린과 피아노를 위한 소나타 〈봄〉, 제2악장 중 도입부의 패시지. 두 악기는 음역이 중첩되어 연주되지만, 청자는 두 악기가 연주하는 멜로디를 병행해서 지각할 수 있다. 이는 유사성에 의한 지각적 그룹화을 반영한다. (Deutsch, 1996)

5번, 〈봄〉에서 발췌한 패시지로, 두 악기의 음역이 중첩되지만, 각 악기가 연주하는 선율은 뚜렷하게 분리되어 들린다. 이 예는 "베토벤 소나타 〈봄〉" 모듈을 통해 들을 수 있다.[12]

심리학자 데이비드 웨슬(David Wessel)은 상행하는 세 음이 반복하여 나타나는 음렬에 독특한 방식으로 음색을 입혀 흥미로운 착청 현상을 만들었다. QR코드를 통해 음색 착청을 들어보길 바란다. 이 음렬은 세 음이 반복되는 패턴이지만, 음색은 두 가지가 교대로 나타나도록 만들어졌다. 〈그림 3.8〉을 참고하면 이해하기 쉬운데, 음색의 차이가 작거나 템포가 느릴 때에는 상행하는 선율로 들

음색 착청

〈그림 3.8〉　　웨슬의 음색 착청. 상행하는 세 음이 반복적으로 제시되며, 음색은 두 종류가 교대로 제시된다. 천천히 들었을 때는 상행하는 패턴으로 듣지만, 음색의 차이가 커지거나 패시지의 템포가 빨라지면 청자들은 음색에 기초하여 패턴을 지각하게 되어 하행하는 두 개의 선율이 엮여 있는 것으로 듣게 된다. (Wessel, 1979)

지만, 음색의 차이가 커지거나 템포가 빨라지면 음색에 기초하여 음들을 그룹화 하여 하행하는 두 선율이 엮여 있는 것으로 듣게 된다.[13]

음높이에 근거한 지각적 분리와 마찬가지로, 음색에 의한 분리 또한 소리의 순서를 식별하는 데 현저한 영향을 미칠 수 있다. 위스콘신 대학교의 리처드 워런(Richard Warren) 연구팀은 4개의 관련 없는 소리들(높은음, 쉭! 하는 효과음, 낮은음, 윙윙 하는 효과음)이 반복적으로 나타나도록 자극을 구성하였고, 1초에 5개의 소리가 들리도록 빠르게 들려주었다. 실험참가자들은 제시되었던 소리의 순서를 완벽하게 맞힐 수 없었다. 각 소리의 지속시간을 상당히 느리게 만든 후에야 순서를 파악해낼 수 있었다.[14]

우리의 감각기관에는 수많은 정보들이 파편화된 형태로 도달한다. 지각 시스템은 그러한 정보의 단편들 사이의 연속성을 유추해서 적절하게 틈새를 메워야 한다. 가령 우리는 보통 앞에 부분적으로 가려진 나뭇가지를 보게 되는데, 보이는 부분들 중 어떤 것이 같은 가지로 연결되는 것인지를 유추하게 된다. 이런 추론 과정에서 좋은 연속성과 폐쇄성의 원리를 적용하는 것이다. 한 나뭇가지의 부분들 사이의 틈새를 지각적으로 채워서 하나의 매끄러운 윤곽을 만들어내기 때문이다.

〈그림 3.9〉의 카니자(Kanizsa)의 삼각형 또한 좋은 예다. 그림을 볼 때 우리의 시각적 시스템은 통합된 전체로 지각하기 위해 틈새를 채우는 과정에서 착각적 윤곽이 만들어진다. 좋은 연속성과 폐쇄성의 원리에

〈그림 3.9〉　카니자의 삼각형. 우리는 실제로는 존재하지 않는 흰색 삼각형을 지각한다. 이는 폐쇄성과 좋은 연속성의 원리에 기초하여 추론된 것이다.

따라 이 그림을 아래의 물체를 가리는 '흰색 삼각형'으로 해석하는 것이다.[15]

　이와 관련된 효과로, 우리의 청각 메커니즘은 놓친 정보를 지속적으로 복구하고 있다는 것을 들 수 있다. 번화가에서 친구와 이야기를 나누고 있다고 생각해보자. 지나가는 교통소음들로 인해 간헐적으로 친구의 목소리가 들리지 않을 것이다. 친구가 말하고 있는 것을 따라가기 위해 귀로 들어오는 친구 말소리의 단편들 사이의 연속성을 유추해야 하고, 놓쳤던 소리의 단편들을 채워야 한다. 우리는 이러한 작업을 수행하기 위한 메커니즘들이 발달되어 왔고, 그런 메커니즘에 기초하여 쉽게 착각을 만들어낸다. 다시 말해서, 우리는 실존하지 않으나 '들리는' 소리에 쉽게 속을 수 있다.

　청각을 위한 연속성 착각을 만드는 한 가지 방법은 약한 소리 사이에 큰 소리를 간헐적으로 대체하는 것이다. 이는 약한 소리가 계속 들리고 있다는 인상을 만들어낸다. 조지 밀러(George Miller)와 조지프 리클라이더

(Joseph Licklider) 연구팀이 한 음과 큰 소음을 각각 0.05초 길이로 교대로 제시하였을 때, 청자들은 소음 속에서도 그 음이 계속 이어진 것처럼 들린다고 보고하였다.[16] 이 연구팀은 음 대신 단어 목록들을 사용해서도 유사한 효과를 얻었다. 그들은 이 효과를 '말뚝 울타리들 사이로 풍경을 보는 것과 같은 착각'이라고 설명했는데, 말뚝이 간격을 두고 시야를 가리더라도 풍경은 말뚝 뒤에 연속적으로 나타나는 것과 같은 이치라는 이야기였다.

연속성 효과는 고정된 음뿐만 아니라 시간에 따라 변하는 소리에서도 발생할 수 있다. 맥길대학교의 게리 대넌브링(Gary Dannenbring)은 음높이를 오르락내리락 반복하는 글라이딩 톤을 제작했다. 먼저, 재생 중에 주기적으로 글라이딩 톤을 음소거 시켜보았다. 〈그림 3.10〉 (a)처럼 침묵만이 글리이딩 톤 단편들 사이에 존재하게 되면, 청자들은 연속적으로 이어지는 하나의 글라이딩 톤이 아니라, V모양으로 분절된 패턴을 듣게 된다. 하지만 〈그림 3.10〉 (b)처럼 시끄러운 소음이 각 틈에 삽입이

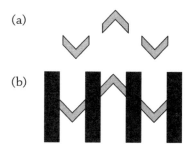

〈그림 3.10〉   글라이딩 톤을 사용한 연속성 효과에 관한 삽화. (a) 글라이팅 톤이 중간 중간 음소거 된 경우, 분절된 단편들로 들린다. (b) 하지만 같은 간격의 틈 사이로 시끄러운 소음이 삽입이 되면, 글라이딩 톤이 소음과 함께 계속 존재하는 것처럼 들린다. (Bregman, 1990)

연속성 착청

되면, 소음 사이에서 고음과 저음으로 오르내리는 하나의 연속된 글라이딩 톤을 지각하게 된다.[17]

특히 설득력 있는 연속성 착청 버전이 일본의 나카지마 요시타카에 의해 제작되었는데, 이는 '연속성 착청' 모듈로 들어볼 수 있다.

먼저 하나의 긴 음 중간에 짧은 침묵 구간이 삽입된 경우, 그 음 사이의 분절이 명확히 들리며, 두개의 끊긴 음으로 들린다. 다음으로 동일한 음원에서, 음 사이의 침묵 구간에 큰 소리의 복합음을 삽입하여 들으면, 긴 음이 연속되는 것으로 지각된다.

일상적인 말소리에서도 이러한 착각적 복원 효과를 경험할 수 있다. 이 복원 효과는 문장이 의미와 맥락을 형성할 때 특히 강력하게 나타난다. 리처드 워런 연구팀은 "주지사들이 수도에서 각자의 국회의원들과 만났다(The state governors met with their respective legislators in the capital city)"라는 문장을 녹음하였다. 그리고 나서 '국회의원들(legislators)'에서 '들(s)' 부분의 소리를 완전히 제거한 뒤, 큰 기침 소리로 대체했다. 그러자, 실험참가자들은 '들(s)'이 포함된 온전한 문장으로 지각했다. 참가자들은 편집된 소리를 수차례 반복해 들어보고도 빠진 부분이 있다고 지각하지 못했고, 단지 녹음에 기침 소리가 추가된 것이라고 생각했다.

더욱 놀라운 것은 기침 소리가 문장의 특정 부분을 제거하고 대체된 것이라 알려주었을 때조차, 문장에서 어느 부분인지 기억해내지 못했다. 하지만 기침소리를 제거하고, 말소리에서 빠진 부분을 침묵으로 두

었을 때는 어려움 없이 그 틈을 찾아냈다.[18]

유사한 효과는 음악에서도 나타난다. 일본의 다카유키 사사키는 친숙한 피아노곡을 녹음해서 음의 일부를 소음으로 대체했다. 청자들은 변경된 레코딩을 소음이 추가된 것으로 생각했으며, 대체로 소음의 발생 시점이 어느 부분이었는지는 파악해내지 못했다.[19] 이런 지각적 복원은 콘서트홀에서 라이브로 음악을 들을 때 적절히 일어날 필요가 있다. 만약 그렇지 않으면 콘서트홀에서 다른 청중들에 의해 발생하는 기침이나 다른 소음들에 의해 음악을 단편적으로 만들 수 있기 때문이다.

연속성 착청은 EDM(전자댄스음악)에서도 좋은 효과를 만들어낸다. 가끔 킥 드럼의 비트는 함께 녹음된 다른 트랙 사운드의 진폭을 미묘하게 감소시킨다. 연속성의 복원 결과로, 킥이 더욱 선명하게 들리는 동안 다른 소리들도 여전히 연속되는 것으로 들린다.

그렇다면 중간에 삽입되는 소리의 어떤 특성이 효과적인 연속성 착청을 만드는 걸까? 연속하는 소리에서 중간에 침묵으로 중단된 상황을 생각해보자. 이 경우 외부 요인이 이런 중단을 발생시켰을 가능성은 낮기 때문에, 소리 자체에서 중단이 발생했을 거라는 합리적 추측을 할 수 있다. 하지만 시끄러운 소음이 침묵을 대체하는 경우에는 외부 소리가 간헐적으로 원래의 소리를 방해했을 거라고 그럴듯한 해석을 만들게 된다. 이러한 이유로 연속성 착각 효과는 끼어든 소리의 음량이 클 때, 그리고 원래의 소리와 정확히 연결될 때, 원래의 소리 자체가 끊어져 있다고 인식되지 않도록 소리와 소음 간 전환이 충분히 불규칙할 때 가장 잘 일어난다.

타레가의 〈알함브라의 궁전〉

그러나 이러한 조건들이 연속성 효과를 발생시키기 위해 필수적인 것은 아니다. 예컨대 기타의 음색은 줄을 튕긴 순간 갑자기 큰 음량에서 시작되어 작아지는 것이 특징이다. 이런 악기로 연주된 음악에서는 동일한 음을 빠르게 반복해서 연주하다가, 가끔씩 그 음을 생략하고 다른 음을 대신 연주하는 경우, 감상자는 누락된 음을 지각적으로 만들어 듣는다. 이러한 예들은 타레가의 〈알함브라의 궁전〉(〈그림 3.11〉)과 바리오스(Barrios)의 〈최후의 트레몰로〉와 같은 19세기와 20세기의 기타음악들에서 많이 나타난다. 이러한 곡들에서는 빠르게 반복되는 음들

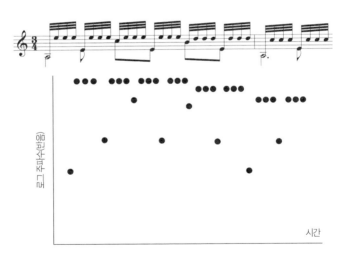

<그림 3.11>   타레가의 〈알함브라의 궁전〉 도입부. 음들이 한 번에 한 음씩만 연주되지만 '음고 근접성'에 의해 병행하는 두개의 선율을 지각한다. 우리는 반복적인 동음연타에서 생략된 음들을 채워서 지각한다. (Deutsch, 1996)

(일명 '트레몰로')이 강한 기대를 만들어서 청자로 하여금 연주되지 않은, 빠진 음을 '듣게' 만든다. 〈알함브라의 궁전〉 모듈을 통해 이러한 예를 들어볼 수 있다.

음악적 흐름의 지각에 있어 또 다른 접근방식으로는 모호한 이미지를 만들기 위해 관현악적 텍스쳐(혹은 짜임새)를 사용하는 방법도 있다. 19세기 후반과 20세기 초의 드뷔시, 슈트라우스, 베를리오즈와 같은 작곡가들은 이러한 방식을 사용하여 놀라운 효과를 만들어 냈으며, 바레즈(Varèse), 펜데레츠키(Penderecki), 리게티(Ligeti) 같은 이후 작곡가들은 소리의 텍스쳐 자체를 작곡의 중심 요소로 두기도 했다. 전통적인 조성음악의 원리를 따라 작곡하기보다는 소리 덩어리나 소리 구름과 같은 여러 다른 질감 효과들을 활용하는 데 집중했고, 그 결과도 독특했다. 리게티의 〈대기(Atmosphères)〉가 좋은 예가 된다. 이 곡은 큐브릭의 영화 〈2001: 스페이스 오디세이〉에서 신비로운 분위기를 만들어낸 음악으로 유명해졌다. 필립 볼(Philip Ball)은 유려한 표현과 깊은 통찰이 있는 저서 『음악 본능』에서 다음과 같이 썼다.

이러한 화성적 텍스쳐의 주된 효과는 모든 성부들을 함께 움직이는 한 덩어리로 엮어내면서, 웅웅거리며 묘한 분위기로 울려 퍼지게 하는 것이다. 이러한 음향적 복잡성에 맞닥뜨렸을 때 우리 마음이 취할 수 있는 최선의 방법이란, 그저 모든 것을 함께 묶어 단일한 '형태', 즉 (브레그만의 표현을 덧붙이자면) '지각적으로 불안정한 형태'로 만드는 것이다. 결과적으로 흥미로운 일이 아닐

수 없다.[20]

　이러한 청각적 대상은 끊임없이 변화하는 상태에 있는 것처럼 들릴 수 있다. 이는 마치 시각적 형태가 지속적으로 변하는 것처럼 느껴지는 것과 유사하다. 이를테면 모호한 상태의 대상을 볼 때 지각시스템이 조직화를 형성하면서 새로운 형태로 변해 보이는 경우가 있다. 하늘을 볼 때, 가끔씩 구름 모양 속에서 형태나 이미지들이 이리저리 변하는 것을 경험해 본 적이 있을 것이다. 구름 속에서 얼굴이 보이기도 하고, 곧이어 동물, 형상, 언덕, 계곡이 보이기도 한다. 이러한 지각적 인상들은 시인과 예술가들에게 영감을 주며, 이따금 구름이나 풍경 그림에 물체의 이미지를 의도적으로 접목시키기도 한다. 셰익스피어는 〈안토니우스와 클레오파트라〉에서 다음과 같이 묘사하였다.

　　이따금 우린 용처럼 생긴 구름을 본다.
　　때로는 곰이나 사자 같은 수증기를,
　　우뚝 솟은 성을, 떠다니는 바위를,
　　험준한 산을, 혹은 푸른 절벽을,
　　땅에 엎드려 절하는 나무를,
　　우리의 두 눈이 허공으로부터 속은 것일 테지.[21]

120

이번 장에서 우리는 청각 처리의 기초가 되는 수많은 조직화 원리들에 관해 탐구하였고, 이러한 원리의 결과로 나타나는 착각들에 초점을 맞추었다. 다음 장에서는 다른 종류의 음악적 착각을 탐구하려 한다. 이것은 원리가 모호한 음의 연속들에 의해 발생한다. 이 음들은 무한한 음고의 순환성 효과를 만들어낼 수 있고, 사람마다 완전히 다르게 지각되는 반옥타브 역설을 생성한다. 반옥타브 역설의 지각은 우세손의 영향과는 달리, 어린 시절 들었던 말소리의 음역에 의해 강하게 영향을 받는데, 이는 언어와 음악에 기초하는 뇌의 메커니즘 사이의 연관성을 보여준다.

3. 뇌는 질서를 찾아가며 듣는다

이상한 고리와
무한히 올라가는 순환음계
음에서 높낮이를 없애버린 소리

"귀로 감상하는 에셔(Escher)"

P. 얌,《사이언티픽 아메리칸》, 1996[1]

기원전 600년경 크레타 섬의 철학자 에피메니데스는 "모든 크레타인
은 거짓말쟁이다"라는 유명한 말을 했고, 이 역설은 이후 논리학자들의
논쟁거리가 되었다. 먼저, 에피메니데스 자신도 크레타인이기 때문에
이 말에 의하면 그는 거짓말쟁이가 된다. 하지만 그가 거짓말쟁이라면
그의 말이 사실이 아니기 때문에 모든 크레타인들이 거짓말쟁이가 아니
고 진실을 말하게 되는 것이다. 하지만 만약 크레타인들이 진실을 말한
다면 "모든 크레타인들은 거짓말쟁이다"라는 에피메니데스의 말은 다시
진실이 되는 것이다. 그러나 그렇게 되면…. 이 패러독스는 이런 방식으
로 영원히 반복된다.

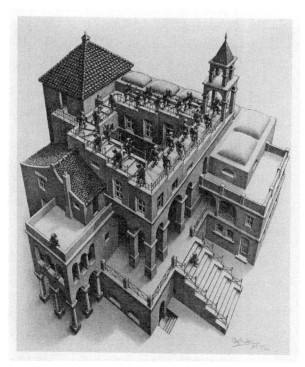

〈그림 4.1〉　M. C. 에셔의 〈올라가기와 내려가기〉. © 2018 The M. C. Escher Company, The Netherlands. All rights reserved. www.mcescher.com.

'에피메니데스 역설'이 빈틈이 없는 것은 아니기 때문에, '거짓말쟁이 패러독스'로 다시 설명을 이어가보겠다. "나는 거짓말을 하고 있다"라고 진술하는 순간, 그 진술 자체가 다시 사실이 아니게 되는 상황이 발생한다. 만약 그 진술이 거짓이라면, "나는 거짓말을 하고 있다"라는 진술은 진실이 된다. 그 순간 나는 거짓을 말하지 않은 것이 되기 때문에, 그 진술은 다시 거짓이 된다. 이렇게 논리가 꼬리에 꼬리를 물고 무한히 원을

123　　　　　　　　　　　　　　　　4. 이상한 고리와 무한히 올라가는 순환음계

그리듯 돌고 돌게 된다.

더글러스 호프스태터(Douglas Hofstadter)는 저서 『괴델, 에서, 바흐』[2]에서 '이상한 고리'라는 표현을 만들었는데, 이는 하나의 위계적 시스템을 이루는 개별 수준들을 통과해서 움직일 때 처음 시작했던 지점으로 계속해서 돌아가게 되는 현상을 일컫는다. 그는 '거짓말쟁이 패러독스'를 무한히 돌 수 있는 고리의 대표적 예로 보았다.

네덜란드 화가 M. C. 에서는 '이상한 고리'의 원리를 여러 작품에서 사용했다. 아마도 가장 잘 알려진 작품은 〈그림 4.1〉의 석판화 〈올라가기와 내려가기〉[3]일 것이다. 여기서 우리는 수도승들이 끊임없는 여정으로 계단을 천천히 오르내리고 있는 것을 본다. 이 석판화는 〈그림 4.2〉의 펜로즈와 펜로즈(Penrose & Penrose)가 고안한 〈불가능한 계단〉[4]에 바탕을 두고 변형시킨 것이다. 시계방향으로 각 계단은 한 계단씩 내려가게 되어 있어서 전체 계단은 끝없이 내려가는 것(혹은 올라가는 것)처럼 보인다. 우리의 지각 시스템은 이 그림이 틀림없이 잘못된 것이라는 것을 알면서도 이러한 해석을 고집하고 있다. 이론적으로는 그림 속 4개의 계

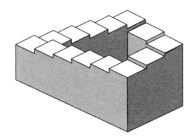

〈그림 4.2〉　〈불가능한 계단〉. (Penrose & Penrose, 1958)

단들에 대해 원근법을 개별적으로 적용하는 방식을 사용한다면 똑바로 이해해볼 수도 있겠으나, 우리는 결코 이런 방식으로 지각할 수 없다. 우리의 지각 시스템은 가장 단순한 해석을 선택한다. 그것이 말도 안 된다 할지라도 말이다.

1960년대 초 심리학자 로저 셰퍼드(Roger Shepard)는 펜로즈 계단 (《그림 4.2》)의 원리를 청각에 적용하여 음렬을 제작하였다.[5] '음높이'는 마치 계단처럼 낮은 음에서 높은 음으로 진행해가는 1차원 상의 연속체라고 볼 수 있다. 이 차원은 '음고의 높낮이'라고 알려진 것으로, 피아노 건반을 왼쪽에서 오른쪽으로 (또는 반대로) 건반을 쓸어내리면 경험할 수 있다.

하지만 동시에 음고는 '음고류'라는 순환적 차원을 가진다. 음고류는 한 옥타브 내의 위치로 정의되는 것을 말한다. (서양의 음계 표기법에 따르면) C3, C#4, E4와 같은 표기를 본 적이 있을 텐데, 여기서 알파벳은 각 음의 옥타브 내의 음의 위치를 표시하여 순환적 차원을 나타내고, 숫자는 그

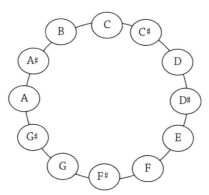

〈그림 4.3〉　음고류 원

음이 속해 있는 음역을 나타낸다. 반음씩 음계가 올라갈 때 〈그림 4.3〉처럼 시계방향으로 계속해서 음고류를 가로질러 지나가는데, C, C#, D, D#,⋯ 순서로 원 주위를 돌다가 C에 다시 도달하지만 이때의 C는 한 옥타브 위의 음이 된다.[6]

음고의 선형적 차원과 순환적 차원을 모두 표현하기 위하여 수많은 이론가들은, 아니 적어도 19세기의 독일 수학자 모리츠 드로비슈(Moritz Drobisch)는 한 옥타브마다 음고가 한 번씩 돌아가는 나선 형태로 표현할 것을 제안했다. 이러한 나선형 공간에서 옥타브 간격의 음고들은 서로 가깝게 표현된다(〈그림 4.4〉). 로저 셰퍼드는 이 공간에서는 음고류 차원을 유지하면서, 음높이 차원을 최소화할 수 있다고 생각했다. 음고류 차원에서는 옥타브 관계에 있는 모든 음이 하나의 단일한 음으로 치환되며, 이 단일음은 명확한 음고류를 갖지만 불명확한 높이를 나타낸다. 때문에, 만약 이 나선형을 납작한 원의 형태로 붕괴시킬 수 있다면(위에서 짓

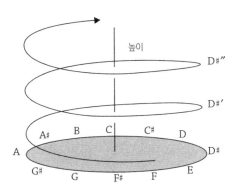

〈그림 4.4〉   음고 나선구조. (Shepard, 1965)

눌러 압축했다고 상상해보라), 이 경우 음의 높낮이에 대한 상대적 판단은 완전히 순환하는 형태로 만들 수 있다.

셰퍼드는 이를 증명하기 위해 기발한 알고리즘을 고안해냈다. (설명이 조금 복잡할 수 있으므로, 먼저 QR코드를 이용해 '셰퍼드 톤'을 들어본 뒤, 설명을 읽을

무한히 올라가는 셰퍼드 톤

것을 추천한다.) 먼저 그는 옥타브 간격으로 10개의 순음을 합성해서 복합음을 만들고, 이 복합음을 모아 소리 뱅크(bank)를 세팅했다. (예를 들어, 피아노로 같은 음이름에 해당하는 모든 건반을 함께 눌렀다고 상상해보라.) 그런 다음, 종 모양의 스펙트럴 엔벨롭(spectral envelope)을 필터처럼 적용하여 각 음역대의 순음 음량을 결정했다. (저음의 건반은 아주아주 작게 누르고, 중간 음역대로 갈수록 세게 누르다가 다시 고음으로 갈수록 아주아주 작게 누른다고 상상해보라.) 이런 방식으로 중간 음역은 가장 선명하게 들리고, 저음역과 고음역의 소리는 점차 작은 소리로 들리게 하였다. 소리 뱅크에서 하나의 복합음을 구성하는 순음들은 모두 옥타브 관계이기 때문에 각 복합음의 음고류는 지각적으로 잘 파악된다. 하지만 음의 높낮이를 파악하는 데 필요한 다른 성분들은 의도적으로 누락되었다.[7]

이제 셰퍼드는 지각되는 음의 높낮이 차원은 고정하고, 음고류를 다양하게 변화시켰다. 이는 각 음역대의 음량을 결정하는 스펙트럴 엔벨롭의 위치는 고정시킨 채 로그 주파수 단위로 음들의 성분을 위아래로 이동하는 방식이다. 이 음들의 뱅크는 음고류 원을 따라 반음씩 시계방향으로(C, C#, D, D#,…) 움직이면서 재생되는데, "끝없이 올라가는 셰퍼드

톤" 모듈을 통해 들을 수 있는 것처럼, 음이 끝없이 올라가는 것처럼 듣게 된다.

반대로 음이 반시계방향으로 움직이면서 재생될 때(C, B, A#, A,…)는 끝없이 내려가는 것처럼 들린다.[*] 이 효과는 매우 흥미로웠기 때문에 펜로즈 계단을 따라 튕기는 공, 스틱 맨(stick men) 등 여러 물체들의 수많은 영상과 함께 제작되었고, 이때 한 계단을 오르내리는 효과음을 셰퍼드 음계의 한 음과 매치시켜 만들곤 하였다.

제3장에서 설명했던 게슈탈트 원리 중 '근접성의 원리'가 셰퍼드 음계의 순환성 효과에도 영향을 미친다. 셰퍼드 음계로 반음 간격의 'C#-D' 패턴을 재생했다고 상상해보자. 지각 시스템이 이 두 음을 연결하는 방향을 결정할 때, 가능한 경우의 수를 이론적으로 따져본다면 세 가지 방법이 존재한다.

첫째, 올라가거나 내려가는 움직임으로 지각되지 않을 수 있다. 음고류 원은 음고 높이에 비해서는 평평하기 때문에 음높이 측면에서는 동일한 것으로 지각될 수도 있다. 둘째, 근접성의 원리에 따라 두 음을 음고류 원에서 더 가까운 거리로 결합시킬 것이므로, C#-D의 경우 올라가는 것으로 들릴 수 있다〈그림 4.5〉 왼쪽). 셋째, 어쩌면 지각 시스템이 더 먼 거리로 이동하는 것을 선택하는 경우, C#-D는 내려가는 것으로 들린다〈그림 4.5〉 오른쪽).

이 중 어떤 방식이 가장 타당할까? 반음 간격의 경우, 지각 시스템은

---

[*] 이발소의 회전등처럼 일정 간격으로 이루어진 사선들이 회전할 때 계속 올라가거나 내려가듯 지각되는 것과 유사한 원리이다_옮긴이

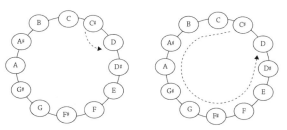

〈그림 4.5〉　두 개의 셰퍼드 톤(C#→D)이 제시된 상황에서 두 음을 결합시키는 두 가지 가능성

항상 근접성에 기초하여 셰퍼드 음계를 연결한다는 것이 밝혀졌다. 음고류 원에서 시계방향으로 반음 이동하는 음의 쌍(가령 D-D# 혹은 E-F)은 항상 올라가는 것으로 들리며, 반시계방향으로 반음 이동하는 음의 쌍(가령 D#-D 혹은 F-E)은 항상 내려가는 것으로 들린다. 이런 방식으로 순환적 음계를 만들 수 있게 되는데, 예컨대 C-C#, C#-D, D-D#, D#-E,…는 상행하는 것으로 들리면서 원을 순환하다가 결국 시작점인 A-A#, A#-B, B-C로 돌아온다. 반음이 아닌 더 넓은 음은 어떨까? C-E 혹은 D#-F#처럼 음정 간격이 더 멀어질 때에도 근접성에 기초하여 음을 이어 듣는 경향이 유지되긴 하지만 다소 감소한다.

　사실 이러한 근접성 원리는 '펜로즈의 계단'을 볼 때도 적용되는데, 특정 지점을 기준으로 한 계단 내려가는 부분에 집중해보면, 이웃한 계단 사이의 관계는 모두 이런 관계로 만들어져 있기 때문에 계단이 끝없이 내려가거나 올라가는 것과 같은 인상이 만들어진다.

　셰퍼드가 지적했듯이 근접성은 시각적 움직임에도 유사한 착각을 만들어낼 수 있다. 한 줄로 길게 늘어선 등이 있고, 열 개에 하나씩 붙이

켜있다고 하자. 켜져 있던 모든 불을 동시에 끄고 바로 오른쪽 등들을 동시에 켰다고 하자. 시각 시스템은 근접성에 의해 전체 등이 오른쪽으로 움직인 것으로 지각하게 된다. 이론적으로 경우의 수를 따져보자면 등이 왼쪽으로 9칸 옮겨간 것으로 지각할 수도 있지만, 우리의 지각 시스템이 그렇게 인지하는 일은 결코 일어나지 않는다.

프랑스 작곡가이자 물리학자인 장 클로드 리세(Jean-Claude Risset)는 셰퍼드 효과를 응용한 강력한 변형을 제작하였다. 셰퍼드 음계가 음고류의 단위를 기준으로 한 단계씩, 즉 반음 간격으로 옮겨가는 불연속적인 방식이었다면, 리세의 변형된 착청은 음이 완전히 연속적으로 미끄러지듯 활공하면서 무한히 맴도는 형태이다. (음고류의 원을 기준으로) 시계방향으로 이동하면 청자는 끝없이 음이 올라가는 것으로 지각하게 되고, 반시계방향으로 움직이게 되면 끝없이 내려가는 것으로 듣게 된다. 이는 "리세의 하강 활공" 모듈을 통해 들을 수 있다.[8]

리세는 이러한 하강 활공을 피에르 할레(Pierre Halet)의 희곡 〈리틀 보이〉에서 한 장면의 배경 음악으로 적용하였는데, 이 장면에서 이 음악은 히로시마 원폭 투하에 가담했던 한 조종사의 악몽을 묘사하도록 사용됐다. 마치 바닥 없는 구덩이에 빠져 들어가는 것 같은 인상을 주는 이 소리를 듣는 청자는 비극적 사건과 잘 들어맞는 정서적 경험을 하게 된다. 리세는 상승과 하강 활공이 동시에 나타나는 것도 제작했다. 이를 위해 그가 사용한 방법은 스펙트럴 엔

리세의 하강 활공

벨롭을 아래쪽으로 옮기면서 음의 주파수 성분을 위로 이동시키고, 스펙트럴 엔벨롭을 위쪽으로 옮길 때는 음의 주파수 성분을 아래로 이동시키는 것이었다.

셰퍼드 알고리즘에 근거한 순환하는 음계는 피아노를 사용해 만들 수도 있다. 하지만 이 음계를 위해서는 옥타브 간격의 여러 음들을 쳐야 하기 때문에 한 사람으로는 쉽지 않고, 두 사람이 함께하면 가능하다. 아, 한 명의 연주자라도 연습을 하면 칠 수는 있다. 비범한 퍼즐 디자이너 스콧 킴(Scott Kim)이 마술사, 퍼즐 제작자, 레크리에이션 수학자, 예술가들이 모인 자리에서 피아노로 상행하는 셰퍼드 음계를 거의 완벽하게 반복해서 연주하는 것을 본 적이 있다.[*] 엄청난 연습이 필요하겠지만, 한 번 도전해 보라![9]

음고 근접성이 순환성 효과를 만드는 데 중요한 역할을 하기 때문에, 옥타브 간격의 순음 조합 외에도 다양한 비율로 구성된 배음 성분들의 복합음으로도 순환성 효과를 만들 수 있다. 실제로 이런 변형들은 리세의 여러 작품에서 들어볼 수 있으며, 에드워드 번스(Edward Burns), 리우넨 테라니시(Ryunen Teranishi), 요시타카 나카지마(Yoshitaka Nakajima)의 심리음향 실험에서 제작되었다.[10]

음고 순환성 효과를 완벽한 형태로 구현한 것은 소리의 개별 매개변수들을 정밀하게 통제할 수 있었던 20세기 중반에야 처음 제작할 수 있었지만, 사실 이미 수백 년 전 부터 작곡가들은 순환적 음고 패턴의 아

---

[*] 유튜브에 올라 있는 "Scott Kim-Musical Illusions" 영상의 4분 30초 즈음에서 이 연주를 볼 수 있다. 옮긴이

이디어에 오랫동안 흥미를 느껴왔고, 수 세기에 걸쳐 음고 순환성을 이용한 음악 작품들을 창작해왔다.[11] 가령 16세기와 17세기 영국의 건반음악을 보면, 올랜도 기번스(Orlando Gibbons)의 작품에서는 연속적 음을 기발하게 처리하여 순환 효과를 만들어냈다. 18세기에는 바흐(J. S. Bach) 또한 순환하는 인상의 패시지를 고안했는데, 이 뛰어난 예는 그의 오르간 곡 〈전주곡과 푸가, E 단조, BWV 548〉에서 나타난다.

20세기 초, 알반 베르크(Alban Berg)는 자신의 오페라 〈보체크(Wozzeck)〉에서 음고 순환성 효과를 사용했다. 그는 연속적으로 상승하는 음계를 만들었는데, 고음 악기들은 가장 높은 음역에서 소리가 줄어들면서 사라지고, 저음 악기들은 저음역 끝에서 사라지는 방식이었다. 바르톡(Bartok), 프로코피에프(Prokofiev), 리게티(Ligeti)와 같은 작곡가들도 음고 순환성을 실험했다. 가장 주목할 만한 것은 장 클로드 리세가 자신의 관현악 작품에 순환적 배열을 광범위하게 사용한 것이다. 예를 들어 작품 〈위상(Phases)〉에서 현악기, 하프, 첼레스타, 타악기, 금관악기를 사용하여 순환적 배열이 되도록 악기를 구성하였다.

20세기 전자음악 작곡가들도 음고 순환성을 사용하였다. 예를 들어 슈톡하우젠(Karlheinz Stockhausen)의 〈찬송가〉, 리세의 〈리틀 보이〉, 존 테니(John Tenny)의 〈앤을 위하여(상승)〉에서 이러한 효과가 등장한다. 이 효과들은 매우 드라마틱해서 영화에서 사용되기도 하였다. 영화 〈다크 나이트〉의 사운드 디자이너인 리처드 킹(Richard King)은 배트맨의 바이크인 배트포드의 소리를 위해 '끝없는 상승 활공'을 사용하였다. 그가 〈LA 타임스〉에서 설명한 내용을 인용한다. "건반으로 연주될 때, 더더욱 빠른 스피드의 착각을 만들어내고, 배트포드는 멈출 수 없는 것처럼 느껴진다."[12] 영화음악 작곡가 한스 짐머(Hans Zimmer)는 크리스토퍼 놀란의 2017년 영화 〈덩케르크〉를 위해서, 셰퍼드 음계에서 영감을 받아 만든 연속된 소리를 사용하였다. 그는 끊임없이 상승하는 듯한 관현악 패턴을 만들었는데, 이는 끝없이 긴장감을 고조하는 듯한 인상을 준다.[13]

끝없이 상승하고 하강하는 음계는 정서적으로도 강한 영향을 주기도 한다. 많은 사람들이 끝없이 하강하는 음계를 들으면 마음이 가라앉고 다소 우울해진다고 말한다. 한번은 대형 강의실에서 이런 음계를 재생했는데, 들려준 지 약 10초 후에 대다수의 학생들이 반복해서 고개를 내리고 있었다. 끝없이 상승하는 음계를 들려주었을 때는 반대의 현상이 일어났는데, 학생들은 활기가 돌았고 대다수가 에너지를 받는다고 말했다.

음고 순환성뿐 아니라 시간적 순환성도 가능하다. 장 클로드 리세는 템포가 2대 1의 비율이면서, 서로 다른 세기를 가지는 박들(beats)의 흐름을 병행시킴으로써 무한히 빨라지는 시퀀스를 만들었다.* 한 흐름의 진폭(음량)은 템포 범위의 중심에 있는 것을 항상 가장 크게 설정하였고, 다른 흐름의 진폭은 중간 템포를 중심으로 멀어질수록 점차 줄어들도록 하였다. 시퀀스가 전체적으로 가속됨에 따라 청자들은 패턴이 점점 빨라지는 것으로 듣게 되지만, 실제로는 가장 빠른 템포의 흐름은 서서히 사라지고 가장 느린 템포의 흐름이 서서히 들어오는 것이다. 이렇게 템포 순환성 효과는 무한히 계속된다.

---

* 유튜브에서 "Risset Rhythm"으로 검색하면 다양한 시퀀스를 들어볼 수 있다. 옮긴이

음고 순환성으로 돌아가서 조금 다른 질문을 던져보자. 이런 효과를 만들기 위해서는 음악적 재료를 반드시 (컴퓨터로 생성하는 소리처럼) 고도의 인위적인 음으로 국한해야 하는 걸까? 혹은 동시에 여러 소리를 합성해서 만들어야 하는 걸까? 어쩌면 실제 악기 소리에서 만들어지는 음 하나로도 순환적 음계를 만들 수도 있지 않을까? 이것이 가능하다면 작곡가들이 이용할 수 있는 음악적 재료의 범위가 크게 넓어질 것이다.

대부분의 실제 악기가 내는 소리는 배음(harmonics)이라 불리는 많은 순음의 조합으로 구성된다. 기음(기본주파수)이라 불리는 가장 낮은 배음이 음고로 지각되며, 다른 배음들의 주파수는 모두 기본주파수의 정수배가 된다. 다시 말해, 어떤 복합음의 기본주파수를 1이라 하면, 여섯 번째까지의 배음은 1, 2, 3, 4, 5, 6이 된다. 만약 홀수 배음(1, 3, 5)이 생략되면 짝수 배음(2, 4, 6)만 남게 된다. 또 다른 복합음의 기본주파수를 2로 하면 여섯 번째까지의 배음은 2, 4, 6, 8, 10, 12가 된다. 혹시 의도를 눈치 챈 독자가 있을까? 어떤 음의 주파수를 2배로 하면 한 옥타브가 올라가게 되는데, 홀수 배음을 생략하는 것 또한 마찬가지로 한 옥타브가 올라간 것으로 지각된다.

물리학자 아서 베나드(Arthur Benade)는 훌륭한 플루트 연주자는 한 음을 지속해서 부는 동안 취주 방식을 바꾸어 짝수배음에 비해 홀수배음의 진폭을 변화시키는 방법으로 흥미로운 효과를 자아낼 수 있다는 것을 설명했다. 플루트 연주자가 콘서트 A음(오케스트라나 앙상블이 조율할 때 기준으로 사용하는 기본주파수가 440Hz인 음)을 연주하기 시작했다고 생각해보자. 감상자는 음고류와 높이로 잘 정의된 이 음을 듣는다. 그러다 연주자가 짝수배음에 비해 홀수배음의 음량을 점차적으로 줄인다고 가정해보자. 어느 시점에서 감상자는 더 이상 콘서트 A음이 들리지 않고, 한 옥타브 위의 A음이 들린다는 것을 깨닫는다. 하지만 낮은 A에서 높은 A로의 지각적 전환은 꽤나 감쪽같이 느껴진다.[14]

이러한 관찰은 완전한 배음렬을 포함하는 한 음이 나선형 모델에 의한 특정 경로를 따라서만 변할 수 있는 것이 아니라, 음높이의 축을 따라서 연속적으로 변할 수 있음을 시사한다. 즉 나선형의 궤적을 따라 우회하는 것이 아니라 같은 음고류에서 위아래로 움직인다는 것이다. 예컨대 〈그림 4.4〉의 나선형 구조에서의 D#, D#', D#"를 넘나들 수 있다는 것이다.

나는 이러한 음높이의 이동이 가능한지를 증명해보기 위해서 간단한 테스트를 해보았다. 먼저 콘서트 A음과 6개의 배음을 같은 음량(진폭)으로 만들었다. 그리고 나서 홀수배음의 진폭을 더 이상 들리지 않을 때까지 서서히 줄여나갔다. 그랬더니 예상했던 효과가 나타났다. 음높이가 서서히 올라가다가 마침내 한 옥타브 위의 A음이 들린 것이다!

이 테스트를 토대로, 홀수배음과 짝수배음 사이의 관계를 체계적으로 변화시키면서 음고류를 변화시킨다면 순환하는 음들의 뱅크를 만드는 것이 가능할 것이라 추측했다. 그래서 한 옥타브의 12개 음고류마다 6개의 배음을 갖는 복합음들을 만들어서 12음의 뱅크를 구성하기 시작했다. 12음의 기본주파수는 한 옥타브 내에서 반음 간격으로 세팅되었다.

먼저, 뱅크에서 가장 높은 기본주파수를 가진 복합음의 경우, 홀수배음과 짝수배음의 음량을 동일하게 설정했다. 이보다 반음 아래 음은 짝수배음에 비해 홀수배음의 음량을 약간 줄임으로써 음역이 약간 높게 지각되게 했다.

배음 변화에 의한 순환성 착청

이어서 다음 음의 홀수배음의 음량은 좀 더 낮추어 음역이 좀 더 높게 지각되게 한다. 이런 방식으로 계속해서 반음씩 내려갈 때마다 홀수배음을 줄여나가서, 최종적으로 홀수배음이 더 이상 음높이의 지각에 영향을 미치지 않을 때까지 이어갔다. 결과적으로 마지막 음은 한 옥타브가 높아진 것처럼 들리며, 이 12음 뱅크를 사용한 음고 순환성도 성공적으로 구현해낼 수 있었다. 이 효과는 "배음 변화로 구현한 순환성 착청" 모듈을 통해 들을 수 있다.

이런 방식으로 만들어진 음들의 뱅크가 실제로 순환적으로 지각되는지를 알아보는 실험을 정식으로 진행했다. 이를 위해 나는 헨슨(Trevor Henthorn)과 둘리(Kevin Dooley)와 함께 이와 같은 방식으로 두 개의 뱅크를 제작하였다. 각 뱅크마다 두 음으로 쌍을 구성했다. 한 음과 나머지 모든 음이 각각 쌍을 이루도록 하며, 모든 음은 쌍의 첫 음이 되기도 하고, 두 번째 음이 되기도 한다. 실험참가자들에게 각각의 쌍을 들려주고 상행인지 하행인지를 판단하게 하자, 상행·하행 판단은 (뱅크로 구현한 음높이의 영향보다) 압도적으로 음고류 원에서의 근접성에 의해 결정된다는 것을 발견했다. 예컨대 F-F#쌍은 항상 상행으로, E-D#쌍은 항상 하행으로 들렸다. 음의 쌍이 음고류 원에서 멀리 떨어져 있는 경우에는 근접성을 따르는 경향이 점차 약화되었다. 그리고 참가자들의 응답 데이터에 다차원 척도법을 적용하자 두 뱅크 모두에 대해서 순환적 배열을 도출해낼 수 있었다.

이 실험의 결과로 예상할 수 있듯이 뱅크의 음들이 반음씩 시계방향으로 재생되면 음계는 끝없이 상행하는 것으로 들리고, 반시계방향으로 반음씩 움직이면 끝없이 하행하는 음계로 들린다. 또한 이 파라미터들을 이용하여 끝없이 상행하거나 하행하는 긴 활공 음도 만들 수 있다.[15] 이 실험에서 순환적 음계는 완전한 배음렬을 활용해서 만들어졌기 때문에, 실제 악기 소리의 배음들을 변형하는 방식으로도 음고 순환성을 보여줄 수 있는 가능성을 열었다고 할 수 있다.

당시 UCSD 음악대학의 대학원생이었던 윌리엄 브렌트(William Brent)는 이 알고리즘을 사용하여 바순 소리의 배음을 조절함으로써 끝없이 상승하고 하강하는 음계를 만들었다. 또한 바이올린, 플루트, 오보에 샘플을 가지고도 성공적으로 만들 수 있었다. 아직 진행중인 작업이긴 하나, 실제 악기에 의해 연주된 듯한 소리를 내면서도 옥타브 간격으로 제한받지 않고 특정한 음높이가 정확하게 지각될 수 있게 하는 새로운 음악을 상상해보길 바란다. 정말 흥미롭지 않겠는가? 다시 말해, 더는 음고판을 나선형으로 상상하는 것이 아니라 단단한 '원기둥'으로 상상하는 것이다.[16]

4. 이상한 고리와 무한히 올라가는 순환음계

이 장에서는 음고류는 명확히 정의되지만, 음높이는 모호한 몇 가지 흥미로운 지각적 효과에 관해 탐구했다. 음고류 원에서 가까운 이러한 두 음이 연달아 재생되면 우리의 지각 시스템은 근접성의 원리를 발동하여 순환적인 연속을 듣게 된다. 다음 장에서는 이러한 두 음이 정확하게 동일한 간격을 이룰 때, 즉 옥타브의 절반(증4도)의 관계가 되어 근접성의 원리로부터 영향을 완전히 받지 않을 때 어떤 일이 발생하는지 이야기해보려 한다. 과연 청자의 판단은 중립적이고 모호해질까? 아니면 지각적 시스템이 이러한 모호성을 해결하기 위해 추가적인 인지과정이나 원리를 발동시킬까?

반옥타브 역설
언어가 음악 지각에 미치는 영향

5
chapter

　지난 장의 순환성 착청을 통해, 음높이가 모호한 두 음이 연속으로 제시될 때, 그 진행 방향은 음고류 원에서 가까운 거리로 지각된다는 것을 알 수 있었다. 자, 그렇다면 옥타브의 정확히 절반에 해당하는 음으로 진행한다면 즉, 음고류 원에서 상행과 하행 방향 모두 동일한 거리로 움직였을 때는 어떻게 듣게 될까? 참고로 이렇게 옥타브를 정확하게 둘로 분할하는 음정은 '증4도(완전4도에서 반음 간격만큼 간격이 증가된 4도)'라고 하는데, 온음이 세 개 합쳐졌다는 의미에서 '삼온음(tritone)'이라도 한다.

　음악을 전공하는 학생들에게도 처음에는 이렇게 음정을 계산하고 이해하는 건 쉬운 일이 아니긴 하지만, 〈그림 5.1〉의 음고판을 보면 이해하기 쉬울 것이다. 가령 C음을 기준으로 정확히 반대편에 대응되는 음은 F#이며, 이 두 음이 옥타브를 2분할 하는 증4도 음이다. 다시 질문으로 돌아와서, 이렇게 C 다음 F#을 들려주거나, G# 다음에 D를 들려준

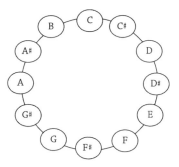

〈그림 5.1〉　　음고류 원

다면, 어떻게 지각할까? 사람들은 이런 균등한 간격의 이동을 듣고 상행도 하행도 아닌 모호한 방향성을 지각하게 될까? 아니면 이런 모호함을 피하기 위해 지각 시스템이 다른 원리를 발동시킬까?

이 문제에 대해 고민하던 중 나는 기발한 아이디어를 생각해냈다. 청자는 음고류 원에 따른 음의 절대적인 배치를 참조할 수 있다. 음고류 원의 특정 영역을 더 높게 참조하고, 반대 영역은 더 낮게 참조한다면 음고류 원에서 음높이의 모호성은 해결될 것이다. 이 가설을 자세히 설명해보면, 청자는 음고의 절대적인 위치를 음고류 원을 따라 설정할 수 있다.

그림으로 상상해보면 좀 더 이해하기 쉬울 것이다. 음고류 원을 시계라 생각하고 음고류들을 시계의 숫자라고 생각해보자. (마침 한 옥타브를 12개 음으로 나누고 있으니, 12진수를 사용하는 시계와도 정확히 일치한다!) 만약 음고류 지각 메커니즘이 C음을 12시 위치(즉, 가장 높은 위치)에, C#은 1시 위치에 오도록 절대적 위치가 설정되어 있다면, 청자들은 C-F#(그리고 C#-G와 B-F)

을 들었을 때는 하행하는 것으로 들을 것이며, 반대로 F#-C(그리고 G-C#과 F-B) 쌍은 상행하는 것으로 들을 것이다. 혹은, 지각 메커니즘에서 G음이 12시 방향에 오도록 배치되어 있다면, C#-G(그리고 C-F#과 D-G#) 쌍은 상행으로, G-C#(그리고 F#-C와 G#-D) 쌍은 하행으로 듣게 될 것이다.

이제 사람들이 어떻게 듣는지 알아보기 위한 실험을 준비했다. 나는 셰퍼드 톤으로 실험참가자들에게 옥타브를 2분할하는 (증4도) 관계의 음정 쌍을 들려주었고, 실험참가자들은 각 음의 쌍들이 상행으로 지각되는지, 하행으로 지각되는지를 판단하였다.[1, 2] 결과는 명쾌했다. 실험참가자들 대부분은 음고류 원에서의 높낮이가 절대적으로 설정된 것처럼 규칙적인 응답 패턴을 보였다. 음고류 원에서 특정 위치의 음이 높게 지각되고, 그 반대편의 음은 낮게 지각된 것이다.

여기에 하나 더, 전혀 예상하지 못했던 결과가 나타났다. 음고류 원의 절대적 높이가 사람마다 완전히 달랐던 것이다.[3] 다시 말해, 지각되는 방향성이 제각기 달랐다. 예를 들어 D-G#쌍이 제시되었을 때 어떤 사람들은 명확한 상행 패턴으로 들었고, 다른 사람들은 하행 패턴으로 들었다. '잘 모르겠지만 아마도 올라가는 것 같다' 정도의 반응이 아니라, 똑같은 소리를 듣고도 누군가는 '확실히 상행했다'고 느꼈고, 누군가는 '확실히 하행했다'고 느낀 것이다. '반옥타브 역설'에 대한 두 사람의 지각실험 결과를 〈그림 5.2〉에 정리해놓았다.

각 그래프는 한 사람의 결과를 나타낸다.

반옥타브 역설

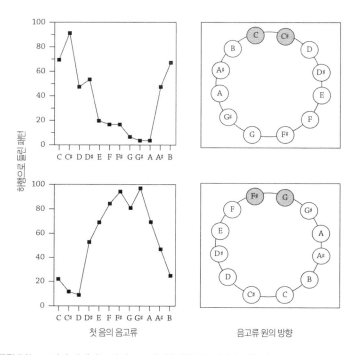

〈그림 5.2〉 거의 반대되는 방식으로 패턴을 들은 두 사람의 반옥타브 역설 판단. 오른쪽의 회색원은 가장 높은 음고류이며, 왼쪽 그래프에서 도출된 것이다. 위쪽 그림의 판단을 한 사람은 최고 음고류를 C와 C#으로 가지고 있으며, 아래 그림의 사람은 최고 음고류를 F#과 G로 가지고 있는 것이다. (Deutsch,1997)

왼쪽의 꺾은선그래프는 시작한 음을 기준으로 '패턴이 하행으로 지각된 비율'을 나타낸다. 예를 들어, 한 실험참가자에게 C#-G라는 음의 패턴을 들려줬을 때, 가장 높은 비율로 그 패턴을 하행한 것으로 지각했다고 가정해보자. 즉, G보다 C#음이 더 높다고 지각한 것이며, 그래프에서는 C#에 해당하는 값이 가장 높게 표기되며, 〈그림 5.2〉 왼쪽 위 그래프와 같은 그림으로 표현될 수 있다. 또한 이 참가자의 음고류 원에서는 C#

음을 가장 높게 지각하고 있다는 의미가 되고, 이 절대적 높이를 음고류 원으로 표현한다면 〈그림 5.2〉의 오른쪽 위 그래프처럼 C#음이 가장 상단에 위치하는 그림으로 표현할 수 있다.

다시 한 번 정리하자면, 사람마다 음고류 원의 절대적 높이가 다를 수 있다. 〈그림 5.2〉에서 위의 그래프처럼 어떤 사람은 C와 C#을 가장 높게 지각할 때, 어떤 사람은 〈그림 5.2〉에서 아래 그래프처럼 F#과 G를 가장 높게 인식할 수 있다. 나는 이런 신비하고 역설적인 지각현상과 소리 패턴들을 '반옥타브 역설'이라고 이름 붙였다.*

이 역설적인 현상을 가장 확실하게 경험하는 방법은 한 무리의 친구들을 모아서 '반옥타브 역설' 모듈을 들려주는 것이다. (모노 스피커나 이어폰으로도 들을 수 있다.) 첫 쌍을 들려주고 나서 상행패턴으로 들리는지, 하행패턴으로 들리는지를 판단하도록 한 다음, 같은 방식으로 4개의 모든 쌍을 들려주고, 응답을 비교해길 바란다. 확신하건대 친구들 자신도 놀랄 만큼 상행과 하행으로 지각한 결과가 불일치할 것이다. 이러한 시연을 더욱 극적으로 해본다면, 100명이 넘는 청중이 있는 강당에서 손을 들도록 하는 것이다. 이렇게 하면 청중들 간에 서로 얼마나 지각적으로 불일치하는지를 알아챌 수 있을 것이다.

반옥타브 역설의 원리를 응용하면 흥미로운 현상을 만들 수 있다. 가령 똑같은 음원을 듣고도 저마다 다른 패턴을 지각할 수 있는 멜로디를

---

* 원서의 저자인 다이애나 도이치 교수가 사용한 명칭을 직역하면 '삼온음 역설(Tritone paradox)'이라 할 수 있다. 약 20년 전, 국내 음악심리학 연구자인 서우석·홍병문의 논문에서는 이를 '증4도 역설'이라는 표현으로 사용했다. 우리는 긴 고민 끝에 '반옥타브 역설'로 이름 붙였는데, 한 옥타브를 정확하게 절반으로 2등분 하였음에도 이 음정을 편향된 방향으로 지각하는 것이 이 역설의 핵심이기 때문이다._옮긴이

5. 반옥타브 역설

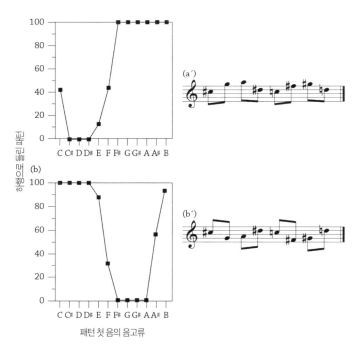

<그림 5.3>　　(a),(b): 같은 순서로 반옥타브 역설을 듣고 다른 판단을 한 두 사람의 지각 패턴. (a'),(b'): 반옥타브 역설로 구성된 8개 음을 듣고 두 사람이 다르게 지각한 멜로디. (Deutsch, 1999)

만들 수 있다! 셰퍼드 톤으로 C#-G-A-D#-C-F#-G#-D음을 이어 만든 소리를 여러 사람들과 함께 들었다고 생각해보자. 〈그림 5.3〉(a)와 같은 방식으로 듣는 사람이라면 〈그림 5.3〉(a')의 악보처럼 들을 것이지만, 〈그림 5.3〉(b)와 같은 방식으로 듣는 사람이라면 같은 패턴을 듣고도 〈그림 5.3〉(b')로 지각하게 될 것이다.

　반옥타브 역설은 '이조(transposition)'에도 영향을 미칠 수 있다. 일반적으로는 멜로디가 다른 조로 옮겨져 연주되더라도 동일한 멜로디로 들린다(부록의 〈그림 2〉 참조). 이는 음악이론의 기초 원리 중 하나일 정도로 자명한 사실이다. 하지만 반옥타브 역설은 이 원칙에 정면으로 위배되는 결과를 만든다. 앞서 이야기했듯, 음높이를 모호하게 만든 옥타브의 2분할은 어떤 쌍은 상행하는 것으로 들리는 반면 어떤 쌍은 하행하는 것으로 들린다. 결과적으로 이런 반옥타브(삼온음; 증4도)를 이용해 만든 음악적 악구는 하나의 조에서는 하나의 멜로디로 지각되겠지만 다른 조로 옮겨져 연주되는 경우에는 완전히 다른 움직임과 패턴으로 이루어진 멜로디로 지각될 것이다!

그렇다면 동일한 반옥타브 역설 음원을 듣고도 사람들마다 다르게 지각하는 이유가 뭘까? 지난 스테레오 착청은 우세손으로부터 강한 영향을 받았는데, 반옥타브 역설에서 사람들마다 음고류의 절대적 높이는 무엇이 결정하는 걸까? 나는 음악 훈련과의 상관성을 찾아보았지만 어떤 관련성도 발견하지 못했다. 또한 청각 메커니즘의 단순한 특징, 즉 청력검사도 해보고, 전체적으로 다른 세기로 패턴을 제시하기도 했으며, 양쪽 귀의 차이도 비교해 보았지만 어떤 관계도 찾지 못했다.

문득 떠오른 한 가지 힌트가 있다면, 내가 반옥타브 역설을 듣는 방식은 우리 학생들 대부분이 듣는 방식과 거의 반대의 경향을 보였다는 점이었다. 당시는 1980년대였고, 내가 샌디에이고 캘리포니아 주립대에서 학생들을 가르쳤으므로, 학생들 대부분은 영어를 모국어로 사용하는 캘리포니아 출신이었으며, 이들의 부모님들 역시 영어를 사용하는 캘리포니아 사람이었다. 반면 나는 영국 런던에서 자랐기 때문에 어쩌면 언어 패턴, 특히 유년기에 노출되었던 말소리의 음역이 이러한 지각적 차이를 유발시킨 것이 아닐까 하는 생각이 들었다. 사실 당시의 나는 이런 생각을 떠올리긴 했지만, 거의 가능성이 없는 가설이라고 생각했다. 하지만 얼마 뒤 런던에서 온 손님들은 반옥타브 역설을 나와 유사하게 듣는 경향이 있다는 것을 알게 되면서 이 가설을 진지하게 검토하기 시작했다.

이 가설을 좀 더 구체화 해보자면, 나는 사람들마다 음고류 원의 정신적 표상을 가지고 있고, 이 원의 위·아래가 특정 방향으로 향하도록 고정되어 있을 것이라 추측했다. 또, 원의 방향은 그 사람이 어린 시절 가장 빈번하게 노출되었던 언어 패턴에서 기인한다. 이러한 정신적 표상(혹은 템플릿)은 그 사람의 말소리 음역과 반옥타브 역설의 지각 방식을 결정하는 것이다. 나와 동료들이 진행한 추가실험을 통해, 반옥타브 역설을 듣는 방식과 목소리의 음역과의 상관관계를 발견할 수 있었다.[4]

언어가 동일하더라도 말소리의 음역은 지역 방언에 따라 다양하기 때문에 반옥타브 역설의 지각방식이 청자의 방언에 따라 달라지는지에 대해서도 조사해보았다. 우린 두 그룹을 비교했는데, 첫 번째 그룹은 캘리포니아에서 태어나고 자란 영어 구사자였고, 두 번째 그룹은 영어 구사자이지만 영국 남부에서 태어나고 자란 사람이었다. 두 집단 사이에 현저한 차이가 나타났다. 전반적으로 캘리포니아 출신 참가자들이 상행으로 들은 소리 패턴을 영국 남부 출신 참가자들은 하행으로 들었고, 캘리포니아 출신 참가자들이 하행으로 들은 소리 패턴을 영국 남부 출신 참가자들은 상행으로 들은 것이다.

〈그림 5.4〉의 그래프를 보면 이 두 참가자들의 지각 패턴의 차이를 한눈에 볼 수 있다. 반옥타브 역설의 개인별 응답 패턴 그래프와 비슷한 방식으로 이해하면 되는데, 각 참가자들마다 최고 지점으로 지각한 음 고류를 모아 비율로 그린 것이다. 그래프에서 볼 수 있듯, 영국 남부 출신 참가자들은 최고 음고류로 F#, G, G#을 갖는 경향을 보인 반면, 캘리포니아 출신 참가자들은 최고 음고류로 B, C, C#, D, D#을 갖는 경향을 보였다.[5]

이후 1997년 3월, BBC 라디오는 '사이언스 위크(Science Week)'에 수행된 실험들의 모음인 '메가랩(Megalab)'에서 반옥타브 역설에 관한 대규모의 실험을 실시했다. 라디오를 통해 4개의 옥타브 2분할 패턴을 송출했고, 청취자들은 제각기 각 패턴을 상행으로 들었는지 하행으로 들었는지를 라디오에 전화해서 보고했다. 수백 개의 응답이 수집되었고, 이 대규모 실험 결과는 영국 남부 출신에 관한 내 연구실의 연구 결과를 뒷받침했다.

그 후 다른 연구소들이 추가적인 지리적 연관성을 밝혀냈다. 플로리다의 동남부 도시, 보카 레이턴에 사는 사람들은 캘리포니아에 사는 사람들과 유사한 결과를 보였다.[6] 반대로 캐나다 온타리오 호수 근처의 도시, 해밀턴에 사는 사람들은 영국 남부 출신 사람들의 결과와 매우 유사했다.[7]

만약 반옥타브 역설의 지각 방식이 습득된 말소리 템플릿에 의해 결

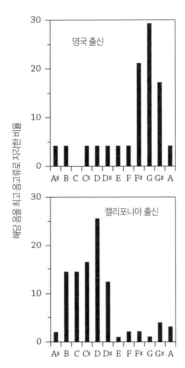

<그림 5.4>　　캘리포니아 출신 사람들과 영국 남부 출신 사람들의 반옥타브 역설 지각 패턴. 이 그래프는 각 음고류마다 최고 음고류로 지각한 횟수의 백분율 값을 보여준다. (Deutsch, 1991)

정된다고 가정한다면, 이러한 템플릿은 어느 시기에 발달하는 것일까? 한 연구에서 프랭크 라고진(Frank Ragozzine)과 나는 미국 오하이오주 영스타운에서 자란 사람들을 대상으로 실험을 진행하였고, 이들의 부모의 출신지에 주목했다. 그 결과, 부모 또한 영스타운 지역에서 자란 사람들과 부모가 미국의 다른 곳에서 자란 사람들 간에 강한 차이가 있음을 발견했다. 부모가 언어발달에 특히 강한 영향을 미치기 때문에 이 결과는

사람의 음고류 템플릿이 어린 시절에 형성되었을 가능성을 나타낸다.[8]

또 다른 실험에서 나는 어머니와 자녀로 이루어진 15쌍의 실험참가자들을 대상으로 연구를 진행했다. 자녀는 대부분 아동이었지만, 몇몇은 청년이었다. 실험참가자들은 모두 캘리포니아 사람이었지만 어머니는 영국, 유럽 대륙, 미국의 여러 지역을 포함해 지리적으로 출신이 다양하게 구성했다. 출신 지역이 다르다는 것에서 예상할 수 있듯, 어머니들은 반옥타브 역설을 현저히 다른 방식으로 지각했다. 그리고 자녀들은 모두 캘리포니아 사람이었지만, 반옥타브 역설의 지각방식은 그들의 어머니와 거의 일치했고, 오히려 자녀들 간에는 상당히 달랐다.[9]

당시 우리 연구팀은 유아기에 한 언어에 노출되고, 후에 다른 언어를 습득한 청년들의 경우는 어떠할지 궁금했다. 두 개 이상의 언어를 구사하는 사람들은 반옥타브 역설을 모국어, 즉 처음 습득한 언어에 따라 들을까? 아니면 현재 구사하는 언어에 따라 들을까?

이 질문을 탐구하기 위해 나와 동료들은 두 그룹의 베트남 이민자들을 조사했다. 첫 번째 그룹은 베트남에서 태어나 유아 혹은 아동기에 미국으로 이민 온 사람들로, 비교적 어린 나이로 구성되었다. 이들은 모두 완벽한 영어를 구사하나, 베트남어는 대부분 유창하지 않았다. 두 번째 그룹은 베트남에서 태어나 성인이 된 이후 미국으로 이민 온, 비교적 연령이 좀 더 높은 사람들로 구성되었다. 이들은 모두 베트남어를 완벽하게 구사하지만 영어는 잘하지 못했다. 마지막 세 번째 그룹은 영어를 모국어로 구사하는 캘리포니아 사람들로, 이들의 부모도 모두 영어를 구사하는 캘리포니아 출신이었다.

두 베트남인 그룹 모두 캘리포니아 출신 그룹의 지각 패턴과는 분명한 차이가 있었다. 하지만 베트남인 그룹 사이에서는 서로 유의미할 정도로 다르지는 않았다. 추가 실험에서 베트남 그룹에게 베트남어로 된 5분짜리 구절을 읽어달라고 요청했는데, 그들의 음성 음역과 반옥타브 역설 지각 방식 간에 강한 일치성이 발견되었다. 이러한 결과는 반옥타브 역설의 지각 방식이 유년시절에 발달해 성인기까지 남아 있는 언어 관련 템플릿을 반영할 수 있다는 관점을 강력하게 뒷받침하고 있다.[10]

몇몇 사람들의 경우 반옥타브 역설을 처음 들을 때 상행과 하행 패턴을 동시에 듣곤 하나, 상대적으로 강하게 느껴지는 방향이 있는지를 물어보면, 항상 더 두드러지는 방향이 있다고 말했다. 또한 동시에 두 방향을 듣는 초반의 경향은 점점 많은 패턴들을 들어감에 따라 약해지다가, 마침내는 사라져서 궁극적으로는 각 옥타브 2분할 패턴의 움직임이 단일한 방향으로만 들리게 되었다.

말소리의 음역은 어떻게 결정되는 걸까? 사람마다 다른 말소리 음역이 그 사람이 오랫동안 들어온 말소리의 음역에 의해 결정될 수 있다는 가설은 설득력이 있을까? 사실 일반적인 견해는 개개인의 말소리 음역은 체구 같은 생리적 요인에 의해 결정된다고 알려져 있다. 즉 몸집이 큰 사람은 저음의 목소리를 가진 경향이 있고, 작은 사람은 높은 목소리를 가진 경향이 있다는 것이다.

하지만 남성과 여성을 나눠서 분석해보면, 전반적인 사람 음성의 높낮이는 발화자의 키, 몸무게, 흉부 크기, 후두의 크기와 같은 신체 치수와는 상관성이 없다.[11] 게다가 음성의 높낮이는 화자가 사용하는 언어에 따라서도 달라진다.[12] 물론, 언어에 따라 단어와 억양 패턴이 다르기 때문에 다른 언어들 간의 비교는 쉽게 해석할 수 없다.

따라서 말소리의 음역이 생리적 요인보다 문화적 요인에 의해 결정되는지를 보기 위해서는 같은 언어를 구사하고, 유사한 방언을 사용하며, 외형, 민족성, 생활양식은 전반적으로 비슷하지만, 상호간의 소통이나 교류는 거의 없는 두 집단의 사람들을 비교해야 한다.

나는 이 주제에 관해 대학원생 징 셴(Jing Shen)과 그녀의 이전 지도교수였던 화둥사범대학교(华东师范大学)의 징훙 르(Jinghong Le)와 논의했다. 우리는 지리적으로는 서로 가깝지만 접근하기는 어려운, 비교적 외딴 두 마을 찾아야 한다고 결론지었다. 그러면 두 마을 주민들 간에 소통이 거의 없을 것이기 때문이다. 그리고 나서 두 마을의 음성 음역을 비교했다.

우리가 결정한 마을은 타오위안(Taoyuange)과 지우잉(Jiuying)이었고, 이 마을들은 중국 중부의 후베이와 충칭의 경계에 있는 산악지대에 있었다. 두 마을은 채 60킬로미터 정도밖에 떨어져 있지 않지만(일산 수원간 직선거리가 대략 60킬로미터이다_옮긴이), 두 마을을 연결하는 길은 곳곳이 위험하기 때문에 차를 타고 가더라도

중국 두 마을의 음성

몇 시간 이상 걸린다. 두 마을의 주민들은 유사한 방언을 구사하는데, 둘 다 표준 북경어(중국어) 버전이고, 서로의 말을 잘 이해할 수 있다. 하지만 마을 간 이동이 어렵기 때문에 상호간의 소통이나 교류가 거의 없었다.

우리는 각자의 마을에서 생애 대부분을 보낸 여성들의 말소리를 조사했다. 그들에게 중국어(북경어)로 된 3분 분량의 동일한 구절을 읽게 한 뒤, 녹음된 말소리를 분석했다. 그 결과 각 마을별로 말소리 음고값의 분명한 군집화가 발견되었고, 마을 간 음고값 분포에 있어서는 강한 차이가 발견되었다. 이 연구결과는 한 사람의 말소리 음역이 다른 사람의 언어로부터 장기간 노출되는 것에 의해 결정된다는 것을 강하게 시사한다.[13]

왜 방언은 하필 말소리의 음역을 포함한 방식으로, 그렇게 상세하고 특정한 방식으로 발달되었을까? 진화론의 논의들로부터 그 근거를 찾아볼 수 있다. 테쿰세 피치(Tecumseh Fitch)는 저서 『언어의 진화』에서 인간은 초기에 혈연에 의한 작은 집단이나 부족 안에서 살았다고 주장하였다.[14] 진화적 관점에서 '적자생존'은 개인뿐 아니라, 유전자를 공유하는 다른 사람들을 위해서도 중요한 것이다. 방언의 존재는 혈연관계에 있는 사람들이 서로를 더 쉽게 알아볼 수 있도록 만들고, 그들 안에서 가치 있는 정보를 더 선별적으로 전달할 수 있도록 해준다.

이러한 논리로, 음역을 방언에 결합하는 것은 말하는 사람이 같은 그룹의 구성원인지 이방인인지를 쉽게 식별할 수 있도록 하는 단서를 제공한다. 따라서 진화적 관점에서 언어 공동체 내의 음역의 군집화는 초기 인류에게 상당히 유리했을 것이다. 인구 간 이동이 증가함에 따라 이러한 이점은 점차 줄어들겠지만, 사람 말소리의 음역은 여전히 출생지에 관한 중요한 정보와 단서를 제공한다.

테쿰세 피치는 방언을 인식할 수 있는 능력이 의사소통에 필요한 것 그 이상이라는 것을 강조한다. 그는 언어가 단지 정보 교환의 목적으로만 사용된다면 이런 확연한 능력은 설명될 수 없을 것이라고 했다. 피치에 따르면 적합도(fitness)는 개인의 생존 혹은 자신의 성공적 자손 번식의 문제일 뿐 아니라, 자신의 유전자를 공유하는 모든 개인들의 번식 성공률의 문제이기도 하다.

따라서 개인의 행동이 (자신에게는 적은 비용만 들더라도) 친족의 생존이나 번식에 도움이 될 때 전체적으로 포괄적 적합도는 증가한다. 유전적 관점에서 두 사람의 관계가 더 가까울수록 두 사람은 서로를 도우면서 더 많은 것을 얻어야 한다.

피치는 생물학자 홀데인(Haldane)의 견해를 인용하는데, 홀데인은 자신의 유전자를 공유할 가능성이 높은 친척이 물에 빠졌다면, 자신의 목숨을 걸고 그를 구하는 것이 진화적 이점이 있다고 인식했다. 그는 평소 '내 자신의 목숨을 2명의 형제나 8명의 사촌에게 줄 것'이라고 농담처럼 말했다. 왜냐면 형제들과는 유전적 물질의 반을 공유하고 사촌들과는 8분의 1을 공유하기 때문이다. 이런 논리의 연장선에서, 음역을 포함한 유사한 방언에 근거하여 친족을 인식하는 것은 유용한 목적을 갖는데, 이는 가까운 친족일수록 방언이 유사할 가능성이 크기 때문이다.

서로 일치된(agreed-upon) 말소리의 음역은 다른 면에서도 유리하다. 예를 들면 말하는 사람의 감정적 어조를 유용하게 파악할 수 있다. 전화통화를 떠올려보자. 만약 통화 상대가 평소 잘 아는 사람이라면 목소리의 음역을 통해 상대의 기분을 바로 알아챌 수 있다. 만약 목소리톤이 평소보다 낮다면 우울할 가능성이 크고, 높았다면 흥분되어 있을 가능성이 클 것이다. 이것이 가능하려면 그 사람 말소리의 평소 음역을 확실하게 기억하고 있어야 한다. 이와 관련하여 어머니와 딸의 음성은 종종 놀라울 정도로 유사하다. 우리 딸이 십대였을 때, 우리 집으로 전화를 한 사람들은 나와 딸의 목소리를 분간하기 힘들어했다.

전반적으로 정리해보자면, 반옥타브 역설은 우리가 귀로 듣는 소리들을 수동적으로 분석하지 않는다는 것을 보여주는 추가적인 증거를 제공한다. 오히려 우리는 이 모호한 옥타브 2분할을 후천적으로 습득한 음고류 템플릿의 관점에서 해석함으로써, 우리의 지각방식에 강한 영향을 미친다. 따라서 '반옥타브 역설'은 우리가 지난 장 그리고 다음 장에서 탐구하게 될 착청들과 함께 착청의 세계를 구성하며, 우리의 '기억'과 '기대'가 우리가 음악적 패턴을 인지하는 방식에 얼마나 강력한 영향을 미치는지를 보여준다.

덧붙이자면, 반옥타브 역설은 청각뿐 아니라 시각에서 일어나는 일반적인 지각 원리를 보여준다. 우리가 모호한 배열을 지각할 때, 우리는 그것을 해석하여 가장 이치에 맞는 결론을 내린다. 예술가이자 퍼즐 제작자인 스콧 킴은 〈도치들(inversions)〉이라는 시각 작품 시리즈를 통해 이 지각 원리를 보여주었다. 〈그림 5.5〉는 그중 한 작품인 〈upside down(거꾸로)〉인데, 이를 똑바로 보거나 거꾸로 뒤집어 보더라도 동일한

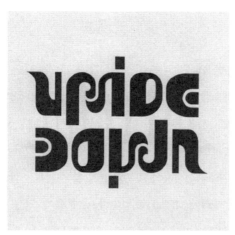

<그림 5.5>　　스콧 킴의 〈도치〉. 똑바로 두고 보든 '거꾸로 뒤집어서(upside down)' 보든 'upside down'이라는 어구가 보인다! (Kim, 1989). Copyright © 2018 Scott Kim scottkim.com.

단어로 보인다! (윗줄에서 upside, 아랫줄에서 down이 보인다.) 그의 책『도치들』에서 문자와 단어를 사용하여 만든 다른 시각적 패러독스를 함께 볼 수 있다.[15] 우리는 영어문자와 단어에 관한 오랜 경험에 근거하여, 우리가 가장 이해하기 쉬운 형태로 이 배열을 지각적으로 맞춘다. (이러한 이유로 평소에 영어를 많이 사용할 일이 없던 독자라면 이미지에서 글자를 찾는 데 시간이 조금 걸릴 수 있고, 영어를 모국어로 사용하는 사람들은 단번에 upside down 글자를 읽어낸다_옮긴이)

같은 원리로 반옥타브 역설을 들을 때는 우리에게 가장 익숙한 말소리(주로 유년기에 들었던 부모님의 말소리) 음역에 대한 사전지식과 경험이 우리로 하여금 소리 패턴을 이 음역에 따라 방향 잡게 한다. 이처럼 킴의 작품 '도치들'과 '반옥타브 역설' 모두 우리가 지각 세계의 방향을 잡는 방식에 미치는 하향식 처리의 힘을 보여준다.

마지막으로 반옥타브 역설은 '절대음감'과 관련해서도 중요한 함의를 제시한다. 절대음감은 음이 단독으로 제시되었을 때 음의 이름을 맞힐 수 있는 능력으로 정의된다. 이 능력은 서양에서는 매우 드물다. 하지만 사람들이 반옥타브 역설을 일관성 있게 판단한다면 그들은 이미 절대음감의 암묵적인 형태를 사용하고 있다고 말할 수 있다. 왜냐하면 음고류나 음이름들에 따라 절대적으로 높거나 낮게 듣게 되는 것이기 때문이다. 따라서 반옥타브 역설은 사람들이 음정을 듣고 그 음이름을 말할 수 없다고 하더라도, 이미 대부분의 사람이 절대음감의 암묵적 형태를 소유하고 있다는 것을 보여준다.[16] 다음 장에서는 절대음감이라는 신기한 능력과 그 능력과 상관관계를 가지는 다른 특징들에 관해 자세히 살펴보면서 이 주제를 계속 이어가려 한다.

절대음감은
선천적일까, 후천적일까?

6
chapter

그 아이를 옆방에 있도록 한 후, 피아노포르테뿐 아니라 거의
모든 악기로 고음이나 저음을 들려주어도, 그 아이는 즉각적으
로 음이름이 적힌 글자를 가지고 나오더군요! 실제로 그 아이는
종소리, 벽시계 소리, 심지어는 회중시계 소리까지도 듣자마자
즉각적으로 음이름을 말할 수 있었습니다.[1]

1763년 여름, 모차르트 일가는 음악 영재로서 어린 작곡가의 명성을
확립했던 유명한 유럽 여행을 시작했다. 그들이 떠나기 직전에 지역 신
문 〈아우크스부루키셔 인텔리겐츠 제텔〉(Augsburgischer Intelligenz-Zettel)에
7살 모차르트의 절대음감뿐 아니라 여러 놀라운 능력들을 묘사하는 익
명의 편지가 등장했다.

절대음감(혹은 절대음고)을 가진 사람들은 마치 대부분의 사람들이 색이

〈그림 6.1〉   1763년 6세의 볼프강 아마데우스 모차르트

름을 말하듯이 음이름을 즉각적으로 어려움 없이 말한다. 하지만 이 능력은 서구권에서는 매우 드물다. 일반적으로 인구의 1만 명 중 한 명이 채 안 되는 것으로 추정되고 있다. 이러한 희귀성 때문에 절대음감은 종종 신비한 능력으로 간주되고, 단지 소수의 재능 있는 사람들만이 즐길 수 있는 신비한 능력으로 여겨진다. 이러한 생각은 지휘자 토스카니니, 피아니스트 루빈슈타인, 바이올리니스트 이작 펄만 또는 조슈아 벨, 첼리스트 요요마와 같은 많은 유명한 음악가들이 이 능력을 가지고 있다는 사실에 의해 뒷받침된다.

절대음감의 희귀성과는 대조적으로 다른 음과 비교하여 음이름을 판단하는 능력, 즉 상대음감은 매우 흔하게 나타난다. 가령 한 음악가에게 F음을 들려주고 '자, 이 음은 F음입니다'라고 알려준 다음, 두 반음 위의 음인 G음이나, 네 반음 위 음인 A음 등을 맞히는 것은 전혀 어렵지 않다. (한 반음은 건반에서 두 인접한 음들 간의 음고 간격, 예컨대 C-C#의 간격이다.) 대부분의 음악가들을 포함한 대부분의 사람들이 할 수 없는 것은 이러한 기준음이 주어지지 않은 상황에서 맥락 없이 단번에 음이름을 맞히는 일이다.

사실 생각해보면, 절대음감을 가진 사람이 이 정도로 드물다는 것은 매우 의아한 일이다. 색깔 이름을 맞히는 상황으로 비교해보자. 어떤 사람에게 파란색 사물을 보여주고 나서 이 물건의 색깔을 맞혀보라고 질문하자, 그 사람이 "저는 그 색을 인식할 수 있고, 다른 색들과도 구별할 수는 있지만 죄송하게도 색깔 이름은 모르겠어요"라고 말한다면? 심지어, 이번에는 빨간색을 보여주고 나서 "자, 이 색은 빨간색입니다. 그럼 다시 아까 색깔이 뭔지 맞혀보시겠어요?"라고 말하면 그가 "이 색이 빨간색이니, 처음 물체는 파란색이겠네요!"라고 말했다고 생각해보자.

이렇게 색이름으로 대입해 생각해보면 정말 이상하지 않은가? 하지만 대부분의 절대음감을 가진 사람의 입장에서 보면 대부분의 사람들이 이런 이상한 방식으로 음이름을 맞히는 것, 즉 이미 알고 있는 음이름과 비교하여 음이름을 판단하는 것으로 보인다.

또 다른 독특한 점은, 절대음감이 없는 대부분의 사람들도 잘 알려진 선율의 곡명은 잘 맞힐 수 있다는 것이다. 음이름 하나를 맞히는 것이 곡의 제목을 맞히는 것보다 훨씬 더 쉬워야 하는데 말이다. 이런 측면에서 생각해보면, 절대음감의 진정한 미스터리는 이 능력이 엄청나게 놀라운 능력이라는 점이 아니라, 그다지 특별한 능력이 아닌 것 같은데도 대부분의 사람들이 이 능력을 갖지 못한다는 점 아닐까?

이를 다시 색 지각에 비유해보면, 색을 인식할 수 있고 색을 구별할 수도 있지만 그 색의 명칭과는 연결시킬 수 없는 희귀한 '색 명칭 실어증 증후군'과 유사하게 대부분의 사람들이 음고 명명에 관련한 증후군을 가지고 있는 것과 같다.[3] 음악을 전공한 사람들은 음악 훈련을 하지 않은 사람들에 비해서는 절대음감을 가질 가능성이 훨씬 더 많지만, 서구 문화권에서는 전문음악가들 사이에서도 절대음감은 매우 드문 능력이다. 심지어 이들이 악보를 읽고, 악보의 음들을 연주하고, 연주한 음들을 듣는 과정에 수천 시간을 들였는데도 말이다.

지난 장에서 다뤘던 '반옥타브 역설'이 절대음감의 암묵적 형태라고 설명한 것을 기억하는가? 대부분의 사람이 음이름을 절대적으로 판단할 수 없음에도 절대음감의 암묵적 형태를 소유하고 있다는 것을 생각하면 이 미스터리는 한층 더 심오해진다. 또한 수많은 음악가들이 절대음감이 없더라도 친숙한 음악작품이 원곡의 조성으로 연주되고 있는지를 상당 부분 말할 수 있다. 한 연구에서 음악 훈련을 받았지만 절대음감은 아닌 실험참가자들을 대상으로 바흐 프렐류드의 발췌곡을 들려주었다. 절반가량의 참가자들은 원곡 버전과 반음 조옮김 된 버전을 구별할 수 있었다.[4]

후속 연구들은 친숙한 음악의 절대적 음높이를 판단하는 능력이 대중들에게도 상당히 넓게 퍼져 있음을 밝혀냈다. 대니얼 레비틴(Daniel

Levitin)은 대학생들에게 익숙한 대중가요(예를 들면, 이글스의 "Hotel California" 또는 마돈나의 "Like a Prayer")를 고르도록 한 뒤, 그 노래를 허밍이나 휘파람, 혹은 목소리로 불러보게 했다.[5] 그렇게 두 곡을 테스트한 뒤, 참가자들이 부른 노래의 첫 음이 원곡의 첫 음과 얼마나 차이가 있는지를 비교하였다. 그 결과, 참가자들의 44퍼센트가 두 곡 모두에 대해 원곡의 음높이에서 두 반음 이내의 오차를 보였다.

후속 연구에서 글렌 쉘렌버그(Glenn Schellenberg)와 샌드라 트레허브(Sandra Trehub)는 절대음감이 없는 학생들에게 5초 길이의 친숙한 TV 쇼의 기악 사운드트랙 발췌곡을 들려줬다. 그 발췌곡들은 원곡의 음높이로 재생되기도 했고, 1~2 반음 위나 아래로 조옮김 되어 재생되기도 했는데, 참가자들은 오리지널 버전을 유의미한 수준으로 식별해낼 수 있었다.[6]

전체적인 음악뿐 아니라 개별적인 음에 대한 암묵적 절대음감도 흥미롭다. 예를 들어, 유선전화의 다이얼 음은 미국과 캐나다 지역에 사는 사람이라면 수천 번 들었을 것이다. 절대음감이 없는 학생들에게 원래 음높이 버전과 높이를 약간 변형한 버전의 다이얼 음을 제시하였을 때, 유의미한 수준으로 오리지널 버전을 찾아냈다.[7]

또 다른 연구는 방송국에서 금지어를 검열하기 위해 사용하는 '삐' 소리를 이용해 암묵적 절대음감을 탐구했다. 이 소리는 1000Hz의 순음으로 만들어지는데, (앞선 다이얼 연구에서처럼) 이를 원래의 주파수로부터 1~2반음 이동시킨 주파수로 들려주었을 때, 절대음감이 없는 사람들도 유의미한 수준으로 오리지널 버전을 찾아낼 수 있었다.[8]

암묵적 절대음감은 언어를 습득하기 이전 아주 어린 나이부터 형성된다. 한 기발한 실험은 8개월 된 아기에게 연속하는 음들을 들려주었다. 이 소리는 동일하게 반복되는 동형패턴뿐 아니라 상대적인 음의 관계는 유지하면서 다른 음역으로 조옮김 된 동형패턴도 포함되어 있었다. 아기들은 동일한 음높이로 반복되는 동형패턴을 포함하는 음원에 흥미를 보인 반면, 조옮김 된 동형패턴을 포함한 음원의 경우엔 그렇지 않았다. 아기들이 말을 못 했기 때문에 음이름을 말할 수는 없었지만, 이 연구는 영아들이 절대적인 음높이에 민감하다는 것을 보여주었다.[9]

대부분의 사람들이 암묵적 절대음감을 가지고 있다는 점을 감안할 때, 일반적으로 정의되는 절대음감의 희소성은 음고를 기억하는 능력의 한계로부터 기인한 것은 아닐 것이다. 나의 견해로는 이 능력이 희소한 이유는 근본적으로 음높이에 언어적 명칭을 할당하는 것과 관련된다고 보기 때문에, 이 능력을 이해하기 위해서는 말과 언어로 눈을 돌릴 필요가 있다고 생각한다.

어떤 이유로 절대음감이라는 능력을 누군가는 발현시키고 대부분의 다른 사람들은 그렇지 못하는지에 관해 몇 가지 대립되는 견해가 있다. 그중 한 가지 견해는 절대음감은 특별한 유전적 자질을 가진 소수의 사람만 가지고 있으며, 상황이 충족되는 즉시 분명히 발현된다는 것이다. 위대한 피아니스트 아르투르 루빈슈타인(Artur Rubinstein)은 아주 어렸을

적, 누나의 피아노 레슨을 들었던 경험을 이렇게 묘사했다.

> 반 장난처럼 건반들의 이름을 배운 나는 피아노를 보지 않은 채
> 로 화음이나 불협화음의 각 음이름들을 맞힐 수 있었다. 그 이
> 후, 복잡한 건반들을 마스터하는 것은 나에겐 식은 죽 먹기
> 였다.[10]

모차르트와 루빈슈타인과 같이 엄청난 음악가들만이 어린 시절에 절
대음감을 습득한 것은 아니다. 내가 네 살이었을 당시, 내가 피아노로
친 음들의 이름을 심지어 어른들까지도 맞히지 못하는 것을 보곤 깜짝
놀랐던 것을 생생하게 기억한다. 내가 친 음을 알기 위해 피아노로 와서
무슨 건반을 눌렀는지를 봐야 했던 것이다. 당시 나는 음악 레슨을 받긴
했지만 그리 많은 교육을 받았던 건 아니었다.

절대음감이 유전적 요인과 관련된다는 주장을 뒷받침하는 또 다른
근거는 절대음감이 주로 가족 내에서 발현된다는 것인데, 음악가를 대
상으로 진행된 설문조사에서 절대음감을 가진 응답자들은 그들의 가족
중에서도 절대음감을 가진 사람이 있을 확률이 다른 사람들에 비해 4배
더 높았다.[11]

그러나 이 주장은 여러 관점에서 비판을 받아왔다. 한 가족 내에서
공통적으로 공유되는 다양한 행동들 중에는 사투리나 말투, 식습관처럼
유전적 요인으로 결정되지 않는 것들이 많다. 뒤에서 간단히 설명하겠
지만, 절대음감을 습득할 확률은 어린 나이에 음악 교육을 시작하는 것

과 밀접한 관계가 있는데, 어린 시기에 한 자녀에게 음악교육을 받게 한 부모는 다른 자녀들에게도 마찬가지로 조기 음악교육을 했을 가능성이 크다. 게다가 절대음감 소유자가 있는 가정에 태어난 아기들이라면 가족이 음과 음이름을 함께 소리내는 것을 들어봤을 가능성이 크다.

그래서 그런 아기들은 어떤 속성의 이름을 학습하는 시기에 음에 이름을 결합시키는 기회를 가질 수 있다. 마치 색깔의 이름을 배우는 것처럼 말이다. 좌우간에 절대음감의 DNA 인자를 찾으려는 시도들이 계속되고 있지만 현재까지는 파악하기 어려운 것으로 판명되었다.

반대 진영의 연구자들은 연습만 충분하다면, 절대음감은 누구나 어느 시기든 습득할 수 있다고 보았다. 구글 검색창에 "perfect pitch training(절대음감 훈련)"을 검색해보면, 절대음감 개발을 위한 훈련 프로그램을 제공하는 수많은 사이트가 나온다. 하지만 성인에게 절대음감을 훈련하려는 과학적인 시도는 거의 항상 실패했다. 폴 브래디(Paul Brady)는 '어느 정도는' 가능할 수 있다는 신뢰할 만한 논문을 게재했다.[12] 그는 스스로 약 60시간 동안 훈련 테이프를 듣는 투지 넘치는 과정을 수행했고, 이후 절대음감 테스트에서 65퍼센트의 정답률 점수를 얻었다. 브래디의 보고서는 인상적이긴 하지만, 동시에 성인기에는 절대음감을 습득하는 것이 매우 어렵다는 것을 다시 한 번 강조하는 것이기도 하다. 왜냐하면 영유아 시기에는 대부분 별 다른 노력 없이 무의식적으로 습득하기 때문이다.[13]

세 번째 견해는 절대음감을 습득하려면 '결정적 시기'라고 알려진 생애 초기의 특정한 시기에 특정 환경의 영향에 노출되어야 한다는 것이다. 절대음감 습득은 조기 음악훈련과 관련이 있고, 훈련 시기가 이를수록 이 상관관계는 더 강해진다. 미국과 중국의 여러 음악원과 대학에서 실시한 대규모의 실험 연구를 통해, 우리는 음악 교육의 시작 시기가 이를수록 절대음감을 가질 가능성이 더 크다는 것을 발견했다.[14]

1967년, 에릭 레너버그(Eric Lenneberg)가 그의 영향력 있는 저서 『언어의 생물학적 기초』에서 처음으로 지적했듯이, 어린 아이와 성인은 질적으로 다른 방식으로 언어를 습득한다. 아이들은 자동적으로 별도의 노력 없이 말하는 법을 배우는 반면 성인기에 제2언어를 배우는 것은 의식적이고 인위적인 노력이 필요하다. 심지어 수 년 이상의 경험 후에도 제2언어를 습득한 성인들은 '외국인 말투'를 가지고 말하며, 문법적 오류도 종종 나타난다. 그래서 레너버그는 말과 언어 습득을 위한 결정적 시기가 존재한다는 개념을 제안했고, 이 시기는 유아기에서 만 5세 전후까지 절정에 달하고, 아동기 이후 동안 점차 감소해서 사춘기 무렵에는 변화가 없어진다고 주장했다.

레너버그가 이 견해를 제시한 이후로 관련 증거가 쏟아져 나왔다. 신경과학적 연구들은 뇌가 매우 이른 시기에 관련 없는 정보와 관련 있는 정보를 분류해낸다는 것을 보여주었다. 특히 이 시기에 뉴런(신경세포)들 사이의 연결이 형성되는데, 어떤 연결성은 강화되지만 어떤 연결성은 가지치기하듯 축소된다.[16] 이러한 신경적 변화는 환경으로부터의 입력에 따라 달라지며, 이후의 의식과 기능에 지속적이며 지대한 영향을 미친다.

예를 들어 새끼 오리는 부화한 후 처음 보는 움직이는 물체를 따르는데, 이 물체가 어미일 가능성이 높다. 또한 흰관참새와 금화조는 생애 초기 고정된 시기에 아비로부터 짝짓기 노래를 배운다. 인간의 언어에 관해 레너버그가 추측한 것처럼, 아이들이 가장 쉽게 말과 언어를 습득하는 시기는 만 5세 무렵까지이다. 말을 습득하는 능력은 이 시기 이후로 점차 감소해 사춘기 이후에는 언어를 처음으로 습득하는 능력이 심각하게 저하된다.

언어 습득이 결정적 시기를 수반한다는 한 가지 증거는 어린 시절 사회적으로 고립되었다가 이후에 정상적 환경에 놓였던 아이들의 사례가 있다. 그 아이들은 구조된 후에 집중적인 훈련을 했음에도 정상적인 말 습득이 불가능했다. 지니라는 아이는 정신병을 앓던 부모에 의해 작은 방에 감금되었고, 어린 시절 내내 언어 습득의 기회가 박탈되었다. 그 소녀는 만 12세 때 로스앤젤레스의 사회복지사에 의해 발견되었고, 이후 정상적 환경에서 UCLA의 심리학자 팀이 아이의 재활을 위해 열심히 노력했다. 하지만 전문적이고 대대적인 훈련에도 불구하고, 지니는 정상적인 말하기 능력을 전혀 습득할 수 없었다.[17]

또 다른 유사한 사례는 프랑스 아베롱 지역의 빅토르라는 아이로 1800년 12세 무렵에 발견되었다. 아이는 어린 시절 대부분을 숲에서 보낸 것으로 보였다. 빅토르는 이후 의대생 장 마르크 가스파르 이타르 (Jean Marc Gaspard Itard)에게 입양되었고, 이타르는 소년에게 말을 가르치기 위해 대대적인 시도를 하였다. 결과적으로 빅토르는 몇 단어 정도는 배우긴 했으나, 정상적인 말을 습득하는 것은 실패했고, 몇 년 후 이타르는 가르치려는 시도를 포기했다.[18, 19]

뇌손상 이후의 언어 회복 수준이 발병 시기에 따라 어떻게 달라지는 지에 관한 연구들 또한 결정적 시기가 있음을 시사한다. 만 6세 이전에 뇌가 손상된 경우가 회복 정도가 가장 좋으며, 그 이후에는 점차 감소하다가 사춘기 이후에 발병했을 경우엔 매우 좋지 않았다. 청각장애(난청) 의 수어(수화) 또한 증거를 뒷받침한다. 수어를 사용하는 청각장애 부모로부터 극소수의 청각장애 아동이 태어나는데, 이 아이들은 건청 아동이 말을 배우는 방식과 동일하게 수어를 배운다. 하지만 대부분의 청각장애 아동들은 수어를 모르는 건청 부모에게 태어나며 대개 청각장애인을 위한 학교에 다니면서 수어를 습득하기 시작한다. 엘리사 뉴포트 (Elissa Newport)는 태어날 때부터 수어에 노출된 수어 사용자와 4~6세에 처음 노출된 사용자, 12세 이후에 처음 노출된 사용자들을 비교하였다. 그녀는 수어에 일찍 노출될수록 특정 언어 시험에서 더 좋은 성과를 보인다는 것을 발견했다.[21]

이와 관련된 또 다른 연구는 제2언어 학습과 관련된다. 말에 관한 기본적인 뇌 회로에서 많은 부분이 제1언어를 습득하는 동안 확립되기 때문에 제2언어 습득은 결정적 시기에 크게 의존적이지 않다. 하지만 제2언어를 배우는 나이와 학습의 성공도 사이에는 강한 상관관계가 존재한다. 이민자들에 관한 연구에서 제2언어 학습이 이른 시기(4~6세)에 일어날 때, 아이가 모국어뿐 아니라 제2언어를 모두 잘 말할 수 있음을 보여주었다. 하지만 이후로는 언어학습 능력이 점차 감소하다가 성인기에는 정체기에 도달한다.[22] 이는 말소리의 소리패턴에 특히 적용되는데, 수년에 걸쳐 제2언어를 경험하더라도 성인이 되어 배운 경우에는 대개 '외국인 말투'로 말한다.

작가 조지프 콘래드(Joseph Conrad)는 이에 대한 주목할 만한 사례이다. 우크라이나에서 태어난 그는 폴란드어를 모국어로 사용했다. 16세에 프랑스의 항구도시 마르세유로 이주했고, 그곳에서 상선에 합류하여 곧 남부 프랑스 악센트로 프랑스어를 말하는 것을 배웠다. 20세 때는 다시 영국으로 건너가서 금세 영어에 능숙해지더니 영문학의 위대한 작가 중 한 명이 되었다. 하지만 강한 프랑스 악센트로 영어를 구사했기 때문에 사람들은 그의 말을 이해하는 데 상당한 어려움을 겪었고, 이런 이유로 그는 대중 앞에서 말하는 것을 피했다. (그의 아들 보리스 콘래드(Borys Conrad)는 아버지가 아이어다인(iodine)을 '유어러다인'(you're a-dyin; 너 죽어가고 있어)이라고 발음해서 깜짝 놀랐다고 한다.)[23]

중국어나 베트남어와 같은 성조 언어는 절대음감과 말의 연관성을 강하게 뒷받침한다. 이들 언어에서는 같은 발음에서 성조(聲調)가 달라지면 전혀 다른 뜻이 된다. 어휘의 성조는 음의 높낮이와 윤곽에 의해 구분된다. QR코드를 통해 성조의 소리를 들어보면 이해하기 쉬울 것이다. 중국어의 다양한 방언 중 북경어를 예로 들어보자면, 제1성은 높고 평평한 소리, 제2성은 중간 음으

북경어의 네 가지 성조

로 시작해서 상승하는 소리, 제3성은 낮은 음에서 처음엔 내렸다가 다시 올라가는 소리, 제4성은 높은 음에서 뚝 떨어지는 소리이다. 단어 '마(ma)'를 제1성으로 발음하면 '엄마'라는 뜻이 되고, 제2성으로 하면 인삼, 대마 같은 식물을 뜻하는 '마', 제3성으로 하면 동물 '말', 제4성으로 하면 '욕설'의 의미가 된다.

따라서 성조 언어에서 음높이는 자음과 모음처럼 언어적 특징을 만드는 데 사용된다. 북경어 구사자들이 제1성으로 말하는 '마'를 듣고 '어머니'의 의미로 이해하거나 제3성으로 말하는 '마'를 듣고 '말'의 의미를 생각할 때, 그들은 음높이 혹은 음높이의 연속적인 패턴을 언어적 명칭과 결부시키고 있는 것이다. 비슷한 방식으로, 절대음감 소유자들이 F#음을 'F#'으로, 혹은 B음을 'B'로 식별할 때, 그들 또한 음고와 언어적 명칭을 결합시키고 있는 것이다.

어린 아기들이 북경어에 노출되면 자연스럽게 음고와 단어를 결합하고, 이를 통해 '단어에 대한 절대음감'을 발달시킨다. 따라서 아기들이 음악교육을 받을 수 있는 나이가 되었을 때는 절대음감을 위한 뇌 회로가 이미 발달한 상태이기 때문에 성조와 함께 어휘를 습득했던 것과 유사한 방식으로 '음에 대한 절대음감'을 발달시키는 것이다. 반면, 영어 같은 비성조 언어에서 음높이를 사용하는 목적은 문법적 구조, 정서적 어조 및 운율 같은 정보를 전달하기 위함이지, 단어의 의미를 표현하기 위해 사용하지는 않는다. 결과적으로 비성조 언어 구사자는 절대음감 습득에서 불리하다고 할 수 있다.

절대음감과 성조 언어가 서로 관계가 있을 수 있겠다는 생각을 처음 하게 된 계기는, 내가 베트남 원어민들을 대상으로 절대음감과는 전혀 무관한 실험을 진행하던 도중이었다. 연구에 참여한 사람들은 대부분 최근에 미국으로 이민 온 사람들로 영어를 거의 하지 못했다. 베트남어의 음악적 요소들이 아주 흥미로웠기 때문에, 나는 말소리를 따라 해보려고 시도했다. 내가 그들의 발음을 듣고 단어를 따라서 말하자 반응이 놀라웠다. 베트남 원어민들은 내 발음을 듣고 존재하지 않는 단어 또는 전혀 다른 의미의 단어라고 말했다. 그래서 각 단어의 높낮이를 음계를 오르내리듯이 변화시켜서 발음하니, 내가 목소리를 높이거나 낮추는 정도에 따라 베트남 사람들은 그 발음에 전혀 다른 의미를 부여했고, 이 사실을 알게 된 나는 정말 놀랐다.

베트남어에서는 단어의 뜻을 표현하기 위해 음의 높낮이가 중요하다는 것이 밝혀졌기 때문에 이러한 성조 언어를 모국어로 사용하는 사람들은 단어의 의미를 이해하는 과정에서 분명 절대음감을 사용할 것이라 생각했다. 만약 그렇다면, 성조 언어를 구사하는 사람들은 동일한 의미의 단어들을 발음할 때 어떤 날이든지 일관된 음악적 특질을 유지한 상태로 발음할 것이라 생각했다.

이를 조사하기 위해 나는 7명의 베트남 원어민을 테스트했다. 이들에게 베트남 단어 10개를 건네주고, 다른 두 날에 걸쳐 읽도록 하였다. 이후 각 실험참가자들이 다른 날 읽었던 각 단어의 평균 음높이 간의 차이를 계산한 후, 이 10개 단어로부터 계산된 차이의 평균을 도출했다.[24] 분석 결과, 우리는 주목할 만한 일관성을 발견하였다. 7명의 참가자 중 4명은 두 날의 평균 음높이 차이가 반음의 2분의 1 이내로 일관되었고, 2명은 반음의 4분의 1 이하로, 놀랄 만큼 작은 오차 내에

성조 언어의 일관된 음높이

서 일관된 음높이를 유지했다. 참고로, 참가자들 전원은 이렇다 할 음악 교육을 받지 않은 사람들이었기 때문에, 음악훈련이 실험결과에 영향을 미친 것은 아니었다.

어쩌면 이러한 경향이 성조 언어의 특성이 아닌, 베트남어만의 고유한 특징일 수 있으므로, 우리는 다른 성조 언어 구사자들을 대상으로도 유사한 실험을 진행했다. 네 가지 종류의 성조가 균일하게 나오도록 12개의 단어 리스트를 구성하고, 15명의 북경어(중국어) 구사자들을 대상으로 테스트를 진행했다. 물론 이들도 음악 훈련을 거의 또는 전혀 받지 않은 사람들이었다.

이번에는 다른 날에 걸쳐 총 두 번의 녹음 세션을 진행하되, 각 세션마다 단어를 두 번씩 발음하도록 했다. 녹음된 단어의 음높이를 분석하면서 우리는 다시 한 번 주목할 만한 일관성을 발견했는데, 참가자들의 절반은 평균 음높이 차이가 반음의 2분의 1 이하였고, 참가자의 3분의 1은 반음의 4분의 1 이하로 일관된 음높이를 보였다! 그리고 가장 흥미로운 점은, 단어 목록을 동일한 날 반복해서 두 번 읽었을 때의 음높이 일관성과 다른 날 읽었을 때의 음높이 일관성 정도가 통계적으로 유의

미하게 다르지 않다는 것이었다.

그렇다면 성조 언어가 아닌 영어 구사자들은 어떠할까? 이를 확인하기 위해 14명의 영어 구사자들에게 동일한 절차로 영어 단어들을 읽도록 했다. 영어 구사자들은 바로 반복해서 읽었을 때는 중국어 구사자들과 거의 유사한 수준의 음고 일관성을 보였지만 다른 날 동일한 단어들을 읽었을 때는 통계적으로 유의미하게 덜 일관적이었다.

우리는 이러한 연구결과를 토대로 베트남어와 북경어 구사자들은 말소리의 성조(혹은 음높이)에 대한 매우 정밀한 절대음감을 소유하고 있다는 결론을 내렸다. 그리고 이 인지능력은 그들이 단어를 발음하는 방식에 반영되었다. 우리는 이 성조에 대한 절대음감은 영유아 시기에 성조 언어를 습득한 결과이며, 그 시기에 음높이와 단어의 의미 간의 연결성을 학습한 것이라 추측했다. 연구결과는 1999년 미국음향학회에서 "성조 언어 구사자들은 절대음감을 갖고 있다"라는 제목의 논문으로 발표되었고, 이는 다음날 〈뉴욕타임스〉 1면 특집으로 다루어졌다.[25]

이 논문에서 내가 주장한 것은, 전통적으로 음악적 능력으로 간주되어 왔던 절대음감은 본래 말을 보조하기 위해 진화해 온 것이고, 이는 여전히 동아시아의 성조 언어의 말소리에 반영되어 나타난다는 것이었다. 또한 어린 아기들은 절대음감을 모국어에서 성조의 한 특징으로 습득하고, 이후 음악 교육을 받는 나이가 되었을 때, 음악적 음에 관한 절대음감을 습득하는 것으로 추측했다. 마치 두 번째 성조 언어와 그 성조들을 습득하는 것과 같은 방식으로 말이다.

이와 대조적으로 영어와 같은 비성조 언어를 모국어로 습득한 아이들은 음악 교육을 마치 첫 번째 성조 언어와 그 성조를 배우듯, 음악적 음들의 음높이를 명명(命名)하는 법을 배워야 할 것이다. 그렇기 때문에 그 아이들은 절대음감 테스트에서 형편없는 결과를 내는 것이다. 또한 언어 습득을 위한 결정적 시기가 있다는 연구결과에 근거하여, 절대음 감을 습득할 때 역시, 성조 언어와 비성조 언어 구사자들 모두 '음악 수 업을 시작하는 나이'에 분명한 영향을 받을 것으로 생각했다.

드디어 다음 연구로, 음악적 음에 대한 절대음감을 성조 언어를 사용 하는 음악가와 비성조 언어를 모국어로 사용하는 음악가를 대상으로 비 교했다. 한 집단은 영어 구사자로, 다른 집단은 중국어와 같은 성조 언 어 구사자로 구성할 계획이었다. 아주 흥미롭게도, 내가 처음 이 연구를 시작하려 했을 때, 놀라운 난관에 직면했다. 이 연구에 관해 함께 논의 했던 미국의 연구자들은 절대음감 소유자가 너무 드물어서 의미있는 결 과를 얻기 힘들기 때문에 시간 낭비가 될 것이라고 말했고, 반대로 중국 의 연구자들은 중국의 음악가들은 대부분 절대음감을 가지고 있다는 이 유로 의미가 없을 것이라 말했다. 결국, 미국과 중국의 유명 음악원 학 생들을 테스트하는 것에 뜻을 함께한 두 명의 열정적인 협력자들을 찾을 수 있었다. 당시 뉴 욕 로체스터의 이스트만 음악학교의 학장 엘 리자베스 마빈(Elizabeth Marvin)은 이스트만 음악 학교의 학생들을 테스트했고, 당시 베이징 수 도사범대학교의 홍슈아이 슈(HongShuai Xu)는 베이징 중앙음악원 학생들을 테스트했다.

간단한 절대음감 테스트

6. 절대음감은 선천적일까, 후천적일까?

미국 이스트만에서는 115명의 1학년 학생들을 대상으로 절대음감 테스트를 진행했고, 모두 영어 구사자였다. 그리고 베이징 중앙음악원에서는 동일한 테스트를 88명의 1학년 학생들에게 실시했고 모두 북경어 구사자였다. 절대음감 소유자로 구분하기 위한 기준은 최소 85퍼센트 이상의 정답률을 달성하는지의 여부로 판단했다.

실험결과, 두 가지 결론을 도출할 수 있었다. 〈그림 6.2〉의 (a)를 보면 보다 직관적으로 결과를 이해할 수 있다. 먼저, 학생들의 절대음감 점수는 언어와 연관된 결정적 시기 가설을 강력하게 뒷받침하는 것으로 나타났다. 두 집단 모두 음악 교육을 받은 시기가 이를수록 절대음감을 소유할 확률이 높았다.

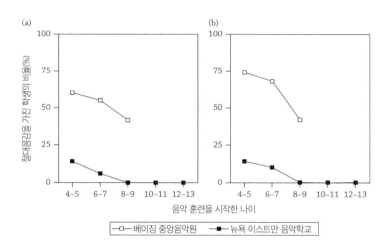

〈그림 6.2〉   음악 훈련의 시작 시기에 따른, 절대음감 정답률이 85퍼센트 이상인 실험참가자의 비율. (a) 정확하게 맞췄을 때만 정답으로 인정한 경우. (b) 반음 오차까지 정답으로 인정한 경우. 흰 사각형은 중국 베이징 중앙음악원(CCOM) 학생들의 결과이며, 이 학생들은 모두 성조 언어 구사자였다. 검은 사각형은 뉴욕 이스트만 음악학교(ESM) 학생들의 결과이며, 어느 누구도 성조 언어를 구사하지 않았다. (Deutsch et al., 2006)

두 번째로, 음악교육을 언제 시작했든 간에 북경어 구사자들의 절대음감 비율이 영어 구사자보다 확연하게 높았다. 4~5세(만나이 기준) 시기에 음악수업을 받기 시작한 학생들의 경우, 북경어 구사자의 약 60퍼센트가 절대음감을 소유하고 있는 반면, 영어 구사자의 경우에는 14퍼센트만이 절대음감을 소유했다. 6~7세 시기에 음악수업을 시작한 경우, 절대음감 보유자의 비율은 북경어 구사자에서 약 55퍼센트, 영어 구사자에서는 6퍼센트로 나타났으며, 8~9세 시기에 음악수업을 시작한 경우, 북경어 구사자의 약 42퍼센트가 절대음감을 보유한 반면, 영어 구사자는 단 한 명도 절대음감 기준을 충족시킨 학생이 없었다.

〈그림 6.2〉의 (b)처럼 채점시 반음 오차까지 정답으로 인정해준 경우(예를 들어, C 음을 들려줬는데 B 또는 C#이라고 응답한 경우까지 정답으로 인정했을 경우), 베이징 중앙음악원 학생들의 절대음감 비율이 높아져 뉴욕 이스트만 학교 학생들 간의 차이가 더욱 두드러졌다.[26]

이러한 연구결과는 나의 기존 가설을 강하게 지지한다. 즉, 유아가 성조 언어를 습득할 때 모국어 성조에 대한 절대음감을 발달시키고, 후에 다른 성조 언어의 성조를 습득하듯이 음악적 음에 대한 절대음감을 습득한다는 가설이 좀 더 힘을 얻었다고 할 수 있다. 또한 이 결과는 유아기에 음높이와 단어의 뜻을 결합하는 기회를 갖지 못한 대부분의 영어 구사자들이, 심지어 충분히 어린 나이에도 왜 음악적 음에 대한 절대음감을 습득하는 데 훨씬 더 어려움을 겪는지를 설명해준다.

아직까진 이 가설에 관한 증거는 단어의 의미를 결정하는 데 음높이가 두드러지게 관여하는 '성조 언어' 구사자에 한정되어 적용된다. 하지

6. 절대음감은 선천적일까, 후천적일까?

만 일본어나 한국의 특정 지역의 방언과 같은 다른 동아시아 언어에도 동일한 원리가 어느 정도 적용된다. 일본어는 구성하는 음절들의 음높이에 따라 단어의 의미가 바뀌는 피치-악센트(pitch-accent) 언어이다. 예를 들어 도쿄 일본어에서 '하시'라는 단어를 '고-저'로 발음하면 '젓가락'을 의미하고, '저-고'로 발음하면 '다리(橋)'를 뜻하며, 두 음절 사이에 음높이 차이가 없으면 '모서리'를 의미한다. 한국에서는 함경도와 경상도 방언이 성조 언어 혹은 피치-악센트 언어로 알려져 있다. 예를 들면, 경상남도 방언에서 단어 '손'을 저음으로 발음하면 '손자'나 '손해'를 의미하고, 중간음으로 발음하면 신체 일부인 '손(hand)'이 되며, 높은 음이면 '손님'이 된다.

유아기에 이러한 피치-악센트 언어나 방언에 노출된 사람들은 절대음감 발생률이 비성조 언어만을 경험한 사람보다 더 높을 것으로 추측되지만 완전한 성조 언어를 구사하는 사람들에서만큼 발생률이 높지는 않을 수 있다. 그리고 실제로 비성조 언어 구사자보다 일본어 구사자 사이에서 절대음감 발생률이 높지만 북경어 구사자들보다는 그 비율이 덜하다고 보고되었다.[27]

이스트만·베이징 음악원의 연구결과를 놓고 반론을 제기할 수 있다. 중국 학생과 미국 학생 사이의 차이가 언어보다는 유전이나 민족성에서 기인했을 수 있다는 것이다. 우리 연구팀은 이러한 다른 변수를 검토하기 위한 후속연구를 수행하였다.[28] 우리는 동일한 절대음감 테스트를 서던 캘리포니아대학교 손턴 음대 1, 2학년 학생들을 대상으로 실시하였다. 절대음감 테스트를 진행하기 앞서, 참가자들을 언어 배경에 따라 네 집단으로 나누었다. 먼저 '비성조' 집단은 영어를 비롯한 비성조 언어만을 유창하게 구사하는 백인이었고, 나머지 학생들은 모두 동아시아 민족(중국인 혹은 베트남인)이었다. '매우 유창한 성조' 집단은 매우 유창하게 성조 언어를 말하는 사람들이었고, '꽤 유창한 성조' 집단은 꽤 유창하게 성조를 구사하는 사람들이었다. 그리고 '유창하지 않은 성조' 집단은 말을 알아들을 수는 있지만, 유창하게 말할 수는 없다고 응답한 사람들이었다. 그리고 나서 각 언어 집단마다 음악 훈련 시작 연령에 따라, 2~5세에 음악 훈련을 시작한 집단과 6~9세에 음악 훈련을 시작한 집단으로 나누었다.

실험의 결과는 〈그림 6.3〉에서 볼 수 있다. 먼저, 모든 언어 집단에서 2~5세에 음악 훈련을 시작한 사람들의 평균점수가 6~9세에 시작한 사람들보다 높았다. 즉, 음악 교육 시작 시기의 영향을 분명히 보여준다. 더욱 흥미로운 것은, 성조 언어의 유창성이 강력하게 영향을 미친 부분인데, 성조 언어를 '매우 유창하게' 구사하는 사람들은 대부분 정답률 90~100퍼센트의 주목할 만한 높은 점수를 받았고, 이는 백인 비성조 구사자들의 점수보다 훨씬 높았다. 또한, 주목할 부분은 '유창하지 않은 성조' 집단의 동아시아인들 점수보다도 훨씬 높았다는 것이다. '성조를 매우 유창하게' 구사하는 사람들의 점수도 '꽤 유창한 성조' 집단보다 높았으며, '꽤 유창한 성조' 집단의 점수는 '비성조' 집단뿐 아니라, '유창하지 않은 성조' 집단보다 높았다. 따라서 이 연구결과는 절대음감 테스트에 대한 성조·비성조 언어 구사자 사이의 점수 차이가 민족성이라기보다

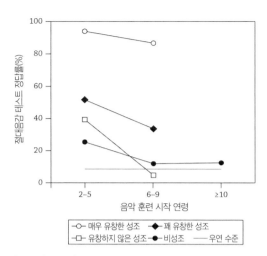

<그림 6.3>　　대규모 연구로 이루어진 미국 음악원 학생들의 절대음감 테스트에서의 평균 정답률(퍼센트). 그래프는 음악 훈련 시작 연령과 성조 언어 구사의 유창성에 따른 차이를 보여준다. '매우 유창한 성조', '꽤 유창한 성조', '유창하지 않은 성조' 그룹은 모두 동아시아 민족이었고 다른 정도의 유창성으로 성조 언어를 구사하였다. '우연 수준'은 모든 문제에 대해 똑같은 응답을 했을 때의 점수로, 통상 '한 줄로 찍었을 때' 우연히 나올 점수를 표현한다. (Deutsch et al., 2009)

는 언어와 관련이 있다는 것을 보여주었다.

또 다른 반론을 제기하자면, 이러한 집단 간 점수 차이가 미국과 중국의 음악 교육 방식의 차이로부터 기인한 것이라고 생각할 수 있다. 우리는 이 가능성을 조사하기 위해 손턴 음대 학생들을 다시 조사했는데, 중국에서 초기 음악교육을 받고 만 9세 이후에 미국으로 온 학생들과 미국에서 출생했거나 만 9세 이전부터 미국 시스템의 음악 교육을 받았던 학생들을 비교하였다. 또한 베이징 중앙음악원의 학생들과 손턴 음대생의 '성조 언어가 유창한' 학생들과 비교했다. 놀랍게도 손턴 음대생들이 베이징 학생들보다 약간 높은 점수를 받았지만 통계적으로 유의미한 차이는 없는 것으로 판명되었다. (아마도 손턴 음대생들이 약간 높은 점수를 받은 건 서양 음계에 더 지속적으로 노출되었기 때문일 것이다.)

결론적으로, 모든 경우에서 성조와 비성조 언어 구사자들 사이에서 발견된 차이는 두 나라의 음악 교육 시스템의 차이 때문은 아니라는 것이다. 우리의 연구결과를 모두 종합해보면, 언어가 절대음감 발생률의 차이에 압도적인 역할을 한다는 것을 암시한다.

절대음감 습득의 '결정적 시기' 가설을 더욱 뒷받침하는 흥미로운 약리학 연구를 소개한다. 동물 연구에 의하면 발프로에이트, 또는 뇌전증 치료에 사용되는 약물인 발프로산이 뇌의 가소성을 회복시켜서 늦은 연령에도 결정적 시기를 다시 열어주는 것으로 나타났다. 하버드 대학교의 타코 헨쉬(Tako Hensch)가 이끈 국제 연구팀은 음악 훈련을 거의 받지 않았거나 전혀 받지 않은 젊은 남성들을 모집하여 음과 음이름을 연관 짓는 훈련을 실시하였다.[29] 발프로에이트를 복용한 집단은 플라시보를 복용한 대조군보다 음이름 맞히기를 더 잘 학습했다. 이 연구에서 발프로에이트를 복용한 참여자가 11명, 플라시보 군이 12명으로, 참여자 수는 적었지만 대규모 연구로 진행할 경우에도 같은 결과가 나온다면 매우 흥미로울 것이다.

그렇다면 성조 언어의 영향이 없는 상황에서 절대음감 형성에 영향을 미치는 요인은 무엇일까? 즉, 동일한 비성조 언어 구사자들 사이에서도 왜 누군가는 절대음감을 습득하고, 누군가는 형성되지 않는 걸까?

수많은 신경 해부학 연구들 또한 절대음감과 말 사이에 강한 상관관계가 있다는 것을 보여주고 있다. 이들 연구는 절대음감 소유자들이 음성 처리와 관련된, 특히 측두엽의 영역들을 포함하는 고유의 뇌 회로를 가지고 있다는 것을 밝혀 왔다. 이 연구는 대부분 (귀 위쪽 지점에 위치한) 측두엽 청각피질 뒤편에 위치한 '측두평면'을 주의 깊게 다룬다. 오른손잡이 대다수는 좌반구의 측두평면이 더 큰데, 이 영역은 말을 이해하는 데 중요한 역할을 하는 곳이다. 너무나 잘 알려진 MRI 연구에서, 하버드의 슐라우크(Gottfried Schlaug) 연구팀은 좌측으로 치우친 측두평면의 비대칭성이 절대음감을 소유한 음악가가 그렇지 않은 음악가에 비해 더 두드러진다는 것을 보여주었다.[30]

또 다른 신경해부학적 증거는 뇌의 다른 영역들의 뉴런들(신경세포)을 함께 연결하는 백질 신경로와 관련된다. 하버드의 프시케 루이(Psyche Loui)와 슐라우크 연구팀은 말소리를 처리하는 데 중요한 부분으로 알려진 좌측상측두회와 좌측내측두회를 연결하는 백질 신경로의 부피가 절대음감 소유자들이 그렇지 않은 사람들보다 더 크다는 것을 밝혔다.[31]

절대음감을 가진 사람들이 유독 말소리 처리에 특화된 뇌 회로를 가지고 있음을 보여주는 이들의 연구결과는 비성조 언어 구사자들의 일부가 절대음감을 습득할 수 있는 이유에 관한 단서를 제공한다. 아마도 그들은 '말'에 대해서 특별히 강한 기억력을 가지고 있어서, 어린 시절 음높이에 이름을 붙이는 능력의 발달을 촉진할 것으로 생각했다.

나는 케빈 둘리와 함께 이런 가설이 타당한지 조사하기 위해, 얼마나 긴 숫자 열을 올바른 순서로 기억하고 회상할 수 있는지를 측정하는 '숫자 폭 검사'를 사용했다. 우리는 영어를 구사하는 두 집단의 실험참가자를 모집하였는데, 한 집단은 절대음감 소유자였고, 다른 집단은 절대음감이 없는 사람들이었다. 그 외의 변수가 개입하지 않도록, 두 집단의 현재 나이 그리고 음악훈련을 시작한 연령과 훈련 기간에서 차이가 없도록 엄격하게 실험을 준비했다. 숫자 폭 검사는 다음과 같은 방식으로 진행되었다. 먼저 참가자에게 숫자를 연속으로 제시하고, 참가자는 제시되었던 순서를 거꾸로 말하면 된다. 첫 두 검사는 6개의 숫자를 제시하고, 다음 두 검사는 7개, 그다음은 8개 순서로 진행된다. 참가자의 점수는 적어도 한 번 이상 정답을 맞힌 숫자의 최대 개수로 채점되었다. 실험의 첫 부분에서는 숫자를 말소리로 들려주었고, 두 번째 부분에서는 아라비아 숫자 기호를 컴퓨터 모니터로 보여주었다.[32]

실험결과 〈그림 6.4〉에서 볼 수 있듯, 숫자를 말소리로 들려줬을 때, 절대음감 소유자들의 점수가 비절대음감에 비해 확연히 높았다. 반면 숫자를 시각적으로 제시했을 때는 때는 두 집단의 점수가 매우 유사했다. 이 결과는 절대음감이 특히 음성에 대한 넓은 기억력과 관련이 있다는 것을 시사한다. 가장 가능성 있는 설명은 뛰어난 음성 기억력을 가진 사람은 어린 시절 음높이와 언어적 음이름 사이의 연관성을 발달시킬 가능성이 크고, 이는 절대음감의 발달을 촉진한다는 것이다. 흥미롭게도 어떤 연구들은 기억하는 숫자 폭의 크기가 어느 정도는 유전적으로 결정된다는 것을 보여주었다. 그러므로 적어도 영어와 같은 비성조 언어 구사자들의 경우에는 말소리에 대한 기억의 폭이 큰 유전적 형질이

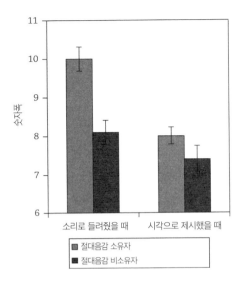

〈그림 6.4〉　　　절대음감 소유자와 비소유자의 청각적·시각적 숫자 폭 평균점수. 실험참여자들은 전원 영어를 모국어로 구사하는 사람들로 구성되었다. (Deutsch & Dooley, 2013)

절대음감의 발달에 영향을 미쳤을 것이다.

　　절대음감 소유자들이 거의 실수 없이 음이름을 맞힐 수 있긴 하지만, 그 정확도는 음의 특성에 따라 차이가 있다는 것을 아는가? 일반적으로 피아노의 흰 건반에 해당하는 음들(C, D, E, F, G, A, B)은 검은 건반 음들(C#/D♭, D#/E♭, F#/G♭, G#/A♭, A#/B♭)보다 더 정확도가 높다. 추측컨대, 이 '흰·검은 건반 효과'는 절대음감을 소유한 사람들 대부분이 처음 피아노를 시작했을 때 흰 건반만을 사용했고, 검은 건반은 점차 수준이 높아지면서 경험하게 되기 때문일 것으로 추측해볼 수 있다. 특히 일본 니가타 대학교의 겐이치 미야자키는 흰 건반에서 높은 정답률을 보이는 것은 어린 시절의 피아노 연습에서 기인한다고 주장했다.[33] 그런데 만약 이 가설이 옳다면 다른 악기 연주자들보다 피아니스트들 사이에서 이러한 현상이 더 두드러져야 할 것이다.

나는 동료인 샤오누오 리, 징 셴과 함께 이 가설을 검토해보기 위해 상하이 음악원 학생들을 대상으로 대규모 연구를 진행했다.[34] 우리는 두 집단을 비교했는데, 첫 번째 그룹은 항상 피아노가 주 악기였던 피아니스트들, 두 번째 그룹은 주 악기가 항상 오케스트라 악기였던 오케스트라 연주자들로 구성했다. 두 집단 모두 '흰·검은 건반 효과'가 있었지만, 흥미롭게도 이러한 경향성은 피아니스트들보다 오케스트라 연주자들에게서 조금 더 두드러졌다. 이러한 결과는 흰 건반의 유리함이 어린 시절의 피아노 훈련 때문일 수는 없다는 것을 보였다.

존스홉킨스대학교의 애니 다케우치(Annie Takeuchi)와 스튜어트 헐스 (Stewart Hulse)는 이 효과를 다르게 설명했는데, 오랜 기간에 걸쳐 가장 빈번하게 들었던 음에 대해서는 절대음감 정답률이 높았을 것이고, 서양 조성음악에서 흰 건반의 음들이 검은 건반보다 더 빈번하게 등장하기 때문이라는 것이다.[35] 이러한 해석은 흰·검은 건반 효과의 원인을 설명할 수 있고, 더 나아가 절대음감의 정확도가 조성음악 레퍼토리에서 등장하는 음들의 빈도수로부터 생각보다 더 미세한 영향을 받는다는 점을 시사한다.

이러한 견해를 염두에 두고, 우리는 상하이 음악원 학생들의 응답 결과를 다시 분석하였다. 먼저, 각 음고류(C, C#, D,…) 별로 절대음감의 정확도를 산출했다. 그러고 나서 발로우(Barlow)와 모르겐슈테른(Morgenstern)의 『음악 주제 사전』에 등장하는 각 음고류별 빈도수를 찾아서, 절대음감 정확도 패턴과의 상관관계를 분석했다. (이 책은 150명 이상의 고전음악 작곡가들의 작품에 등장하는 9,825개의 음악 주제를 편찬해놓은 사전이다.[36]) 〈그림 6.5〉의 그래프는 아주 흥미로운 분석 결과를 보여주는데, 레퍼토리에 등장하는 음고류의 빈도수가 클수록 절대음감 정확도가 컸다. 가령 D음은 등장 횟수가 가장 많았고, 절대음감 정확도도 가장 높은 반면, G#은 가장 적게 등장했고, 절대음감 테스트에서의 정확도도 가장 낮았다. 따라서 절대음감은 음고류 별로 어느 정도는 독립적으로 습득되고 유지되는 것으

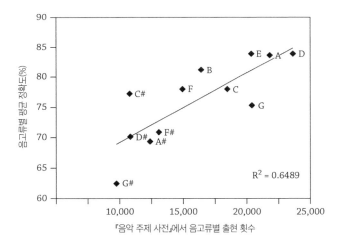

〈그림 6.5〉 각 음고류별로 출현 빈도수와 절대음감 정확도 사이에 상관관계가 있음을 알 수 있다. 상하이 음악원 학생들을 대상으로 진행한 절대음감 테스트에서의 음고류별 평균 정확도(%)와 바로우와 모르겐슈테른의 『음악 주제 사전』(2008)에서 음고류별 출현 횟수를 근거로 산출되었다. (Deutsch et al., 2013)

로 보인다.

절대음감은 음역에 따라서도 그 정확도가 달라진다. 일반적으로 음악에서 사용되는 음들의 중간 음역의 음들(대략 A4(440Hz)을 중심으로 2옥타브 이내)이 가장 정확하게 인지되는 경향이 있고, 이 음역으로부터 위아래로 멀어질수록 정확도는 떨어지게 된다. 아마도 이러한 경향성도 음악에서 자주 쓰이는 음역의 음을 높은 빈도로 경험하기 때문일 수 있으나, 지금까지 이에 관해 정식으로 조사된 바는 없다.

음색이나 음질은 절대음감 소유자들의 음고 식별에 얼마나 영향을 미칠까? 몇몇 사람들은 자동차 경적이 F#을 내든 진공청소기가 B♭을 내든 상관없이 음이름을 정확히 댈 수 있다. 또 어떤 사람들은 익숙한 악기의 소리는 정확하게 식별하는 반면 목소리나 전자음 같은 다른 음색의 음고 식별력은 부정확해지기도 한다. 한 연구에서 절대음감 소유자들에게 피아노, 비올라, 그리고 사인파 음색으로 음을 제시하고 음이름을 맞히도록 하였다. 그 결과, 피아노 음에서 가장 높은 점수를 보였고, 그다음은 비올라였으며, 사인파가 가장 낮은 점수를 보였다.[37]

또 다른 연구에서는 다양한 악기로 연주한 음을 녹음한 뒤, 그중 몇몇 파형의 앞부분을 잘라내는 방식으로 낯선 음색을 만들었다. 실험참여자들은 이렇게 앞부분이 잘린 음을 들었을 때는 음이름을 잘 식별하지 못했다. 이 연구결과는 음이름 식별 과정에서 단지 주파수 성분만이 영향을 미치는 것이 아니라, 음색을 결정하는 종합적인 요소들이 절대음감의 음고 판단에 중요한 영향을 미친다는 것을 시사한다.[38] 즉, 절대음감에 관여하는 신경회로가 어린 시절에 형성되기는 하지만, 음이름을 지각하는 능력은 음색의 영향도 받는다.

　음악적 맥락은 절대음감 소유자가 음을 지각하는 데 어떠한 영향을 미칠까? 시카고 대학의 스티븐 헷저(Steven Hedger) 연구팀은 절대음감 소유자들에게 브람스 교향곡 제1번 C단조를 흥미로운 방식으로 들려주었는데, 레코딩의 처음 15분의 음정을 아주 조금씩 낮아지게 만들어서 마지막에는 3분의 1 반음이 낮아지도록 하였다. 교향곡의 이후 남은 부분은 낮아진 튜닝이 유지되도록 재생했다. (이 정도의 음정 차이는 아주 미묘한 차이라고 할 수 있는데, 콘서트 A 피치를 440Hz로 튜닝한 상태에서 시작해 431.5Hz로 떨어진 것이라고 생각하면 된다. (참고로 A는 440Hz, 반음 아래인 Ab은 415Hz) 직접 비교하자면 큰 차이겠으나 15분에 걸쳐 천천히 낮췄다면, 대부분의 사람들은 변화를 감지하기 쉽지 않았을 것이다.) 교향곡을 듣기 전과 후에 절대음감 참가자들에게 바이올린 음을 들려주고 음이름을 맞히도록 했고, 음이 다소 높거나 낮은지, 맞게 조율된 음인지도 함께 답하도록 하였다. 튜닝이 틀어진 교향곡을 듣기 전, 참가자들의 응답은 음의 실제 튜닝을 반영하였다. 하지만 튜닝이 틀어진 음악을 들은 후에는 판단이 바뀌어, 낮은 음을 맞게 조율되었다고 응답하는 횟수가 증가하였고, 맞게 조율된 음들은 높다고 평한 횟수가 증가하였다. 음이름은 여전히 정확하게 답했지만 직전에 들은 음악적 맥락에 의해 튜닝에 대한 판단은 바뀌었던 것이다.[39]

　헷저와 동료들의 실험은 절대음감 소유자들이 앞서 들은 음들의 맥락에 의해 '음조 오작동'이 유도될 수 있다는 것을 보여준 첫 연구였다. 하지만 실험참가자들은 여전히 음이름은 올바르게 답하였고, 음이름을 식별하는 능력으로 정의되는 절대음감은 제 기능을 하였다.

그렇지만 최근 연구에서 우리는 절대음감 소유자들이 맥락에 의해 음이름을 대는 것에도 특정한 오류가 유도될 수 있다는 것을 보였다. 절대음감을 가진 실험참가자들은 두 개의 테스트 음을 듣게 되는데, 그 사이에는 6개의 연속된 음이 삽입되었다. 처음과 마지막에 제시되는 테스트 음들은 음고가 동일하거나 반음 차이가 나도록 설정되었다. 참가자들에게 주어진 미션은 첫 테스트 음을 듣고, 중간 음들은 무시하고, 마지막 테스트 음에 집중하여 그 두 음의 이름을 쓰는 것이었다. 물론 음을 듣는 중에는 적을 수 없고, 전체를 듣고 난 뒤 외워서 적게 하였다.

여기서 중요한 장치는, 테스트 음들의 음높이가 다른 조건에서는 마지막 테스트 음과 동일한 음이 중간 음들 중에 포함되도록 하였다. 가령 첫 테스트 음이 D이고 두 번째 테스트 음이 D#이었다면, D#이 중간 음들에 포함되는 것이다. 흥미롭게도 이러한 조건에서는 첫 테스트 음을 두 번째 테스트 음과 동일한 음높이로 인지하는 경향이 증가하는 것을 보였다. 이들 모두가 절대음감 소유자들이었음에도 말이다. 이 연구는 절대음감 소유자들이 청취하는 음의 맥락에 영향을 받아 음이름 오류를 범할 수 있다는 것을 보여주었다.[40]

절대음감은 음악적 능력과 어떤 연관이 있을까? 이는 오랜 시간 뜨거운 논쟁거리였다. 어떤 사람들은 절대음감이 뛰어난 음악적 능력을 반영하는 능력이라고 주장하는 반면, 다른 사람들은 반대의 견해를 주장했다. 심지어 일부는 음악을 하는 데 불편한 능력이라고까지 주장하기도 했다. 역사적으로 수많은 거장이 절대음감을 가지고 있다는 점을 감안한다면 두 번째 견해는 분명히 무시될 수 있다. 아울러 절대음감이 뛰어난 음악가로서의 필수조건이 아니라는 것도 분명한데, 스트라빈스키와 같은 위대한 음악가들은 절대음감을 갖고 있지 않았기 때문이다. 사실 예외적인 경우는 차치하고라도 '음악적 능력'이라는 용어부터가 엄격하게 정의되지 않은 채 느슨하게 사용되며, 실제로는 반드시 서로 상관성이 있지는 않은 능력들의 복합체다. 이런 이유로 몇몇 연구들은 절대음감과 다른 음악적 수행능력과의 상관성을 살펴보는 연구를 진행해왔다.

청음 능력이 절대음감 소유자에게 유리한지를 보기 위해, 캐빈과 나는 손턴 음대의 입시문제를 본떠 만든 청음 테스트를 절대음감 소유자와 비소유자를 대상으로 시행하였다. 이외의 변수가 개입하지 않도록 이 두 집단의 현재 나이와 음악교육 시작 시기, 총 음악훈련 시간은 비슷하게 맞추었다. 그들에게 세 개의 짧은 음악 패시지를 받아 적도록 하였다. 물론 비절대음감 집단에게 불리하지 않도록 패시지별로 시작 음을 알려주었다. 채점 결과, 청음 과제는 절대음감 소유자에게 명백하게 유리했다는 것을 보여주었다. 즉 절대음감 테스트에서 좋은 점수를 얻을수록 청음 시험에서도 좋은 점수를 얻었다.[41]

추가 실험에서는 위와 같은 두 집단에게 1~12반음 간격의 선율 음정 간격을 제시하고, 음정의 이름을 답하도록 하였다. 절대음감 소유자들은 이 과제를 매우 잘 수행하였고, 비절대음감 집단을 상당한 수준으로 능가하였다.[42] 이 실험은 절대음감이 다른 음악적 이점과 상관성이 있음을 보여주었다.

～

　종종 절대음감 소유자들은 나이를 먹으면서 음이름 식별 능력이 점차 쇠퇴하는 것을 경험하곤 한다. 이러한 경향성은 40~50세 즈음 시작되고, 보통 매우 당혹스러워한다. 젊었을 때보다 음이 조금 높거나 조금 낮게 들리게 되는 것인데, 예를 들어 피아노의 C음을 누르면 B나 C# 음으로 들리는 것이다. 이러한 지각 수준에서의 음고 이동 현상은 내이(內耳) 조직의 변화와 관련이 있는데, 이는 노화 과정에 따른 불가피한 변화이다.

　영국 심리학자 필립 버논(Philip Vernon)은 음고 이동에 관한 자신의 경험에 관해 상세히 묘사했다. 52세가 되었을 때 그는 젊었을 때보다 반음 높은 조(key)로 인식하는 경향이 있음을 알아차렸다.

　　상당히 당황스러웠습니다. 왜냐하면 저는 특정 조마다 특정한 기분을 연관시키는 일종의 공감각을 갖고 있었기 때문이죠. 저에게 C장조는 힘있고 씩씩한 느낌이라면, C#장조는 더 음탕하고 연약한 느낌입니다. 이 때문에 유명한 C장조 작품인 바그너의 〈뉘른베르크의 명가수〉의 서곡이 C#장조로 연주되는 것으로 들렸을 때, 듣기가 괴로웠던 적이 있습니다. 그래서 저는 교회나 합창단에서 노래를 부르거나 연주회에서 음악을 들을 때, 항상 습관적으로 조옮김을 했습니다. 즉 제 귀에 C#이나 D로 들리면 실제 음이 각각 C와 C#일 것이라 추론하는 방식이었죠. 이제 71세가 되니 음이 더 높아졌습니다. 최근에는 온음(2반음) 높은 음이나 조로 들리기 시작해서, 바그너의 C장조 서곡이 이젠 분명한 D장조로 연주된답니다![43]

위대한 피아니스트 중 한 명인 스비아토슬라프 리히터(Sviatoslav Richter)에게 절대음감은 그가 듣고 연주하는 음악에 있어서도 필수요소였다. 그는 만년에 자신의 절대음감이 변했다는 것을 알고는 충격에 빠졌다.

저는 절대음감을 가지고 있었고, 어떤 음악이든 듣고 연주할 수 있었습니다. 하지만 제 청력은 점차 나빠지고 있습니다. 요즘 제게는 조가 뒤죽박죽이고, 실제 음보다 온음 높게 듣거나 때로는 두 온음 높게 듣습니다. 예외적으로 베이스 음은 원래보다 더 낮게 들립니다. 마치 뇌가 흐물흐물 해져서 제 귀와 청각 시스템이 조율이 안 된 것 같습니다. 저 이전에도 노이하우스와 프로코피에프도 비슷한 증상으로 괴로워했다고 합니다. 프로코피에프의 경우에는 말년에 모든 음을 3온음까지 더 높게 들었다고 합니다. 이는 고문 그 자체입니다….[44]

절대음감의 기준음이 변하는 현상은 다양한 약물에서 기인할 수도 있다. 예를 들어 테그레톨(Tegretol)이라는 이름으로 알려진 약의 카르바마제핀 성분은 뇌전증과 다른 장애 치료에 널리 사용하는데, 이 약물을 먹으면 일시적으로 음이 반음가량 낮게 들린다. 이를 자세히 연구한 실험에서 피아니스트에게 카르바마제핀을 복용하게 한 뒤, 피아노 음을 들려주자 놀랍게도 평균적으로 반음 정도 낮게 음정을 지각하였다. 6개의 옥타브 범위에 걸쳐 테스트가 진행되었는데, 높은 음역의 소리일수록 음고 이동의 정도가 더 커지는 것으로 나타났다.[45]

서양 문화권에서는 절대음감 발생률이 매우 낮지만 특정 사람들에게서는 상당히 높게 나타난다. 특히 절대음감은 시각장애 음악가에게서 발생률이 높은데, 선천적 장애이든 어렸을 때 발생한 사고로 시각을 잃어버렸든 모두에게 해당된다. 절대음감을 가진 유명한 시각장애 음악가 중에는 스티비 원더, 레이 찰스, 재즈 피아니스트 아트 테이텀이 있다. 한 연구에 의하면 어린 시기부터 시각장애를 가졌던 음악가의 57퍼센트가 절대음감을 소유한 것으로 밝혀졌고, 심지어 그들 중 일부는 결정적 시기 이후에 피아노 교습을 받기 시작했음에도 절대음감을 소유했다.[46]

시각장애인들은 일반적으로 음악적 숙련도가 높으며, 다른 청각 관련 수행능력이 시각장애가 없는 사람들보다 우월하다. 가령 시각장애인들은 소리의 위치 판단, 음높이 변화의 방향 판단, 소음 속에서 음성을 구별하는 능력이 더 뛰어나다. 시각장애인들의 경우 시각 처리와 관련된 뇌의 영역을 청각 관련 과제를 수행할 때 사용한다는 연구결과가 있다.[47] 심지어 어린 시절이 지난 후에 시각장애가 된 사람들에서도 시각 처리를 주로 담당하는 후두피질이 소리에 반응하여 활성화되는데, 이러한 신경 재조직화가 시각장애인들이 소리를 판단하는 데 더 뛰어난 수행을 하도록 하는 것으로 여겨진다. 흥미롭게도 절대음감을 가진 정상 시각의 사람들은 좌측 측두평면이 비대칭적으로 크지만, 절대음감을 가진 시각장애인은 꼭 그렇지만은 않았다.[46]

절대음감은 자폐증을 가진 사람들에게 더 빈번하게 나타나는 것으로 보이는데, 자폐증은 지적 추리력과 의사소통 능력의 결핍이 특징이다. 이들은 종종 특정한 분야에서 탁월한 능력을 가지기도 하는데, 이러한 예외적인 사람들(savants)의 천재적인 재능은 종종 음악 분야에 나타난다. 절대음감을 가질 뿐만 아니라, 타고난 작곡가, 연주자, 즉흥연주자이기도 하다. 음악적 서번트들은 종종 음높이에 초점을 두고 주변 환경을 평가한다. 예를 들어 자폐증이 있는 어떤 사람은 파리를 여행할 때 지하철 문이 열릴 때 나오는 안내음의 음높이가 런던 지하철에서 사용되는 것과 달라서 괴로웠다고 한다.[48]

일반적인 절대음감 소유자들이 좌측 측두평면이 비대칭적으로 크다는 것과는 대조적으로, 자폐증인 사람들은 오히려 해당 부위의 부피가 유의미하게 작았다.[49]

정리하면 절대음감과 음성언어 사이에는 강한 상관성이 존재한다. 절대음감은 영어와 같은 비성조 언어 구사자보다 성조 언어 구사자들에게서 더욱 높게 발현된다. 또한 이 능력의 습득을 위한 분명한 결정적 시기가 존재하며, 이는 언어 습득을 위한 결정적 시기와 일치한다. 절대음감 소유자들은 단어의 단기 기억과 연관된 과제에서도 절대음감이 없는 사람들보다 높은 수행능력을 보인다. 게다가 언어에서 중요한 몇몇 뇌 영역은 절대음감과도 관련되어 있다. 절대음감 능력의 다른 특징들도 이 장에서 검토되었지만, 음성언어와의 관련성은 특히 중요하다.

다음 장에서는 말의 소리 패턴에 초점을 맞춰서 우리의 지식과 기대가 소리 지각과정에 미치는 영향을 탐구해볼 예정이며, 특히 그 과정에서 발생하는 왜곡과 착각을 다룰 예정이다.

유령어*

지식, 신념, 예측이 만들어내는 언어의 착청

7
chapter

2008년 10월, 볼리바르 뉴스(Bolivar Herald-Free Press)는 다음과 같은 기사를 실었다.

> 오와소 마을의 개리 로프카 씨는 "이슬람은 빛이다(Islam is the light)"라고 말하는 아기 인형이 동네 가게 선반에 있다는 말을 듣곤 믿을 수가 없었다.
>
> 그는 직접 확인하기 위해 그 인형을 샀고, "엄마(Mama)"를 포함해서 웅얼거리는 아기의 말소리와 함께 "이슬람은 빛이다"라는 말을 듣곤 충격을 받았다.

---

* '유령어'라는 개념을 쉽게 설명하기 위해 우리에게 익숙한 예를 들면, 〈라이온 킹〉의 주제곡을 "아~~ 그랬냐~~ 발발이 치와와…"로 듣는 것이나, TV 프로그램 〈놀라운 토요일〉에서처럼 노랫소리만 들려주었는데 사람들 각각이 각기 다른 가사로 듣는 것 등을 들 수 있다.

한 살배기 손녀를 둔 그는, "누군가가 순진한 장난감으로 우리 아이들에게 사상을 주입하려 했다는 데 너무도 화가 났다"고 말했다.[1]

기사에서 언급된 인형은 지난 몇 년에 걸쳐 사람들에게 충격을 준 여러 말하는 장난감 인형 중 하나였을 뿐이다. 또 다른 인형으로 팅키 윙키(Tinky Winky)가 있는데, 그 인형의 말은 너무 충격적이어서 소비자들이 소송을 하겠다고 항의까지 하였다. 2008년 4월에 오션사이드 APB 뉴스는 이렇게 보도했다.

실업한 회사원인 테일러 씨는 몇 주 전 딸의 두 번째 생일 선물로 '말하는 팅키 윙키 인형'을 구매한 사연을 APB뉴스에 제보했습니다. … 테일러가 팅키 윙키의 왼손을 잡아당겨 말을 하게 하자, 그 인형이 테일러에게 충격적인 말을 내뱉었다고 했습니다. "인형은 '나는 총을 갖고 있어, 나는 총을 갖고 있어, 도망가, 도망가(I got a gun, I got a gun, run away, run away)'라고 했고, 난 심장이 떨어지는 줄 알았어요."[2]

문제가 된 인형의 제조사 마텔·피셔 프라이스의 답변에 따르면, 오와소 동네 상점에서 파는 베이비 커들 앤 쿠(Baby Cuddle & Coo) 인형은 '엄마(Mama)'라는 단어 하나로 속삭이고, 킥킥거리고, 옹알거리는 소리를 내는 것이 특징이라고 했다. 그럼에도 불구하고 이 소리는 부모들을 불안하게 만들었고, 이에 '마텔에게 책임을 묻는 엄마들(Moms Asking Mattel for Accountability)'이라는 뜻의 '마마(MAMA)'라는 이름의 시위 단체를 결성해서 그 인형을 상점에서 없애야 한다고 요구했다. 두 번째 말하는 인형 '팅키 윙키'는 텔레토비 티비 쇼에서 등장하는 캐릭터로, 제조사인 이치비치 엔터테인먼트사에 의하면 그 인형은 TV쇼에서 사용된 오디오의 한 부분에서 가져온 '어게인, 어게인(Again, again)'이라고 말하는 것이라고 했다.

이러한 사건은 심오한 진실을 반영한다. 말을 들을 때 우리가 듣는 단어와 구는 우리에게 도달하는 소리뿐 아니라 우리의 지식, 신념, 예측에 의해서도 강하게 영향받는다. 이러한 사실이 누군가에게는 놀랍게 들릴 수도 있다. 왜냐하면 보통은 말을 이해하는 과정을 자동적이고 단순한 과정으로 여기기 때문이다. 우리의 주관적 경험으로 단순하게 생각해보면, 음성 신호는 귀에서 뇌로, 그다지 복잡하지 않은 과정을 거쳐 곧바로 전달된다고 생각할 수 있다. 또한 그 과정에서 거치게 되는 단계들은, 소리를 작은 요소들로 나뉘었다가 다시 원래의 메시지가 올바로 지각되기 위해 재조립되는 정도로 가볍게 생각해볼 수 있다. 하지만 반세기 동안 기술자들은 인간처럼 대화를 이해할 수 있는 컴퓨터 소프트웨어를 개발하기 위해 고군분투했고, 물론 상당한 진보를 이루었으나 아직 이 목표를 달성하지는 못했다.[*]

또 다른 복잡한 문제로, 동일한 문장의 말소리를 여러 사람들의 다양한 목소리나 발화 패턴으로 발음한 경우에도 우리는 같은 의미의 문장

---

[*] 영문판 원서가 출판된 시점은 2019년이었다. 번역서의 출간을 앞둔 2022년 말, 'ChatGPT'라는 OpenAI의 GPT-3.5의 등장은 이 문장을 그대로 두고 출판해야 하는지 깊은 고민을 하게 했다._옮긴이

으로 이해할 수 있다. 다양한 억양의 사투리로 말하더라도, 심지어 한 사람이 다른 감정 상태를 담아 말하더라도 그 말소리의 의미를 같은 것으로 인식할 수 있다. 이런 다양한 말소리가 동일한 정보를 의미한다는 것을 뇌가 어떻게 인식할 수 있는지는 불명확하다. 게다가 말은 종종 다른 여러 소음과 함께 들리기 때문에 지각적으로 분리해낼 필요가 있다. 여기서 더 복잡한 것은 말소리를 녹음한 음원의 스펙트럼[3]은 어떤 방에서 녹음이 되었는지에 따라 매우 다른 잔향의 영향을 받을 수 있고, 심지어는 같은 방 안에서 발화자의 위치에 따라서도 다를 수 있다. 우리 뇌가 이렇게 다양한 요인으로 인해 소리가 변형이 되어도 같은 소리라고 판단하게 되는 원리는 아직 명확하게 밝혀지지 않았다.

이렇듯 우리가 어떻게 일상적인 대화를 효율적이고 간단하게 이해할 수 있는지는 여전히 수수께끼이다. 그러나 우리가 컴퓨터보다 유리한 점(그리고 아마도 앞으로도 유리할 점)은 우리는 일생에 걸친 경험들과 그 경험에서 기인한 예측을 토대로, 들리는 것과 연관된 직관적인 추측을 한다는 것이다. 하지만, 동시에 이 추측 과정은 실제로는 말하고 있지 않은 유령 단어와 구를 '지각'할 수 있게 만든다.

이렇게 잘못 듣게 되는 사례들은 많다. 한 예로, '몬더그린(Mondegreens)'이 있다. 몬더그린이란, 들리는 소리는 원래의 소리와 매우 유사하지만 한 어구가 전혀 다르게 해석되는 현상을 말하는데, 존 캐럴(John Carroll)의 칼럼 〈샌프란시스코 크로니클〉에 의해 대중에게 알려졌다. '몬더그린'이라는 용어는 작가 실비아 라이트(Sylvia Wright)가 만든 것으로, 그는 어린 시절 스코틀랜드의 발라드 〈머레이의 잘생긴 백작(The Bonny Earl of

Murray)〉을 들을 때 한 시구가 다음과 같다고 생각했다고 한다.

> Ye Highlands and ye Lowlands (예, 하이랜드 그리고 예 로우랜드)
>
> Oh where hae you been? (오, 어디 갔다 왔느냐?)
>
> They hae slay the Earl of Murray (그들은 머레이 백작을 죽였네)
>
> And Lady Mondegreen. (그리고 몬더그린 부인도!)

마지막 행은 사실 'And laid him on the green(그리고 그를 풀밭에 뉘였네)'이다. 빠르게 이어서 발음해보면 여러분도 실비아의 착각을 이해할 것이다.

캐럴은 수년에 걸쳐 독자들로부터 몬더그린들을 수집했는데, 가장 많았던 제보들을 소개하자면 다음과 같다. "Gladly, the cross-eyed bear(기쁘게, 눈이 교차된 곰)"으로 이는 찬송가 "Gladly The Cross I'd Bear(기쁘게 십자가를 건디리라)"에 나오는 구절이다. 또 다른 것으로는 "There's a bathroom on the right(오른쪽에 욕실이 있다)"로, 이는 〈Bad Moon Rising(불길한 달의 떠오름)〉이라는 노래 가사 중 "There's a bad moon on the rise(불길한 달이 떠오르고 있다)"를 잘못 들은 것이다. "Excuse me while I kiss this guy(실례지만 이 남자와 키스 좀 할게요)"는 실제 가사는 지미 헨드릭스의 〈Purple Haze(보랏빛 연기)〉의 "'scuse me while I kiss the sky(실례지만 하늘에 키스 좀 할게요)"이고, "Surely Good Mrs. Murphy shall follow me all the days of my life(정말 좋은 머피 부인은 내 평생 나를 따를 거야)"는 시편 23편의 "Surely goodness and mercy shall follow me all the days of my life(진

실로 선함과 자비하심이 내 평생 나를 따를진대)"이다. 밥 딜런의 〈Blowin' in the Wind(바람에 날려)〉에 나오는 "the answer my friends, is blown' in the wind(친구여, 그 대답은 바람 속에 있다네)"는 "the ants are my friends, they're blowing in the wind(개미들은 내 친구이고, 그것들이 바람에 날리고 있다)"로 들리며, 〈Strawberry Fields(스트로베리 필즈)〉의 사라지듯 줄어드는 부분에서 존 레넌의 "I am very bored(너무 지루해)"라고 말하는 부분은 "I bury Paul(나는 폴을 묻는다)"로 들린다.[4]

제2차 세계대전 중 영국 정부는 미술사학자 에른스트 곰브리치(Ernst Gombrich)를 '모니터링 서비스' 감독으로 임명하여 친구와 적의 무선 송신을 감시하도록 하였다. 당시의 기술을 고려했을 때, 일부 전송은 거의 들리지 않았을 것이기 때문에 도청된 소리로부터 메시지를 유추하는 일은 어려웠을 것이다. 곰브리치는 "청각에 대한 공리, 사색, 그리고 힌트"라는 제목의 내부 메모에서 이러한 도청된 소리의 해석에는 듣는 이의 지식과 예상이 강한 영향을 미친다는 주장을 했다. 그의 기록에 의하면, 'Send reinforcements, am going to advance(증원군을 보내라. 전진하겠다)'라는 긴급한 메시지를 어떤 신호원이 엉뚱하게 들은 내용은 다음과 같았다고 한다. 'Send three and four pence, am going to a dance(3, 4펜스를 보내라. 춤추러 간다)'[5]

우리는 일상에서 영화를 볼 때, 매우 빈번하게 무의식적 추론을 사용한다. 영화의 사운드 디자이너들의 작업 방식은 정말 놀라운데, 이들은 일반적으로 사운드트랙을 따로 제작하고 녹화된 영상과 타이밍(싱크)을 맞추는 방식으로 무의식적 추론 효과를 만들어낸다. 가령 뼈를 부러

뜨리는 효과음은, 샐러리 줄기를 비틀고 부러뜨리는 것을 녹음하여 더욱 그럴듯한 소리를 만들어 낼 수 있다. 불이 타오르며 탁탁 소리를 내는 듯한 소리는 감자칩의 비닐 포장을 천천히 압축하는 것을 녹음하여 실감 나게 만들 수 있다. 영화 〈레이더스: 잃어버린 성궤를 찾아서〉의 오디오를 제작한 최고의 사운드 디자이너 벤 버트(Ben Burtt)는 '영혼의 샘'에서 뱀이 스르륵 미끄러지듯 움직이는 효과음을 작업한 이야기를 소개한다.

> '영혼의 샘'으로 들어가는 수많은 것들 중 가장 대표적인 것은 뱀이었습니다. 처음에는 실제 뱀들을 녹음했지만, 막상 뱀이 움직일 때는 소리를 거의 내지 않더군요. 영화에서 뱀들이 이리저리 서로 뒤엉켜 미끄러지며 움직이는 부분을 위한 소리를 어떻게 만드는 게 좋을지 고민하다가, 운 좋게도 치즈 캐서롤(cheese casserole)을 사용하게 되었어요. (한국은 캐서롤이 낯설 테니 아주 꾸덕꾸덕한 맥앤치즈의 질감을 떠올려도 좋겠다_옮긴이) 자, 제 아내가 만든 치즈 캐서롤이 접시에 있고 손가락으로 그것을 훑었다고 생각해보세요. 치즈로 꾸덕하면서 흐물흐물한 소리가 상상되시나요? 그 소리를 녹음하고 여러 트랙으로 겹겹이 쌓아, 방 주위를 돌아다니는 미끌미끌한 뱀들의 소리를 멋지게 만들 수 있었습니다.[6]

몇 년 전 나는 짧은 시간으로도 수많은 '유령 단어'와 구를 만드는 방법을 발견했다.[7] 여러분들도 QR코드를 통해 직접 소리를 들어보면 흥미로울 것이다. 스피커 두 대를 각각 왼쪽 앞과 오른쪽 앞에 배치하고,

두 단어 또는 두 음절의 한 단어로 시퀀스를 만들어 계속 반복하여 들려준다. 반복되는 시퀀스는 두 스피커 모두에서 동일하게 제시되지만, 첫 소리(단어 혹은 음절)가 왼쪽 스피커에서 재생될 때, 두 번째 소리는 오른쪽 스피커에서 동시에 나오도록 하고, 두 번째 소리가 왼쪽 스피커에서 나올 때는 오른쪽 스피커에서는 첫 번째 소리가 동시에 나오도록 한 음절 정도의 시차를 두고 제시한다. 이렇게 하면, 귀에 소리가 도달하기 전, 사운드 신호들이 공중에서 혼합이 되기 때문에 마음속에 선택된 여러 소리의 조합을 만들 수 있는 일종의 팔레트가 제공되는 것이다.

'유령어' 시퀀스를 들으면 처음엔 뒤섞인 무의미한 소리들을 듣지만 곧 뚜렷한 단어와 구가 들린다. 종종 오른쪽 스피커에서 나오는 것과 왼쪽 스피커에서 나오는 소리가 다른 것처럼 느껴진다. 조금 더 듣고 있으면 새로운 단어와 구가 들린다. 가끔은 제3의 단어와 구의 흐름이 스피커 사이의 어떤 지점에서 들리는

유령어

것처럼 느껴지기도 한다. 의미 없는 단어나 타악기 소리, 여타 악기 소리와 같은 음악적인(종종 리드미컬한) 소리는 때론 뜻이 있는 단어와 함께 혼합된 것처럼 나타나기도 한다. 사람들은 종종 낯선 억양이나 '외국인 악센트'로 발음된 단어와 구를 듣기도 한다. 결과적으로는 단어들이 왜곡되었지만, 아마도 소리를 듣는 사람 자신에게 의미 있는 단어와 구로 지각적으로 조직화된 것 같다.

여러분이 QR코드를 통해 유령 단어를 들어보았을 때는 어떤 단어들

을 들었는지 적어보길 바란다. 내가 샌디에이고 캘리포니아대학교에서 강의하던 수업에서 'nowhere'를 들려주었을 때, 학생들이 들린다고 했던 단어들은 다음과 같다.

> window, welcome, love me, run away, no brain, rainbow, raincoat, bueno, nombre, when oh when, mango, window pane, Broadway, Reno, melting, Rogaine

숀 칼슨(Shawn Carlson)은 나의 연구실에 방문해서 두 스피커 사이에서 교대로 'high'와 'low'가 들릴 때 경험했던 것을 《사이언티픽 아메리칸》에 기고한 "소리로 뇌를 나누다(Dissecting the Brain)"라는 글에서 생생하게 묘사했다.

> 결과 자체로 보면 말처럼 들리는 사운드 패턴이지만, 그 단어들은 인지되기 힘들다. 이 이상한 혼돈의 소리(cacophony)를 들은 지 몇 초가 지나지 않아 뚜렷한 단어와 구가 들리기 시작하면서 나의 뇌는 혼돈 위로 변화된 질서를 부여하기 시작했다. 처음엔 "blank, blank, blank"라고 들렸다가, 그다음엔 "time, time, time", 그 후엔 "no time", "long pine", 그리고 "any time"이 들렸다. 그러고 나서 한 남자의 목소리가 오른쪽 스피커에서만 흘러나오기 시작했는데, 독특한 호주 악센트로, "Take me, take me, take me!(나를 데려가)"라고 말을 하고 있었다.[8]

만약 영어가 제2언어라면, 같은 소리를 듣고도 자신의 모국어로 어떤 단어나 구가 들릴지도 모른다. 우리 학교의 학생들은 사용하는 모국어가 매우 다양해서 나의 수업을 듣는 학생들은 이 음원을 들을 때 스페인어, 북경어, 광둥어, 한국어, 일본어, 베트남어, 필리핀어, 프랑스어, 독일어, 이탈리아어, 히브리어, 러시아어로 된 단어와 구를 들었다고 했다.

이 음원은 분명 영어 단어를 녹음하여 만들어지긴 했으나, 그러한 '외국어'로 된 단어가 트랙에 삽입되었다고 느끼는 것은 드문 일이 아니다. 심지어는 외국어가 삽입되지 않았다고 말을 해도, 외국어가 삽입되었다고 느낀 자신의 생각을 완강하게 믿기도 한다. 한번은 대형 강의에서 유령어 음원 중 하나를 들려주었는데, 그때 한 독일의 교환학생이 손을 들곤 다음과 같이 말했다.

"선생님께서 음원에 'genug(게누크)'를 삽입하셨네요." (genug는 독일어로 '충분한'이라는 의미이다.)

"그렇지 않아요. 이 음원은 한 단어가 계속 반복된 거예요." 내가 대답했다. 그러자 학생이 주장했다.

"아뇨 분명히 'genug'가 삽입되었어요. 왜냐하면 전 똑똑하게 들었거든요."

"아니에요. 그렇지 않아요."

"아니에요. 분명히 있었어요."

논쟁이 한동안 계속되었고, 결국 시간이 부족해져서 다른 주제로 넘어갈 수밖에 없었는데, 강의가 끝나자 그 학생이 와서는 "선생님께서 그 트랙에 'genug'를 삽입했다는 걸 전 알아요"라고 말하곤 돌아서서 가버렸다.

　로르샤흐 검사[9]에서처럼 사람들은 종종 자신의 마음에 있는 것을 반영하는 단어와 구를 듣게 되는 것 같고, 내 생각에는 청자의 현재 상황이 더 강하게 영향을 미치는 것 같다. 예를 들어, '배고파요(I'm hungry)', '다이어트 콜라(Diet Coke)', '살찌는 느낌(feel fat)'과 같은 말이 들리는 사람이라면, 그 사람은 다이어트 중일 것으로 예상해볼 수 있다. 그리고 스트레스를 받는 학생들은 스트레스와 연관된 단어를 말하는 경향이 있다. 만약 이 음원을 시험을 앞둔 시기에 들려주면, 학생들은 '피곤해(I'm tired)', '무뇌(no brain)', '시간 없다(no time)'와 같은 구절을 들을 가능성이 있다. 흥미롭게도 여학생들은 '사랑(love)'이라는 단어를 자주 보고하는 반면 남학생들은 노골적인 성적 단어나 구절을 보고하는 경향이 많다(한 남학생은 'high'와 'low'로 반복된 연속을 들을 때 'Give it to me(성적인 속어)'를 들었다고 했다). 이러한 착청은 사람들이 외부 세계로부터 의미 있는 메시지를 듣고 있다고 믿을 때 사람들의 뇌는 그 소리가 말이 되고 개연성 있는 소리가 되도록 적극적으로 재구성하고 있다는 것을 보여준다.

　2018년 5월 11일, 미국 조지아주 플라워리 고등학교의 15세 신입생 케이티 헤첼(Katie Hetzel)은 기이한 현상 하나를 발견했다. 케이티는 수업 프로젝트를 위해 '로럴(Laurel)'이라는 단어를 찾아보다가 Vocabulary.com에서 이 단어의 오디오 음원을 재생했다. 하지만 '로럴'이 들리는 것이 아니라 '야니(Yanny)'가 들렸던 것이다. 당황한 케이티는 학급 친구들에게 오디오를 들려주었으나, 당시 친구들은 여러 소리가 섞여 들렸다고 한다. 케이티는 이 오디오 클립을 인스타그램에 올렸고, 곧 레딧, 트위터,

페이스북, 유튜브에 이 발음이 게시되기 시작했다.

그때부터 그 게시물은 엄청난 관심을 받기 시작했는데. 인터넷은 며칠 동안 '로럴'로 듣는 사람들과 '야니'로 듣는 사람들로 나뉘었고, 심지어 이를 놓고 다툰 부부도 있었다고 한다. 자신의 의견을 강하게 편 주목할 만한 인물로는 앨런 드제너러스(Ellen DeGeneres), 스티븐 킹(Stephen King), 야니(Yanni) 등이 꼽혔다. 심지어 도널드 트럼프 전 대통령도 이전 트윗을 언급하며 '나는 코페페(covfefe)가 들려'라고 말하면서 논쟁에 끼어들었다. 여러 백악관 참모진들도 어떤 단어가 들리는지를 놓고 서로 완전히 이견을 보이면서 강하게 자기주장을 펼쳤다.

'로럴 vs. 야니 효과'는 내가 말한 '유령어' 착청과 매우 유사하다. 한 가지 차이를 짚어보자면, 이 영상에서는 'YANNY and LAUREL'이라는 단어를 적어놓은 화면이 나오며, 그 아래에 'VOTE(투표)'라는 단어가 있다는 것이다. 대부분은 화면 속의 두 단어를 보면서 소리를 듣게 되기 때문에 그 단어들이 점화된다. (앞서 논의한 바와 같이 점화는 지각에 강한 영향을 줄 수 있다.) 반대로 나의 유령어 실험에서는 단어 선택지들을 제시하지 않고, 사람들에게 자신이 들은 것을 개방적인 방식으로 보고하도록 하는데, 사람들은 종종 자신의 마음속에 있는 것과 관련된 단어를 듣게 된다.[10]

좌우간에 유령어 데모에서 '들리는' 소리는 '전자음성현상(Electronic Voice Phenomena; EVP)'과 매우 유사하다. 조 뱅크스(Joe Banks)는 저서 『로르샤흐 오디오』에서 이 현상이 영적 세계와 접촉한 증거로 받아들여졌다고 설명했다. 살아있는 사람들이 죽은 사람의 영혼과 소통할 수 있다는 생각은 고대로부터 있었고, 많은 원시 문화권에 존재한다. 미국에서는 19세기 중반에 일어난 영적 운동이 선풍적인 인기를 끌었다. 주로 뉴욕 하이드빌 출신의 폭스 자매가 죽은 사람들과 소통했다는 주장에 중심을 두고 있었다. 사기라는 비난과 고발이 계속되었지만, 이 자매는 수천 명의 군중을 끌어모으며 엄청난 인기를 누렸다. 이들을 비롯한 영성 운동에 동참한 많은 이들은 강령집회를 개최하여 육체에서 분리된 목소리가 나타나거나, 탁자가 공중부양하고, 물체가 방 주위를 날아다니며, 빛나는 영혼이 나타나는 시연을 펼쳤다.

19세기 후반 즈음에서야 이 영적 운동은 대부분 사라졌고, EVP에 대한 관심은 20세기 중반 예술가 프리드리히 위르겐슨(Friedrich Jürgenson)의 작품에서 시작되었다. 위르겐슨은 테이프 녹음기로 새의 노랫소리를 녹음하다가, 테이프에서 사람의 목소리를 '듣게' 되었다. 흥미를 느낀 그는 더 많은 것을 녹음했고, 돌아가신 그의 어머니가 하셨다고 믿는 말들을 포함하여 설명되지 않는 목소리들을 계속해서 '들었다.' 이러한 경험을 통해 그는 사후세계의 영혼들이 그 목소리들을 내고 있다고 결론지었다.

초심리학자 콘스탄틴 라우디브(Konstantine Raudive)는 위르겐슨의 작업에서 영감을 받아, 정확한 주파수 채널을 맞추지 않은 라디오에서 나오는 노이즈를 포함한 수천 가지 소리를 녹음하여 혼탁한 잡음을 만들어 냈다. 이 잡음 속에서 그는 왜곡되거나 외국 억양, 또는 다른 언어로 된 목소리들을 '들었'는데, 한 언어에서 다른 언어로 갑작스레 바뀌기도 했고, 또박또박 명확한 리듬으로 말하기도 했다. 게다가 그가 '들었던' 몇몇 구절들은 그의 개인적 경험과 연관된 것 같았다. 물론 그가 묘사한 현상과 그의 경험이, 실제로 근방의 CB 라디오에 의한 간섭이나 심지어 누군가에 의해 의도된 신호교란이었을 거라는 설명도 불가능한 것은 아니지만, 이 목소리들의 특성은 내가 만들었던 '유령어'와 매우 닮았기 때문에 유사한 지각 과정이 여기에 작용하는 것으로 보인다.

영성현상이나 초심리학을 맹신하는 사람은 내가 영적 세계의 목소리를 불러내는 방법을 우연히 발견했다고 주장할 수도 있겠지만, 그러한 논리를 계속 주장하기 위해서는, 왜 같은 녹음을 듣고도 사람마다 다른 단어와 구절을 듣는지를 설명할 수 있어야 할 것이다!

2005년 개봉된 영화 〈화이트 노이즈〉는 으스스하고 유혹적인 EVP의 세계로 우리를 안내한다. 건축가 조너선 리버스(Jonathan Rivers)는 아내의 갑작스러운 죽음으로 인해 반 미친 상태가 되었다. EVP의 열렬한 신봉자였던 레이먼드 프라이스(Raymond Price)는 아내와 영적 접촉을 하라고 설득한다. 관객들은 프라이스의 스튜디오로 안내되고, 그곳에는 컴퓨터, 비디오 모니터, 스피커, 헤드폰, 마이크, TV, 라디오, 오픈 릴식 녹음기, 카세트, DAT, VHS 녹음기 등 전자 및 기타 장비들이 구비되어 있었고, 책, 테이프, 파일들이 흩어져 있었다. 희미한 영상과 들리는 소리에 의해 매료된 조너선은 EVP 좀비가 되어 정적인 화면을 보여주는 TV 모니터를 몇 시간 동안 들여다보거나 조율이 안 된 라디오의 잡음을 끝없이 듣게 된다.

실제로 사랑하는 사람의 죽음으로 실의에 빠진 사람들은 망자를 만났다는 유혹에 너무 쉽게 빠지는데, 일례로 유족들이 때로 죽은 배우자의 목소리 환청을 들었다고 하는 경우가 있다.[12] 잡지《스켑틱》의 창간인인 마이클 셔머(Michael Shermer)는 과학잡지《사이언티픽 아메리칸》에서 크리스토퍼 문(Christopher Moon)과의 인터뷰를 다뤘다. 초자연 현상 연구가이자 잡지《헌티드 타임즈》의 사장이기도 한 그는, '죽은 자에게 거는 전화'라는 기계를 통해 영적 접촉을 할 수 있다고 주장했다고 한다. (듣자 하니, 이 기계는 토머스 에디슨에 의해 발명되었다고 주장하는 사람으로부터 유래되었다. 물론, 이 주장은 전혀 입증된 바 없다.) 이 장치는 AM 수신기를 빠르게 조율하는 방식으로 소리를 만들고 이를 증폭시켜 반향실에서 재생하게 되는데, 혼령들은 이곳에서 소리들을 추가적으로 조작하여 자신들의 목소리를 드러낸다고 주장한다. 그러나 초자연 현상 연구자 크리스토퍼 문은 서

<그림 7.1> '신의 눈'이라 불리는 나선형 성운. 이 성운은 눈과 매우 흡사하지만 실제로는 1.6조 킬로미터 길이의 빛나는 가스 터널이다.

머와의 인터뷰에서 사후세계의 영혼들과 접촉할 수는 없었다.[13]

잘 알려진 것처럼, 모호한 시각 패턴은 우리에게 개연성 있는 지각 결과를 유발한다. 이를테면 구름들 안에서 얼굴을 보기도 하고, 기괴한 형상이나 풍경들을 보기도 한다. 허블 망원경으로 촬영한 은하와 성운 사진은 그러한 잘못된 지각을 유발하는 대표적인 사례인데. 이러한 사진 중 몇몇은 특히 모호해서 계속 응시하다 보면 우리의 지각 결과가 계속 변하여 동물이 보이기도 하고 새가 보이기도 하며 사람의 얼굴(사람 얼굴이 가장 흔하다)이나 산 풍경, 걷는 사람들의 무리가 보이기도 하는데, 이는 일정한 흐름으로 나타날 수도 있다. 어떤 이미지들은 친숙한 물체와 너무 흡사하여 그 물체로만 지각이 되고 다른 형태로 지각이 바뀌지 않기도 한다. 〈그림 7.1〉의 나선형 성운 이미지는 눈 모양과 너무 흡사하여 다른 것으로 보기가 어렵다. 실제로는 1.6조 킬로미터 길이에 달하는 빛나는 가스 터널이지만 '신의 눈(The Eye of God)'이라 불린다.[14]

모호한 형상은 창의성에 영감을 준다. 11세기 중국 예술가 성 티(Sung Ti)는 다음과 같이 조언했다.

> 오래되고 허물어진 벽을 택해 그 위에 흰 비단 조각을 던진다. 그러고 나서 아침저녁으로 비단 아래로 비치는 허물어진 부분, 솟아난 곳, 평평한 곳, 지그재그 모양, 갈라진 것들이 보일 때까지 오랫동안 응시하여 마음에 담고 눈에 담는다. 솟아오른 곳은 산으로 만들고, 낮은 부분은 물을 만들며, 움푹 파인 곳은 협곡을 만들고, 갈라진 틈엔 시내를 만들며, 밝은 부분은 가까운 지

점으로 하고, 어두운 부분은 더 먼 지점으로 하라. 이 모든 것들을 완전하게 받아들이는 순간, 당신은 사람들과 새, 식물, 나무들이 보이기 시작할 것이며 그들 사이로 날아다니거나 움직일 수 있게 된다.[15]

매우 비슷한 맥락에서 레오나르도 다빈치는 『회화론』에 이렇게 썼다.

습기로 얼룩진 어떤 벽이나 얼룩덜룩한 색의 돌을 보아라. 만약 어떤 배경을 만들어야 한다면 이것들에서 각양각색의 산, 폐허, 바위, 숲, 대평원, 언덕, 계곡으로 장식된 신성한 풍경과 같은 것을 볼 수 있을 것이다. 그러고 나서 다시 그곳에서 전투와 폭력적인 기괴한 형상, 얼굴 표정과 옷을 비롯한 무한한 것들을 발견하게 될 것이며, 그 형태들을 완전하거나 적절한 형상으로 다시 만들 수 있게 될 것이다. 마치 큰 종소리를 들을 때 당신이 상상 가능한 모든 단어들을 들어낼 수 있는 것처럼, 벽 안에서도 모든 것을 볼 수 있다.[16]

심리학자 B. F. 스키너는 1930년대에 '언어 가산기(verbal summator)'라 불리는 알고리즘을 사용해 모호한 소리에서 잘못된 지각을 유발시키는 한 가지 방법을 고안했다. 스키너는 희미하고 분명하지 않은 모음 소리들을 규칙 없는 순서로 배열하되, 영어의 일반적인 강세 패턴과 유사하게 배열된 것은 제거한 채로 녹음했다. 그러고는 이 녹음을 반복적으로 실험참가자에게 들려주었다. 참가자들은 의미 있는 말을 들었고, 때로는 자기에 대해 말하는 것처럼 들리는 구절도 있었다고 보고하였다.

이와 관련된 실험에서 네덜란드 심리학자 하랄드 메르켈바흐(Harald Merckelbach)와 빈센트 반 드 벤(Vincent van de Ven)은 학생들에게 빙 크로스비(Bing Crosby)가 부르는 〈화이트 크리스마스〉를 들려주었다. 그런 직후 학생들에게 3분 동안 백색소음을 들려주면서, 지금 듣는 소음 속에 아까 들었던 노래가 희미하게 포함되어 있다고 거짓말을 했다. 결과는 놀랍게도 32퍼센트의 학생들이 백색소음 속에서 〈화이트 크리스마스〉를 들었다고 보고했다. 실제로는 그 노래가 전혀 포함되어 있지 않았음에도 불구하고 말이다.[17]

이러한 언어적 변형 현상을 만드는 또 다른 방법으로는 '언어적 포화' 가 있는데, 이는 20세기 초반에 연구되었고, 1960년대에 특히 심리학자 리처드 워런의 연구로 그 과정에 대한 관심이 되살아났다. 언어적 포화 는 한 단어가 계속해서 반복되면 본래 단어의 의미가 점점 줄어들고, 대신 다른 의미를 생성하게 되는 것이다. 워런은 이 과정을 설명하면서 이 '포화' 효과는 단어가 불분명하게 재생되는 것보다 크고 뚜렷하게 재생될 때 가장 크게 나타난다고 썼다.[18]

뭔가 단어 같으면서도 무의미한 소리가 의미 있는 단어로 해석되는 것은 '백마스킹(backmasking)' 개념으로 설명할 수 있다. 이 용어는 정신음향학자들이 완전히 다른 개념으로 사용한 '백워드 마스킹(backward masking)'이라는 어구에서 유래된 것이다.[19] 백마스킹 기법은 테이프로 녹음을 하던 시대를 상상하면 이해하기 쉬운데, 역방향으로 메시지를 녹음한 뒤, 이를 순방향으로 재생하는 방식으로 독특한 효과를 만드는 기법이다. 첫 번째 잘 알려진 사례는 비틀즈의 곡 〈비(Rain)〉에서 나타난다. 제작 과정에서 존 레넌은 우연히 곡의 일부를 거꾸로 재생했는데, 그룹 멤버들이 그 사운드 효과를 너무 좋아해서 이 기법을 사용하였다. 이후 비틀즈의 곡 〈난 너무 피곤해(I'm So Tired)〉는 순방향으로 재생하면 횡설수설하는 듯한 어구로 끝나지만, 역방향으로 재생하면 '폴은 죽었다, 그가 그리워, 그가 그리워, 그가 그리워(Paul is a dead man, miss him, miss him, miss him)'라고 말하는 것으로 들린다고 말하는 사람들이 나타났다.

이 주장은 당시 비틀즈와 관련한 도시괴담에 기름을 부었는데, 당시엔 폴 매카트니가 이미 사망했고 비슷한 외모와 목소리를 가진 자에 의해 대체되었다는 낭설이 있었다. 또 다른 비틀즈의 곡 〈레볼루션 9〉은 '넘버 나인'이라고 반복적으로 말하는 목소리로 시작하는데, 이를 거꾸로 재생하면 'Turn me on, dead man(날 깨워주오, 죽은 자여)'로 들린다고 말하는 사람들이 나오면서 이 괴담을 다시 불러일으키게 되었다.

백마스킹 관련 루머는 항상 열광적인 반향을 불러일으켰다. 일부 록 그룹은 자신들의 음악에 의도적으로 거꾸로 된 구절을 삽입했고, 사탄의 메시지를 발견하려는 팬들은 강박적으로 음반을 거꾸로 재생시켰다. 게리 그린왈드(Gary Greenwald) 목사와 같은 열정적인 전도사들은 사탄과 관련된 음반들을 비난했고, 록 음악의 악폐에 대한 대규모 집회를 열었는데, 이는 때론 대량 음반 파괴 행사로까지 이어지기도 했다. 심지어 1982년에는 의심스러운 모든 레코드에 다음과 같은 경고문을 붙이는 법안이 캘리포니아주 상원 의회에 회부되기도 했다.

경고문: 이 레코드는 순방향으로 재생시 잠재적 수준에서 인지할 수 있는 백워드 마스킹이 포함되어 있습니다.

레스브릿지 대학의 심리학자 존 보키(John Vokey)와 돈 리드(Don Read)는 지역 라디오 아나운서의 질문으로부터 시작해 백마스킹 문구의 인식 가능성에 대한 일련의 실험을 수행했다.[20] 한 실험에서 연구진은 문장들을 만들었는데, 그중 일부는 의미가 있었고, 나머지 것들은 의미가 없었다. 이 문장들을 '거꾸로' 들려주면서 실험참가자들에게 만약 이 소리를 순방향으로 재생한다면 말이 되는 문장일지 맞혀보게 하였다. 결과적으로 참가자들의 점수는 우연히 발생할 수준보다 약간 낮은 정도에 불과했다.

또 다른 실험에서는 참가자들에게 거꾸로 재생된 말을 들려준 뒤, 원래의 소리를 다섯 가지 카테고리(동요, 포르노, 기독교, 사탄, 광고) 중 하나로 분류하도록 요청했는데, 이 경우에도 참가자들의 점수는 우연 수준보다 높지 않았다. 이 실험과 다른 실험을 통해 심리학자들은 사람들이 역방향으로 재생하는 말소리의 의미로부터 영향을 받는다는 증거가 없고, 그보다는 자신이 의미 있는 메시지를 '들었다'고 믿을 때 뇌가 각자의 지식과 예측을 바탕으로 능동적으로 개연성 높은 소리를 구성하는 것이라 결론지었다.

뇌가 모호한 신호로부터 의미 있는 말을 재구성한다는 또 다른 예가 있다. 바로 '사인파 음성(sine-wave speech)'으로, 심리학자 로버트 레메즈(Robert Remez) 연구팀이 제작한 것이다.[21] 사인파 음성은 다양한 길이의 사인파 3~4개를 합성하여 만드는데 각 사인파가 자연스럽게 문장을 말할 때 나타나는 포먼트 주파수들의 형태와 유사하도록 만드는 것이다. 이렇게 만든 음원을 문맥 없는 상황에서 재생하면 그저 수많은 휘파람 소리처럼 들린다. 하지만 원래의 문장을 먼저 듣고 나서 이 사인파 음성을 들으면, 청자가 그 순간 무슨 단어가 등장할지를 알고 듣게 되므로, 우리의 뇌는 이런 휘파람 소리 같은 음원을 마치 문장을 말하는 것처럼 인식하도록 소리를 재구성한다. (여기서 포먼트(formant)란, 말소리에서 에너지가 크게 두드러지는 특정 주파수 대역을 뜻하며, 보통 이 주파수 대역의 조합에 의해 모음을 인식하게 된다. 사인파, 배음, 포먼트 주파수에 대한 좀 더 상세한 설명이 궁금하다면, 물리학자 에릭 헬러(Eric Heller)의 저서 『왜 우리는 우리가 듣는 것을 듣는가?』를 참고하길 추천한다.[22])

그렇다면 어떻게 뇌에서 이러한 재구성이 일어날 수 있는 걸까? 고전적 인지신경과학의 관점에 따르면 소리가 제시될 때, 소리 신호는 귀의 가장 안쪽에 있는 달팽이관에 의해 전기 신호로 변환되어 청각 경로를 구성하는 일련의 신경회로를 따라 이동하게 된다. 신경회로 각 구조의 뉴런(신경세포)들은 이 전기 신호를 이어진 상위 수준의 구조물로 전달하고 궁극적으로는 소리가 해석되는 청각피질과 연합피질로 보낸다.

하지만 재구성의 과정은 이보다 훨씬 복잡하다. 상대적으로 상위 구조인 청각피질의 뉴런은 청각회로에서 더 하위 수준의 뉴런에도 신호를 보내는데, 다시 그 뉴런들은 좀 더 하위 수준의 구조로 계속 연이어 달팽이관까지 신호를 보내기도 한다. 또한 양쪽 뇌의 뉴런들도 서로 상호작용한다. 그래서 달팽이관에 전달된 소리에 대한 최종 해석은 정교한 피드백 루프를 포함하게 되며, 그 안에서 신호들은 수차례 변환된다. 문제를 더 복잡하게 하기 위해 청각 뉴런들은 시각과 촉각을 비롯한 다른 종류의 감각 정보를 전달하는 뇌의 또 다른 구조로부터 신호를 받는다. 그리고 더 나아가 청각피질 뉴런들은 기억, 주의, 정서와 같은 상위 인지 과정을 구성하는 뇌 영역의 신경신호로부터 영향을 받기도 한다.

청각 시스템은 매우 복잡한 상호 연결구조로 구성되어 있기 때문에, 청각 경로 각 단계를 거치는 소리 신호는 특정 방식(강화되거나 약화되는 방식)으로 조정되며, 이러한 조정은 청자의 경험, 기대, 정서 상태로부터 영향을 받는다. 그 결과, 의식으로부터 지각된 최종 형태를 표상하는 신경신호는 말 그대로 '뇌 속에서' 변형된 것이지만 청자는 그 변형된 형태가 '외부 세계'로부터 도달한 것이라고 생각할 수 있다.

말소리에 대한 지각은 청각뿐 아니라 시각 시스템의 입력에 강하게 영향받을 수 있다. 이러한 영향을 확실하게 입증하는 사례가 '맥거크 효과(McGurk effect)'이다.[23] 인터넷에서 검색하면 수많은 영상을 찾아볼 수 있다. 예를 들어, 영상에서 '가(ga)'를 발음하는 입모양을 보여주면서 실제 소리는 '바(ba)'를 들려주면, 사람들은 '가'라고 지각할까? 아니면 '바'라고 인식할까? 일반적으로 '바' 혹은 '가'를 듣는 것이 아니라, 두 가지가 혼합되어 '다(da)'를 듣는다.

우리는 일상에서 소음이 있는 상황에서 입 모양으로 말을 인식해야 하는 경우를 종종 경험한다. 비슷한 방식으로 난청이 있는 사람들도 이러한 인지과정을 거치는데, 맥거크 효과는 입술 움직임 같은 시각적 정보를 통해 말소리를 추론해낼 뿐만 아니라, 시각 신호가 소리를 듣고 지각하는 과정에 영향을 끼치고 심지어 실제로는 존재하지 않는 소리가 '들리도록' 할 수 있다는 사실을 보여준다.

시인이자 작가인 데이비드 라이트(David Wright)는 일곱 살 때 성홍열에 걸려서 심각한 청각장애를 갖게 되었다. 그러나 그는 이미 무의식적으로 시각적 움직임을 소리로 변환할 수 있었기 때문에 처음에는 자신의 청각장애를 알아차리지 못했다고 한다.

> 어머니는 하루 대부분의 시간을 내 옆에서 보내셨고, 나는 어머니가 하시는 모든 말을 이해했다. 왜 아니겠는가? 난 '그 사실'을 깨닫지 못한 채 평생 어머니의 입을 '읽어'왔다. 어머니가 말씀하실 때 나는 어머니의 목소리를 듣는 것 같았다. 그것이 착각이라는 것을 알게 된 이후에도 착각은 계속되었다. … 어느 날 나는 사촌과 이야기를 나누고 있었는데, 찰나의 순간, 사촌이 손으로 입을 가리면서 말을 했다. 그 순간 소리가 멈추었다! 결국 그 순간, 나는 보지 못하면, 들을 수 없게 되었다는 것을 깨달았다.[24]

우리는 단어와 어구를 잘못 들을 뿐만 아니라, 혀가 꼬여 잘못 말하기도 하고, 의도치 않은 말이 튀어나오기도 한다. 이런 '혀가 꼬이는 말실수'로 가장 잘 알려진 사람은 스푸너(William Archibald Spooner) 목사일 것이다. 그는 옥스퍼드 대학 학과장 시절 많은 사랑을 받은 교수였고, 이후 뉴 칼리지의 학장이었다. 그의 '스푸너리즘'은 유명하다. 하루는 저녁 만찬에서 빅토리아 여왕에게 건배할 때 "Give three cheers for our **queer** old **dean**(별난 학장을 위해 건배를 세 번 외칩시다)"이라고 말했다고 한다. 원래 하려던 말은 **dear** old **queen**(경애하는 여왕) 이었으나, 실수로 혀가 꼬여버려 queer old dean(별난 학장)이라고 말실수 한 것이다. 농부들과 이야기를 하면서 그는 분명한 발음으로 농부들을 'noble **tons** of **soil**(고귀한 수 톤의 흙)'이라고 묘사했는데, 원래는 'noble **sons** of **toil**(고귀한 수고의 아들들)'이라고 표현하려던 것의 말실수였다.

또 한번은, 한 학생을 혼내면서 이렇게 말한 적이 있었다. "You have **hissed** all my **mystery** lectures. In fact, you have **tasted** two whole **worms** and you must leave Oxford this afternoon by the next **town** drain." 해석하자면, "자넨 내 모든 미스터리 강의를 쉭쉭댔더군. 사실상 자넨 지렁이 두 마리를 통째로 맛봤으니 오늘 오후 다음 마을배수로까지 옥스퍼드를 떠나야 할 거야"라는 뜻이다. 하지만 여기서 'hissed all my mystery lectures'는 '**missed** all my **history** lectures'를, 'tasted two whole worms'는 '**wasted** a whole **terms**'를, 'the next town drain'은 'the next **down** train'을 말하려다 혀가 꼬여버린 것이다. 원래 하려던 말은 이렇다. "자네 내 모든 역사 강의를 놓쳤더군. 사실상 자네는 이번 학기를 통째로 낭비했으니 오늘 오후 다음 기차를 타고 옥스퍼드를 떠나야 할 거야."

(이 학생은 과연 학과장으로부터 이런 심각한 경고와 질책을 들으면서 웃음을 참을 수 있었을까?_옮긴이)[25]

혀가 꼬이는 말실수는 재밌는 이야깃거리가 되는 동시에 우리의 음성 처리 시스템의 작동 원리를 밝힐 수 있게 해준다. 심리학자 버나드 바즈(Bernard Baars)는 이러한 실수를 실험적으로 분석하는 획기적인 방법을 고안했다.[26] 그는 실험참가자들에게 두 단어로 이루어진 단어쌍들을 보여주면서 입으로 소리내지 않고 눈으로만 읽게 했다. 그러다가 가끔 신호를 주면 특정 '목표' 쌍들을 소리 내어 읽도록 하였다. 스푸너리즘이 발생하도록 설계된 '간섭' 쌍들은 목표 쌍보다 앞서서 나타난다. 가령 참가자가 마음속으로 간섭 단어쌍 'barred dorm'과 'bought dog'를 읽은 직후 목표 단어쌍 'darn bore'을 보고 소리 내어 읽는 것이다. 이런 맥락과 상황에서는 많은 참가자에게 스푸너리즘이 나타나 'barn door'라 읽었다.

바즈 연구팀은 존재하지 않는, 뜻이 없는 단어보다는 실제로 쓰이는 단어들에서 이러한 혀가 꼬이는 말실수가 발생할 가능성이 크다는 것을 발견했다. 또한 문법적으로 오류가 없고, 의미가 있는 어구들에서 스푸너리즘이 발생할 확률이 그렇지 않은 경우보다 많았다는 것도 발견했다. 이런 결과가 발생하는 이유는 아마도 우리의 언어 처리 시스템의 '편집자'가 혀가 꼬이는 말실수가 일어나기 직전 어느 순간에 말을 정리하기 때문인 것 같다.

아주 재밌는 제목의 책, 『음(Umm)…』에서, 마이클 에라드(Michael Erard)
는 다른 단어와 함께 '점화'되면 실험참가자들이 혀가 꼬이는 말실수를
얼마나 잘할 수 있는지를 보여주는 비공식적 실험을 제안한다.[27] 친구에
게 'poke(포크)'를 일곱 번 말하라고 요청한 다음 달걀의 흰 부분을 무엇이
라 부르는지를 물어보라. 그럼 친구는 아마도 'yolk(노른자: 발음은 요크)'라고
대답할 것이다. 원래 흰자는 white 또는 albumen이지만, 이는 '점화' 처
리가 '-oke(오크)'소리와 관련된 신경 회로를 자극하여 정답을 맞히는 것
을 방해한다는 것을 보여준다.*

지금까지 우리는 음악과 말소리에서 비롯된 착청을 다뤘다. 그중에
서도 외부 세계로부터 입력된 감각 자극이 뇌의 지각 과정에서 왜곡되
는 착청 현상에 집중해왔다. 앞으로 등장하게 될 두 장에서는 귀벌레를
중심으로 음악과 언어의 환청을 다루게 되는데, 외부의 자극, 즉 입력이
전혀 없는 상황에서도 우리의 뇌가 소리를 만들어낼 수 있다는 것을 보
여준다. 이 소리들은 거슬리는 생각들처럼 나타나거나 외부 세계에서
실제로 들리는 것처럼 나타난다.

---

* 우리나라에서도 비슷한 농담이 유행한 적이 있다. 친구들에게 '캠퍼스'를 10번 말하게 한 뒤, 3초 안에 대
답해보라며 '각도를 잴 때 쓰는 기구는?'이라고 물어보라. 그러면 친구는 '컴퍼스'라고 답할 텐데, 정답은 '각도
기'이다. 또 하나는, '닌자거북이'를 빠르게 10번 말하게 한 다음, '세종대왕이 만든 배 이름은 뭐게?'라고 물어
보면, '거북선'이라고 대답한다. 친구는 몇 초 뒤, 거북선은 이순신이 만든 배라는 것을 다시 깨닫는다. 옮긴이

중독성 있는 음악의 원리
귀벌레와 수능금지곡

우리는 선천적으로 음악과 결합되어 있는 존재이기에, 제아무리 음악으로부터 벗어나고 싶더라도 자유로울 수 없다.

보에티우스, 『음악의 원리(De Institutione Musica)』

얼마 전, 마트에서 쇼핑을 하고 있는데 갑자기 내 머릿속에서 핫도그 광고에 나오는 유명한 CM송이 들렸다. 노래는 이렇게 시작한다.

아, 내가 오스카 메이어 위너*였으면 좋겠다~

그게 바로 내가 진짜 되고 싶은 것~

Oh, I wish I were an Oscar Mayer Wiener

---

* 위너는 오스카 메이어 회사의 핫도그 제품명_옮긴이

That is what I'd truly like to be~

　머릿속에서 이 CM송이 끝나면 다시 돌아서 처음부터 들렸는데, 이런 방식으로 계속되었고, 이후 며칠 동안 반복해서 머릿속을 맴돌았다. 이른바 '맴도는 곡조' 혹은 '귀벌레'라는 좋지 않은 증상이 생긴 것인데 이는 대부분의 사람들에게 종종 나타나는 독특한 현상이다. 곡조나 음악의 부분이 우리 머릿속 깊이 파고 들어가서 어떤 지점에 도달할 때까지 저절로 재생되고, 가끔은 끝난 후에도 몇 시간, 며칠, 심지어는 몇 주 동안 반복하면서 재생된다. 조금만 의식적으로 노력하면 다른 곡조로 바꿀 수 있지만, 대신 새로운 곡조가 머릿속에서 반복적으로 돌고 돈다.

　사람들 대다수는 귀벌레가 꽤 견딜 만하다고 생각한다. 그러나 어떤 사람들에게는 이러한 지속적인 경험이 수면을 방해하고, 사고 과정을 간섭하고, 심지어는 논리적인 대화의 과정을 방해한다. 몇몇 사람들은 끝내 병원을 방문하여 우리 마음속에서 끝날 줄 모르는 방해꾼을 없애기 위한 헛된 시도를 한다.

　인터넷 상에서는 불쾌한 귀벌레에 대한 설명과 함께 치료법들이 넘쳐난다. 귀벌레를 쫓아내는 몇 가지 추천 방법으로는 시나몬 스틱 씹기, 목욕하기, 긴 나눗셈 문제 풀기, 애너그램(철자 맞추기 놀이) 풀기, 불쾌한 노래를 다른 노래로 대체하기가 있다. 귀벌레 대체곡으로 선호되는 곡으로는 영국 국가 〈God Save the Queen〉, 생일축하 노래, 민요 〈그린슬리브스(Greensleeves)〉, 바흐의 〈푸가〉가 있다. 어떤 사람은 숫자를 세면 불쾌한 귀벌레를 막을 수 있다고 했고, 또 다른 사람은 불청객 같은 노래의 가사를 다른 순서로 반복적으로 적어 내려가면 편해진다고 했다. 개인적으로 내가 선호하는 귀벌레 퇴치법은 스스로에게 이 음악이 왜 내게 계속되는지를 자문해보는 것으로, 이렇게 하면 보통 내 안에 맴돌던 곡조는 사라진다. 반면, 오히려 효과가 없는 방식은 마음속 곡조를 의식적으로 억누르려 하는 것이다. 이는 마치 '분홍코끼리에 대해 생각하지 말아보세요'라고 말하는 것과 같다. 누군가가 우리에게 그렇게 하지 말라고 하는 순간, 우린 그것을 떠올리게 되기 때문이다.

귀벌레 현상은 놀랄 만큼 수많은 연구들에 영감을 주었다. 제임스 켈라리스(James Kellaris)는 귀벌레 사례를 대규모로 조사했다.[1] 켈라리스는 귀벌레 현상이 설문응답자의 98퍼센트가 경험했을 만큼 널리 퍼져 있다는 것을 발견했다. 응답자 대부분은 귀벌레 증상을 자주 경험했고, 한번 시작하면 평균 두세 시간 지속되었다고 한다. 가사 있는 노래가 가장 빈번하게 나타났고, 그다음으로는 상업적 광고음악, 그다음으로 가사 없는 기악곡이 뒤를 이었다. 귀벌레 현상을 만들어내기에 좋은 음악적 특징으로는 반복성, 단순성, 약간의 이상함(incongruity)을 들 수 있다.

런던에 있는 골드스미스 대학의 빅토리아 윌리엄슨(Victoria Williamson) 연구팀은 'BBC 라디오 6 뮤직'과 함께 연구를 진행했다.[2] 라디오 프로그램에 초대된 청취자들은 자신의 귀벌레 경험을 설명했고, 연구자들은 귀벌레 현상이 발생하는 조건을 탐구하기 위해 온라인 조사를 실시했다. 그 결과, 귀벌레가 대부분 친숙하고 최근에 들었던 음악으로 인해 발생한다는 결론에 이르렀다. 또한 주변 환경의 다양한 사건들이 귀벌레를 일으킬 수 있다는 것을 지적했는데, 예를 들면 특정한 사람을 보거나 그 사람이 말한 것을 듣거나 곡의 제목과 같은 특정 어구를 듣는 것이 귀벌레를 유발할 수 있다는 것이다. 또한 의미 있는 사건을 떠올리는 것도 귀벌레를 유발할 수 있었다.

우리 뇌의 음악 관련 회로에는 음악을 상상하기 시작하면 계속해서 재생하려는 경향이 내장되어 있는 것 같다. 한 연구[3]에서는 fMRI[4]를 이용하여 인기있는 음악을 듣는 동안의 신경활동을 관찰했다. 먼저 실험 참가자들에게 노래를 들려주고 친숙도를 평가하도록 하였다. 실험에서 사용한 음악은 롤링 스톤즈의 〈Satisfaction〉 또는 애니메이션 〈핑크 팬더〉의 주제곡 등, 가사가 있는 음악과 가사 없는 기악곡 등으로 구성되었다. 단, 음원 중간에 2~5초 정도의 구간은 소리를 제거하여 무음으로 대체하였다.

fMRI 영상을 분석하여 무음 구간의 뇌 활동을 관찰한 결과, 놀랍게도 친숙하지 않은 음악보다 친숙한 음악을 들을 때, 청각피질과 연합피질이 더 크게 활성화되었다. 그리고 참가자들은 모두 친숙한 음악을 들을 때는 무음 구간에서도 계속 음악이 들렸다고 보고했다. 이들에게 무음 구간에서 소리를 상상해보라는 등의 어떤 지시도 없었음에도 말이다! 이렇게 사람들은 친숙한 음악은 일부만 듣더라도 이후 계속 '들리는' 경향이 있다. 비록 이 결과를 통해 왜 귀벌레가 우리 머릿속에서 반복적으로 계속 돌고 도는지를 설명할 수는 없지만, 일부는 설명할 수 있다.

어떤 의미에서 현대인들은 귓가에 음악이 맴도는 유행병을 겪고 있다. 그렇다면 원인은 뭘까? 우리는 깨어 있는 대부분의 시간 동안 음악에 둘러싸여 있다. 식당, 백화점, 마트, 호텔 로비, 엘리베이터, 공항, 기차역, 도서관, 병원 대기실, 병원 등 어디에서나 배경음악이 들린다. 게다가 많은 사람이 오래전부터 카세트테이프, CD 플레이어, MP3플레이어 같은 휴대용 미디어 플레이어를 사용해왔고, 라디오, 컴퓨터, TV 같은 디바이스와 최근에는 스마트폰을 이용해 유튜브, 스포티파이 등의 수많은 서비스를 사용하여 꽤 지속적으로 음악을 듣는다. 이렇게 음악에 대한 지속적 노출은 우리의 음악 처리 시스템을 너무 민감하게 만들어 청각 자극의 입력 없이도 자발적으로 발화하게 만든다.

많은 사람이 배경음악을 좋아하긴 하지만, 또 다른 무리의 사람들은 어딜 가나 항상 음악이 존재하는 것이 귀벌레 현상을 악화시킨다고 생각하여 배경음악에 반발하는 시위 단체가 생겨나기도 했다. 파이프다운(Pipedown)[5]은 공공장소에서의 배경음악 폐지를 위해 로비하는 가장 큰 조직이다. 수천 명의 유료 회원들이 원치 않는 음악으로부터 자유를 되찾기 위한 운동에 참여하여 사전 인쇄된 시위 카드를 배포했다고 한다.

이들이 근거로 주장한 것은 런던 개트윅 공항에서 6만8천명 이상의 사람들을 대상으로 설문을 진행한 결과, 응답자의 43퍼센트가 배경음악을 싫어한다고 답했고 단지 34퍼센트만이 좋아한다고 답해 공항의 주요 구역에서는 배경음악을 중지했다는 것을 지적했다. 〈선데이타임스〉는 독자들에게 "현대 생활에서 가장 혐오스러운 것"이 무엇인지를 묻는 설문조사를 실시했고, 두 가지 소음에 뒤이어 배경음악이 3위를 차지했다.

BBC가 에식스에서 런던으로 가는 열차 여행객들을 대상으로 실시한 여론조사에서는 응답자의 67퍼센트가 열차에 텔레비전을 설치하는 것에 반대했고, 일부는 원치 않는 소리를 피하기 위해 심지어 화장실에 있었다고 했다. 결국 열차 회사는 텔레비전 설치를 중단했고, 경영진은 한술 더 떠 전화 통화나 소리나는 전자기기를 사용하지 못하는 '정숙 구역'을 만들었다. 또한 반(反)배경음악 시위대 파이프다운은 영국에서 가장 큰 의류·뷰티 체인점 막스 앤 스펜서가 배경음악 사용을 줄이는 데 일조했다.

청력에 문제가 있는 사람들을 대상으로 한 영국 전역 여론조사에 따르면 응답자의 86퍼센트가 배경음악을 싫어하는 것으로 나타났다. 청각장애가 있는 사람들은 특히 소음이 있는 공간에서 말을 알아듣는 게 어렵기 때문에 이런 결과는 놀라운 일이 아니다. 또 다른 심각한 이슈로, 시각장애인들에게 배경음악은 방해요소가 되기도 한다. 예를 들어 혼잡한 길을 건너는 것과 같은 상황에서 그들은 주변에서 들리는 소리의 단서를 통해 길 찾는 데 도움을 받곤 하므로, 이런 상황에서 배경음악은 혼선을 야기할 수 있다.

내게 가장 기억에 남는 배경음악과의 만남은 하와이에서 열린 미국 음향학회 컨퍼런스에 참석한 후 남편과 함께 마우이섬에 있는 라하이나(Lahaina)에 방문했을 때였다. 짧은 시간 비행기를 탄 후, 우리는 차를 빌려 목적지에 도착할 때까지 햇살이 내리쬐는 사탕수수밭을 지나갔다. 호텔 로비에 들어섰을 때 배경음악이 우리를 맞이했다. 호텔 식당은 배경음악이 있었기 때문에 이를 피하기 위해 다른 식당을 찾았다. 하지만 모든 식당이 음악을 틀어 놓고 있었다. 배를 타고 바다로 나가면 음악을 피할 수 있으리라 생각해 문의해보니, 배에서도 음악을 틀어놓는다는 것이었다. 육지와 바다 모두에서 피할 수 없다는 것을 깨닫고, 이번엔 헬리콥터 투어를 문의해보니, 담당자는 자랑스럽게 "우리 헬리콥터에서는 음악을 들려드립니다"라고 말했다. 땅과 바다, 하늘에서 모두 음악을 피하는 것에 실패하자 우리는 포기하고 차를 몰아 마우이의 외딴 지역으로 가서 남은 휴가를 보냈다.

많은 음악가가 공공장소에서 배경음악이 나오는 것에 강하게 반대한다. 이는 아마도 음악에 지나치게 집중하게 되기 때문일 것이다. 나의 경우에는 음악이 연주되는 동안은 다른 어떤 것도 논리적으로 생각하기 힘들다. 좋아하는 음악이든 그렇지 않든 간에 주의가 그 음악에 집중되고 다른 생각들 대부분이 차단된다.

배경음악에 반대하는 목소리를 낸 음악가로는 베를린 필의 지휘자 사이먼 래틀(Simon Rattle), 첼리스트 줄리안 로이드 웨버(Julian Lloyd Webber), 피아니스트 겸 지휘자 다니엘 바렌보임(Daniel Barenboim) 등이 있는데, 특히 바렌보임은 자신의 개인 공간에 대한 침해에 분노했다고 한다. 2006년 시카고에서 열린 레이스(Reith) 강연에서 바렌보임은 이렇게 말했다.

> 저녁에 지휘해야 하는 〈브람스 바이올린 협주곡〉이 엘리베이터에서 나오고 있었고, 제 귀를 닫을 수 없기 때문에 그저 듣고 있을 수밖에 없었던 상황이 한두 번이 아닙니다. 도대체 왜 이렇게 하는 건지 생각해 보았습니다. 음악을 튼다고 공연장으로 올 사람은 하나도 없을 것이며, 오히려 역효과를 낼 뿐만 아니라,

음악윤리적 관점에서 보더라도 정말 폭력적인 행위라고 생각합니다.

1995년 '음악 없는 날'이 제정되면서 어딜 가나 들려오는 배경음악에 대한 저항이 이어졌다.[7] 이는 록스타 빌 드러먼드(Bill Drummond)의 아이디어였는데, 유명 밴드 케이엘에프(The KLF) 결성 멤버인 그는 성공의 정점에서 공연을 돌연 중단했다. 드러먼드가 '음악 없는 날'로 지정한 11월 21일은 가톨릭에서 음악을 수호하는 성 세실리아의 축일인 11월 22일 전날이었다. 드러먼드는 이날 행할 금지사항을 공개적으로 발표했는데 '라디오에서 음악을 켜지 않기', '아이팟은 집에 두기', '록 밴드는 록을 하지 않기', 'CM송 켜지 않기', '우유배달원은 휘파람을 부르지 않기' 등이었다. 이런 제안에 영국에서 수천 명의 사람들이 이날 음악을 재생하거나 듣지 않겠다고 맹세했다. 1997년 BBC 라디오 스코틀랜드는 '음악 없는 날'을 기념하고, 대신 음악에 대한 토론에 라디오 시간을 할애하기로 결정했다.

왜 이런 현상과 시위가 발생하는 걸까? 19세기 말 이전의 세상이 어떠했는지를 생각해보자. 유튜브와 스마트폰은 물론이고, 라디오나 TV가 없었고, MP3, CD, 카세트, 심지어는 축음기조차 없었다. 단지 라이브 음악만이 연주되었고, 음악수업, 사람들의 흥얼거림, 휘파람 외에 음

8. 중독성 있는 음악의 원리

악은 간헐적으로 교회, 연주홀, 댄스홀과 같은 특정 장소나 생일, 결혼식과 같은 특별한 행사에서만 들을 수 있었다.

하지만 녹음 기술의 발달로 이 모든 것이 바뀌었다. 녹음 기술은 소리를 캡처해서 물리적 매체에 보관이 가능하도록 했고, 오늘날엔 인터넷을 통해 언제 어디서든지 자유롭게 음악을 스트리밍 또는 다운로드하여 들을 수 있게 되었기 때문에 우리는 엄청난 양의 음악에 노출되고 있다.

사실 지금은 음악이 여기저기에 너무 만연해 있어서 100년 전 소리 환경이 어떠했는지 상상하는 것은 쉽지 않다. 1877년 토머스 에디슨이 축음기를 발명할 당시만 하더라도, 에디슨은 축음기가 음악을 위해 주로 사용될 것으로 생각하지 않았다. 오히려 속기사 없이 대화록을 받아 적거나 웅변술의 훈련과 같은 언어 기반 활동을 위해 주로 사용할 것을 제안했다. 축음기가 특허를 받은 후에 기업가들은 '녹음된 음악'에 엄청난 상업적 잠재성이 있다는 것을 깨달았는데, 이를 증명이라도 하듯 음악 산업은 급속하게 발전하였다. 19세기 후반부터 히트곡을 제작하기 위해 작곡가, 작사가, 편곡자, 출판사, 기획자가 함께 작업했다. 틴 팬 앨리(Tin Pan Alley)라 불렸던 이 새로운 사업은 뉴욕을 중심으로 어빙 베를린(Irving Berlin), 조지 거슈윈(George Gershwin), 콜 포터(Cole Porter) 등의 작곡가들이 참여했다. 작사·작곡을 위한 가이드북도 나왔는데, 노래를 기억하기 쉽게, 또한 계속 귓가에 맴돌도록 단순하고 친숙하게 만들도록 권고했다. 1920년 어빙 베를린은 성공적인 대중음악을 쓰기 위한 몇 가지 규칙을 제안했다. 그 규칙 중 일부는 다음과 같다.

제목은 단순하고 쉽게 기억되어야 하며 노래 안에 효과적으로 '주입해야' 한다. 벌스(verse; 절)와 코러스(후렴부) 전반에서 반복해서 강조되어야 한다. … 노래는 전적으로 '단순'해야 한다.[8]

또, 어빙 베를린은 "새로운 선율 같은 건 없다"라고 말하며, 효율을 아는 작곡가들은 "옛 악구를 새로운 방식으로 연결해서 새로운 곡조로 들리도록 한다"라고 주장하면서 새로운 노래는 친숙한 요소를 포함해야 한다는 것을 강조했다.

녹음 기술이 발전함에 따라, 대중음악에서는 반복성이 훨씬 더 보편화되기 시작했다. 1970년대 힙합 디제이들은 동일한 레코드를 카피하여 두 개의 턴테이블에 두고는 둘을 옮겨가며 특정 음악 구간을 무한히 반복할 수 있는 기술을 개발했다. 그 후 일정한 패턴을 반복하는 루프(Loops) 테크닉*은 랩 음악에서 악기 반주의 기본 요소가 되었다. 후에 디지털 사운드 레코딩의 발달로 루프는 샘플링 기술을 사용하여 제작되었고, 그 결과 오늘날 가장 인기 있는 음악의 핵심 요소가 되었다.

물론 대중음악의 반복성 경향이 전적으로 기술적 진보로부터 시작되었다고 볼 수는 없다. 음악이론가 엘리자베스 마굴리스(Elizabeth Margulis)

---

* 루프라는 테크닉은 EDM과 힙합에서 많이 쓰이는 작곡방식인데, 사실 수백 년 전 서양 음악의 역사에서도 이런 경향을 찾아볼 수 있다. 일례로 파사칼리아(passacaglia) 또는 샤콘(chaconne) 같은 장르의 음악은 1600년대부터 춤의 반주로 쓰이곤 했는데, 주로 4~8마디의 짧고 단순한 화성적 또는 선율적 패시지를 반복하며 음악적 변화로 곡을 구성해간다. 이러한 작곡방식은 현대의 EDM에서 4~8마디의 코드나 리듬, 단순한 멜로디로 패시지를 구성한 뒤, 이를 반복해가며 그 위에서 힙합을 노래하거나 변화를 만들어가는 EDM의 작곡 방식과 유사한 부분이 많다. 한국음악은 어떠한가? 강강술래 같은 구전민요를 생각해보면 메기고 받는 형식으로 반복하는 경향이 매우 두드러진다.옮긴이

가 저서 『반복에 관하여』에서 설명하듯, 대중음악은 음악의 반복에 대한 인간의 욕구를 자극했을 것이다. 사실 민족음악학자들은 수십 년 동안 반복이 모든 문화에서 나타나는 음악의 근본적인 특징이라고 주장했다. 이러한 논리 선상에서 음악에서 반복을 갈망하는 경향성은 우리의 마음 속에서 음악의 단편을 다시 재생하도록 유도하여 '맴도는 음조'를 만들게 할 수 있다.

그렇다면 반복이 음악에서 중요한 요소로 여겨지는 이유는 뭘까? 한 가지 가능한 설명은 1960년대 심리학자 로버트 자욘스(Robert Zajonc)가 연구했던 '단순 노출 효과'를 생각해볼 수 있다.[11] 자욘스는 우리가 자극을 자주 접할수록 그에 대한 우리의 태도가 더 긍정적으로 바뀐다는 것을 발견했다. 이러한 효과는 말도 안 되는 단어, 한자, 그림, 사진에 적용된다. 물론 음악에도 마찬가지로 적용되는데, 우리가 자주 접한 음악일수록 그 음악을 좋아할 가능성이 커진다. 어떤 음악이 인기가 높아지면 더 자주 재생되고, 이는 다시 인기를 높이는 긍정적 피드백 루프를 이룬다.

'단순 노출 효과'는 '처리 유창성'[12]과 함께 설명해볼 수 있다. 이 용어는 자극을 쉽게 처리하는 것을 의미하는데, 예를 들어 얼마나 빠르고 쉽게 인지하는지가 역으로 얼마나 선호하는지에 영향을 미친다는 것이다. 이는 여러 대상과 사건에도 적용되는데, 가령 시각 패턴이 더 선명하게 보일 때, 오랜 시간 동안 보일 때, 그리고 반복적으로 보일 때 선호하게 된다는 것이다.

음악에 대한 정서적 반응에서 친숙함의 중요성은 팝·록 음악에서 발췌한 노래에 대한 친숙도와 선호도를 평가한 연구결과[13]에 의해 뒷받침된다. 연구자들은 각 실험참가자의 친숙도와 선호도에 맞춰 곡들을 선별하였다. 참가자들이 음악을 듣는 동안 fMRI를 사용하여 뇌의 반응이 기록되었다. 실험결과, 정서나 보상과 관련된 뇌의 영역이 친숙하지 않은 음악보다 친숙한 음악을 들을 때 더 활성화된 것으로 나타났고, 흥미롭게도 이는 참가자가 들은 음악의 선호도 여부와는 상관없이 나타났다. 이 연구는 친숙도가 음악에 대한 정서 반응에 강한 영향을 미친다는 것을 보여주었다.

또 다른 연구로, 마굴리스의 실험은 음악적으로 훈련받지 않은 사람과 섬세하고 예민한 감상자 모두에게 놀라운 반복의 힘이 존재함을 보였다. 그녀는 루치아노 베리오(Luciano Berio)와 엘리엇 카터(Elliott Carter) 같은 20세기 현대음악 작곡가의 실험적인 발췌곡들을 실험참가자들에게 들려주면서, 각 곡마다 얼마나 즐겼는지, 얼마나 흥미롭다고 생각하는지, 얼마나 컴퓨터가 아닌 인간 음악가가 작곡한 것 같은지를 평가하도록 했다. 참고로 이 작곡가들은 그들의 작품에서 의도적으로 반복을 피했으나, 마굴리스는 실험을 위해 예술적 측면과 관계없이 일부 음원이 특정 구간 반복되도록 음악적 구성을 편집하였다. 그 결과, 놀랍게도 사람들은 반복된 부분들이 포함된 곡들을 더 즐겁고, 흥미로우며, 심지어 컴퓨터가 아닌 인간 음악가가 작곡했을 것 같다고 평가했다. 더욱 놀라운 것은 마굴리스가 이 곡들을 미국음악이론협회 학회에서 들려주기도 했는데, 그 방을 가득 채웠던 전문음악가들 또한 마찬가지로 반복이 포함된 버전을 선호했다는 것이다.

반복이 많을수록 잘 팔린다. 사람들이 일상생활에서 듣는 대부분의 대중음악은 가사가 들어 있다. 서던 캘리포니아대학교의 조지프 누네즈 (Joseph Nunes) 연구팀은 빌보드 핫 100 싱글차트를 분석하였다.[14] 이 차트는 미국 음악 산업에서 싱글음악 표준 레코드 차트로, 판매량, 라디오 방송, 온라인 스트리밍에 근거하여 음악 순위를 매기고 있으며, 노래의 인기나 '히트 정도'를 평가하는 데 가장 적합한 자료로 널리 알려져 있다. 1958년 초창기부터 2012년 말까지 차트에 오른 2,480곡의 표본을 추출하여, 차트 1위에 올랐던 노래들(탑 곡)과 차트 90위에 오르지 못했던 노래들(낮은 순위 곡)을 확인해보았다.

반복에 관련된 연구결과는 놀라웠다. 노래 후렴구의 반복이 많을수록 하위 차트가 아닌 상위 차트에 오를 확률이 높았다. 또한 한 곡 안에서 단어의 반복이 많을수록 상위 차트 곡이 될 확률이 높았고, 상위 차트 곡만을 조사했을 때 후렴구의 반복이 많을수록 1위에 빠르게 올랐다는 것도 발견했다.

하지만 '유창성 효과'만으로는 반복적인 음악에 강하게 끌리는 이유를 설명할 수는 없다. 왜냐하면 유창성 효과는 우리의 주의와 집중을 끌지 않는 다른 것들에 대한 노출에도 같은 방식으로 적용되기 때문이다. 예를 들어 우리는 좋아하는 사진이나 그림들을 수차례 볼 수도 있지만, 음악에 사로잡혔던 때처럼 끊임없이 보고 싶다는 욕구에 사로잡히진 않는다. 일단 우리가 익숙한 악구를 듣기 시작하면 머릿속에서 재생할 수 있다. 마굴리스의 표현을 빌리자면 다음과 같이 말해볼 수 있겠다.

> 이렇게 맴돌게 되는 이유 중 하나는 우리가 음악적 순간을 떠올리면 그것을 떠날 수 없기 때문이다. 만약 우리의 뇌가 음악의 어떤 부분을 스치면, 음악에 사로잡히게 되어, 쉴 때까지 재생해야 한다. 그래서 우리는 원치 않을 때조차도 끊임없이 그 곡조에 사로잡혀 있다는 느낌을 갖게 된다.(p.11)

곡조가 맴도는 현상과 연관될 수 있는 음악의 일부 특징들과 뇌의 기능은 이해할 수 있겠지만, 이 기괴한 현상에는 여전히 미스터리한 면이 많이 남아 있다. 음악의 한 부분을 반복하는 것은 일반적으로는 긍정적 효과를 낳지만, 역설적이게도 많은 사람이 배경음악이 난무하는 것을 강하게 거부하며, 맴도는 곡조에 대해서는 대부분 부정적인 정서를 갖는다.

올리버 색스(Oliver Sacks)가 저서 『뮤지코필리아』에서 자세히 묘사했듯,[15] 우리가 오래전에 경험한 사건들에 대한 기억들은 귀에 맴도는 곡조와 같은 음악적 이미지를 불러일으키는 엄청난 힘을 가진다.

런던에서 지냈던 나의 어린 시절의 추억은 언제나 음악과 관련이 있다. 부모님은 음악 교육을 받으시진 않았지만, 음악을 열렬히 좋아하셨기에 우리 집은 항상 노래로 가득 차 있었다. 기억해보면, 저녁 식사를 하는 동안 아버지는 종종 갑자기 노래를 부르셨고, 어머니와 나는 함께 따라 불렀다. 어머니는 아름다운 콘트라 알토 음색을 가지셨는데, 내가 아주 어렸을 때, 일하면서 포크송을 부르셨던 어머니의 모습이 기억난다. 그때 들었던 많은 노래들이 내 기억 속에 깊이 새겨져 있는데, 그중 하나가 머릿속에 불현듯 떠올라 반복적으로 연주되곤 했다. 이러한 맴도는 곡조들은 항상 반가웠고, 향수에 젖어 들게 만들었다.

귀벌레가 우리 마음을 사로잡는 힘은 영화 속에서 스토리를 따라가도록 돕는 효과적인 장치로 쓰이기도 한다. 앨프리드 히치콕은 두 편의 위대한 영화에서 이런 곡조를 메인 테마로 사용했다. (아마 그는 귀벌레에 시달렸을 가능성이 클 것이다.) 〈39 계단〉에서 영웅 리처드 헤네이는 공연장에서 한 음악을 들은 이후 머릿속에서 떨쳐낼 수 없어서 강박적으로 흥얼거리거나 휘파람을 불었다. 영화의 마지막에 곡조의 의미가 드러나자, 마침내 그는 대담하게 행동할 수 있게 되었다.

또 다른 히치콕의 작품 〈의혹의 그림자〉에서 여주인공 찰리는 자신의 집에 머물고 있는 삼촌에 대한 불안감으로 몸살을 앓았다. 이 불안감은 '메리 위도우 왈츠(Merry Widow Waltz)'가 그녀의 머릿속에서 날뛰기 시작할 때 일어났다. 결국 그녀의 삼촌이 세 명의 부유한 과부를 목 졸라 살해한 혐의로 경찰의 수배를 받고 있는 '메리 위도우 살인범'으로 밝혀지자 왜 그러한 현상이 일어났었는지를 이해할 수 있었다. 왈츠는 찰리를 괴롭힐 뿐만 아니라 영화 전반에 걸쳐 왜곡된 형태로 연주되면서 그 곡조가 우리 마음속에 박혀 악당의 사악한 정체성을 끊임없이 일깨워준다. 두 영화 모두에서 히치콕은 사운드를 이용해 '사로잡힌 곡조'를 무의식 속에서 새어나오는 메시지를 전달하는 것으로 해석한다.

말소리는 일반적으로 음악의 단편들처럼 우리 머릿속에 박히지 않는다. 반면에 음악이 지금처럼 만연해지기 이전 시대에는 낭송된 시구나 우스꽝스러운 시들이 보다 자주 귀벌레가 되었을 가능성이 크다. 1876년, 마크 트웨인(Mark Twain)의 유명한 단편 소설의 기초를 이루는 한 사건이 일어났다.[16] 두 친구, 아이작 브롬리와 노아 브룩스는 전차를 타고 가던 중 승객들에게 운임을 알리는 표지판을 발견했다. 흥미를 느낀 둘은 그것을 동료 와이코프, 헨리와 함께 출간했던 책의 시구의 기초로 사용하였다. 그 시구는 엄청난 속도로 광범위한 인기를 얻었는데, 이는 마크 트웨인이 글을 쓰는 데 영감을 주었다. 마크 트웨인은 글의 제목을 '문학의 악몽'이라 지었다. 시구는 아래와 같다.

Conductor, when you receive a fare,

Punch in the presence of the passenjare!

A blue trip slip for an eight-cent fare,

A buff trip slip for a six-cent fare,

A pink trip slip for a three-cent fare,

Punch in the presence of the passenjare!

CHORUS.

Punch, brothers! punch with care!

Punch in the presence of the passenjare!

차장님, 요금을 받으시면,

여행객 앞에서 펀칭!

파랑 여행 전표는 8센트 요금,

누런 여행 전표는 6센트 요금,

분홍 여행 전표는 3센트 요금,

여행객 앞에서 펀칭!

합창

펀칭, 형님들! 조심해서 펀칭!

여행객 앞에서 펀칭!

이 이야기에서 트웨인은 어떻게 그 시구를 신문에서 우연히 보게 되었는지 묘사한다. 시구는 즉시 그를 완전히 사로잡았고, '뇌 속에서 왈츠를 추었다'라고 표현했다. 아침을 먹었는지, 하루의 일과를 망쳤는지도 모르고 읽고, 쓰고, 심지어 잠을 잘 수도 없었다. 그냥 "Punch! Oh, punch! Punch in the presence of the passenjare!"라고 소리치기만 했던 것이었다. 이틀 후, 마크 트웨인은 자기도 모르게 한 친구에게 그 시구가 넘겨 가더니 자기한테서는 사라져버렸고, 친구는 결국 정상적인 생활을 할 수 없게 되었고, 끝날 줄 모르는 운율을 반복할 수밖에 없었다. 친구는 마침내 그를 괴롭히는 시구가 대학생들의 귀로 옮아가면서 정신병적 상황에서 해방되었다.[16]

음악이 우리의 머릿속에 박히는 현상은 라디오나 TV 광고에서는 이상적인 일이다. 즉 기억하기 쉬운 곡조는 귀벌레가 될 수 있는데, 이때 제품의 이름이 함께 결합된다. 하지만 단어들 또한 광고음악의 성공에서 매우 중요하며, 말이 아닌 노래로 불린다는 사실이 여기에선 주요한 요소가 된다. 사람들은 엉터리거나 명백히 조종하려는 메시지를 언어로 들으면 무시하지만, 만약 같은 메시지가 노래로 불리면 받아들인다. 예를 들어 가장 성공한 CM송 중 하나인 '오스카 메이어 위너 송'은 어린아이들의 목소리로 이렇게 노래하는 것이 특징이다.

Oh, I wish I were an Oscar Mayer Wiener

That is what I'd truly like to be~

아, 내가 오스카 메이어 위너였으면 좋겠다.

그게 바로 내가 진짜 되고 싶은 것~

하지만 내용은 너무 우스꽝스럽다. 누가 오스카 메이어 위너이고 싶어 할까? (광고를 한국 문화로 비유해보자면 '아, 내가 오뚜기 3분 카레였으면 좋겠다' 같은 느낌이랄까?_옮긴이) 이 말도 안 되는 노래는 우리의 주의집중을 끌어서 광고의 마지막까지 듣게 하여 결국 40초 동안 '오스카 메이어 위너'라는 말을 다섯 번을 듣게 한다! (이 곡에 얽힌 후일담을 소개하자면, 이 CM송의 작곡가 리처드 트렌틀라지는 자신의 아이가 '난 더러운 자전거 핫도그였으면 좋겠어(I wish I could be a dirt bike hotdog)'라고 말하는 것을 듣고 한 시간 만에 그 CM송을 작곡했다고 한다. 그러고 나서 거실에서 두 아이가 이 노래를 부르는 것을 녹음하는 데 20분이 걸렸다고 한다. 그다음은 굳이 말할 필요도 없다.)

몇 년 전, 매우 기억하기 쉽고 성공적인 킷캣(Kit-Kat) CM송 〈Gimme a Break(김미 어 브레이크)〉의 작곡가 마이클 A. 레빈에게 CM송 성공 비법에 관해 '외우기 쉬운 속성' 외에 무엇이 있는지 물었다. (이 곡은 보통 가장 기억에 남는 CM송 중 하나로 불리고, 여전히 그 힘이 강력하여 10대 귀벌레 중 하나로 꼽는다.) 레빈은 '탄 토스트(Burnt Toast)'[17]라는 팟캐스트에서 그가 스폰서들과 상의하기 위해 탄 엘리베이터 안에서 그 CM송을 작곡했던 것 대해 설명했다. 레빈은 나에게 보낸 이메일에 다음과 같이 썼다.

제가 피상적으로 느꼈지만 명확히 표현하지 못했던 그 무언가에 관해서, 말콤 글래드웰은 귀벌레의 고유한 속성인 '들러붙음'이 어느 정도의 '오류(wrongness)'에 달려있다고 표현하더군요. 무언가가 올바르지 않더라도 의식 수준에서 인식될 정도가 아니라면, 잠재의식이 그것을 이해하려 노력하는 과정을 계속해서 반복하게 됩니다. 저는 이런 종류의 약간의 오류, 즉 낮은 수준의 오류를 '인식적 치아 사이에 낀 옥수수 조각 같은 것'이라 말한 적이 있습니다. 이 문장은 말콤이 자기 웹사이트에 인용할 만큼 좋아하는 문구입니다.

이는 '상위'와 '하위' 문화 모두에 해당이 됩니다. 모나리자 미소의 감정적 모호함, 베토벤 5번 교향곡 도입부에서의 리듬적 모호함(셋잇단음표인지, 8분음표인지 명확하지 않습니다), 탈출한 노예를 돕는 것이 윤리적인지에 관해 논쟁하는 허클베리 핀의 아이러니, 백여 편의 소네트에 걸쳐 자신의 사랑이 어떤 것인지 묘사하던 셰익스피어와 그의 한 시구 "그대를 여름날에 비교할까요(Shall I compare thee to a summer's day)", "윈스턴 담배는 담배가 그렇듯 맛이 좋습니다(Winston Tastes Good Like A Cigarette Should)"에서 "as" 대신 "like"라는 구어체를 사용해서 1950년대 문법학자들의 심기를 불편하게 한 것.

킷캣 광고음악은 켄 슐드먼(Ken Shuldman)의 "기브 미 어 브레이크(Give me a break! '그만 좀, 적당히 좀 해!'라는 뜻)"라는 광고 문구가 아니었다면 그렇게 효과적이진 않았을 것입니다. 아시다시피 킷캣 바는 조각내서 먹는 과자였고, 일종의 말장난을 만든 것이죠. "기브 미 어 브레이크"가 원래는 부정적인 표현이라는 중요한 사실과 결합되어 있습니다. 그래서 짜증 섞인 경고와 같은 튕기는 듯한 짧은 어조였다가 이내 초콜릿 한 조각을 달라는 요구로 바뀌게 되는 것입니다! 또한 약간의 음악적 부딪힘이 있는데 선율의 첫 네 음은 상행하는 5음음계를 내포하고 뒤이어 하행하는 첫 음은 '블루' 음인 플랫 7도음으로 시작합니다. 그래서 의식적으로 '틀린 음 아냐?'라고 소리칠 정도는 아니지만, '내가 지금 뭘 들은 거지?'라고 다시 생각해 볼 만큼 어색하거나 이상한 소리이죠.

물론 이러한 모든 분석은 사후에 한 것입니다. 광고 대행사에서

열린 미팅 후 엘리베이터를 타고 내려가는 동안 제 머릿속에서
그 음악을 작곡했는데, 사실 그때 제 손에 들고 있던 켄이 만든
가사들은 두 페이지 분량이었지만, 그중 "Give me a break!(그만
좀 해!)"와 "Break me off a piece of that Kit-Kat Bar(킷캣바 한 조각만
떼주라)"가 제가 사용한 전부입니다.[18]

논리적으로 생각해보면, 곡이 귀에 쏙 들어오게 하려면 익숙함이 중
요하기 때문에 이미 대중화된 선율을 제품을 홍보하는 문구에 붙이는
것이 합리적이다. 이런 논리를 바탕으로 이미 알려진 선율이 TV 광고
에서 광고음악을 대체해 왔다. 1980년대에 나이키 운동화 TV 광고는
비틀즈의 노래 〈레볼루션〉을 사용하였다. 1990년대에는 한 회계법인이
밥 딜런의 〈시대가 변하고 있다(The Times They are A-Changin)〉를 기업 이미
지 광고로 사용했다. 그리고 1980년대와 90년대에 나폴리의 고전 노래
〈오 솔레 미오〉의 선율은 다른 단어들('Just One Cornetto/give it to me')로 대체
되어 월스(Walls) 아이스크림을 파는 TV광고에서 사용되었다.

관련이 없는 상품을 팔기 위해 유명한 음악을 사용하는 관행에 대해
원곡을 비하한다는 이유로 많은 사람들이 비난한다. 구체적인 예로 바
렌보임은 2006년 리스 강연에서 지독히 터무니없는 사례를 언급했다.

음악을 모욕적으로 사용하는 사례 중 가장 기상천외였던 사례
가 있었습니다. 왜냐하면, 제가 인지하지 못하고 있던 일종의
연관성을 활용했기 때문이지요. 시카고에 있던 어느 날, 저는

TV에서 아메리칸 스탠다드라는 회사의 광고를 보게 되었습니다. 한 배관공이 매우 급하게 달려가 화장실 문을 열고 왜 이 회사가 다른 회사보다 변기를 잘 청소하는지를 보여 주었습니다. 여기서 어떤 음악이 연주되었는지 아세요?

바로 모차르트《레퀴엠》중〈눈물의 날(Lacrimosa)〉이었습니다. 신사 숙녀 여러분, 죄송합니다. 제가 유머 감각이 있다고 자부하지만, 이번만큼은 웃을 수가 없네요.[6]

하지만 작곡가의 의도와는 상관없이, 음악이 더 강력하면서 기억을 환기시킬수록, 기억에 새겨질 가능성이 높고 그것이 메시지와 연결되어 특정 브랜드의 아이스크림을 사는 등의 행동으로 영향을 미칠 수 있다.

지금까지는 거슬리는 생각처럼, 머릿속에서 끊임없이 맴도는 음악에 대해 다뤘으며, 다음 장에서는 마치 실제 세계에서 유래한 것처럼 들리는 유령 음악에 대해 이야기해보려 한다. 우리가 살펴볼 음악적 환청은 그 자체로도 흥미로울 뿐만 아니라, 음악을 정상적으로 지각하는 원리에 대해 깨달을 수 있는 계기가 될 것이다.

환청을 듣는 사람들
음악 환청과 말소리 환청

9
chapter

저는 알고 있는 노래는 '환청'으로 들리지 않습니다. 제가 듣는 환청은 정교한 빅밴드 재즈로, 여러 개의 호른 부분이 있고, 꽉 찬 화성으로 연주되며 매우 복잡한 리듬 부분으로 완성되어 있습니다. 저는 완성된 총보의 곡을 듣고 있었습니다.

윌리엄 B(음악 환청을 경험한 제보자)

2000년 7월 어느 날, 바버라 씨는 백화점에서 옷을 쇼핑하는데, 갑자기 '영광, 영광, 할렐루야(Glory, glory, hallelujah)'라는 합창이 사운드 시스템을 통해 큰 소리로 반복적으로 들렸다. 이 합창을 스무 번 정도 반복해서 들은 그녀는 더는 참을 수 없어서 건물을 나갔다. 하지만 놀랍게도 거리에서도 합창은 그녀를 따라와 여전히 큰 소리로, 반복적으로 들렸다. 불안에 떤 바버라 씨는 아파트로 돌아왔지만 '영광, 영광, 할렐루야'

도 함께 따라 돌아왔다. 창문을 모두 닫고, 귀를 솜으로 막고, 머리를 베개에 파묻어도 계속 합창이 들리자, 청능사(청력검사 등을 진행하는 전문가_옮긴이)를 찾아갔다. 바버라 씨가 나이가 많고, 청력에 문제가 있기는 했지만 정신검사와 신경검사에서는 정상으로 나왔다. 청능사는 내가 음악지각 분야에 특별한 관심이 있다는 것을 알았기에, 나에게 연락해 보라고 권했다. 내가 바버라 씨를 만나 이야기를 들어보니, 환청은 수개월 동안 지속되고 있는 상태였다.

그 무렵 나는 에밀리로부터 전화 한 통을 받았다. 에밀리는 청력에는 다소 어려움이 있었지만, 또박또박 말할 수 있는 부인이었다. 바버라 씨와 유사하게 에밀리가 겪은 음악적 환청도 극적으로 시작되었다. 그녀는 한밤중 갑자기 침실에서 한 밴드가 큰 소리로 가스펠 음악을 연주하는 것을 듣고는 잠에서 깼다. 잠에서 깨어보니 방 안에는 아무도 없었다. 어딘가 숨겨져 있는 라디오의 타이머가 켜진 게 아닌가 생각했다. 하지만 서랍과 옷장을 뒤지고, 침대 밑을 찾아보았지만, 아무것도 찾을 수 없었다. 화가 난 에밀리가 방을 걸어 나오자 음악도 함께 그녀를 따라 복도로 왔고, 아파트의 모든 방으로 계속 따라다녔다.

에밀리는 건물 어딘가에서 가스펠이 연주되고 있다고 확신하고는 경비원에게 따지러 아래층으로 내려갔다. 경비원이 "그런데 저는 음악이 안 들리는데요"라고 말하자, 화가 머리끝까지 난 에밀리는 경찰을 불렀고, 경찰마저 아무것도 들리지 않는다고 하자, 그녀는 그제야 어쩔 수 없이 이 음악이 자신의 머릿속에서 나오고 있다고 받아들였다. 에밀리가 나에게 연락을 할 때까지 음악 환청은 수개월 동안 계속되었다. 환청 때문에 집중을 할 수도 없었고, 심지어 밤에 잠을 잘 수도 없었다. 하지만 신경과와 정신과 검사에서는 어떤 이상 소견도 발견되지 않았다.

〈LA 타임스〉에서 로이 리븐버그(Roy Rivenburg)와 '귓가에 맴도는 곡조'를 주제로 인터뷰할 때, 우연히 이 이야기를 했는데, 리븐버그는 2001년도 기사에서 내가 음악 환청에 관심이 있다는 것을 언급하였다. 이후 나는 음악 환청을 경험하는 사람들로부터 수백 통의 이메일을 받았다. 메일을 보낸 사람들은 음악 환청이 들리는 현상이 자신이 미쳐가고 있음을 의미하는 것이 아니라는 사실을 알고는 얼마나 안심이 되었는지에 대해 이야기했다. 그들 대다수가 경험하는 환청은 극적으로 그들을 괴롭혔고, 지속적이었으며, 원치 않는 소리였다. 하지만 어떤 사람들은 조용하고, 아름답고, 때로는 독창적인 유령 음악을 들었다.

그중에서도 나는 훌륭한 음악가이자 물리학자인 헤이즐 멘지스(Hazel Menzies)와 자세한 편지를 주고받을 수 있었는데, 그녀의 환청은 간헐적이었고, 복잡했으며 아름다웠다. 헤이즐은 자기가 들은 유령 음악에 대해 놀라울 정도로 유익한 정보를 주었다. 헤이즐은 2002년 3월에 처음으로 나에게 연락해왔다. '유령 합창단'이라는 제목의 이메일에서 헤이즐은 이렇게 썼다.

아무튼 전 미친 게 아니었어요! 제가 가끔 듣게 되는 그 '음악'이 일종의 정신이상의 징조라고 생각했고, 비웃음거리가 되거나 미쳤다고 생각될까 봐 두려워서 어느 누구에게도 말하지 않았습니다. 바보 같다고 생각하실지도 모르겠지만, 뭐랄까 이 환청은 특히 종교적인 소리처럼 들렸는데, 저는 제2의 잔다르크처럼 되려는 야망을 가진 적이 전혀 없었거든요.

나는 답장과 함께 그녀의 환청의 내용에 관해 몇 가지 질문을 했고, 그녀는 다음과 같이 답했다.

음…. 이런 구체적인 질문들에 대해서는 생각해 본 적이 없었어요. 횡설수설하더라도 이해해 주세요.

"주로 남성 목소리를 듣나요, 아니면 여성 목소리를 듣나요?"

글쎄요. 저는 모든 유형의 노래하는 목소리를 듣습니다. 전체 합창처럼요. 그 음악은 주로 여성과 소년의 고음의 목소리긴 하지만, 이는 실제 합창 음악에서도 그렇게 연주되거나 작곡되기 때문인 것 같습니다. 그래서 저는 상성부가 주도적으로 들렸던 이유가 제 뇌가 그렇게 만들어내기 때문인지, 제 경험이 그렇게 '되어야' 한다고 말해 주는 건지 말하기 힘드네요.

헤이즐은 계속해서 나의 질문들에 대해 다음과 같이 답했다.
"그 음악은 본질적으로 종교적인 경향이 있나요, 아니면 다른 성격을 가졌나요?"

9. 환청을 듣는 사람들

그 음악은 실제로 딱 합창 음악입니다. 일반적으로 종교 음악이 합창의 형태이기 때문에 종교성과 연관 짓게 되는 것 같습니다. 저는 강렬하고 두드러지게 올라가거나 내려가는 소리를 듣습니다. 대부분은 합창이지만, 랜덤하게 기존에 알고 있던 단선율이 포함되곤 합니다. 합창처럼 들리지만, 가사를 듣는 건 아니에요. 주로 모음인 단어의 형태이지만 일부 치찰음(쉬쉬 하는 소리)도 들립니다. 장르나 스타일 측면에서 비교할 수 있는 가장 가까운 '실제' 음악은 본 윌리엄스(Vaughn Williams)의 〈바다 교향곡〉과 (포레/모차르트 풍의) 레퀴엠 중 어두운 부분들입니다. 소년 합창단의 목소리가 갑자기 그 소리 위로 나오는 것 아시지요? 이따금 그런 선율들이 여러 소리 위로 이상하면서 또렷한 음을 불러댑니다. 가끔 전체 '합창'은 실제로 호흡할 수 있는 것보다 더 긴 시간 동안 유니즌으로 여러 음들을 부릅니다.

하지만 제가 듣는 이 '소리들'은 일반적으로 '앰비언트(ambient)'라고 불리는 현대 전자음악의 형태와도 비교될 수 있습니다. 저는 이런 형태의 음악을 '기계 속 유령'이라 생각합니다. 아 참, 이건 설명하기 어렵네요…. 아래와 같은 예로 설명해보면 도움이 될 수 있을 것 같습니다.

제가 장거리 여행을 하는 차 안에 있다고 할게요. 지루함을 달래기 위해 오디오 테이프를 몇 개 가지고 갈 것입니다. 테이프를 끝까지 들었는데 교통 체증 때문에 다른 테이프를 틀 수 없는 상태로 그렇게 한동안 운전만 한다고 합시다. 얼마 후, 음악 환청이 시작됩니다. 처음엔 테이프가 다 끝난 게 아니었다고 생각합니다. 그러고 나서 이전 레코딩부터 나머지 부분까지 듣게 되지만 마치 테이프가 자성 물질에 가까이 있거나 플레이어에 씹힌 것처럼 엉망이 된 소리가 나면서 레코딩의 일부만 남게 됩니다. 그것이 카세트 플레이어나 어떤 자동차나 엔진의 구조에서 나온 배음의 공명음들이 아니라 바로 제 머릿속에서 만들어 낸 소리라 생각하면 정말 소름 끼칩니다.

그러고 나서 헤이즐은 다른 질문에는 다음과 같이 답했다.
"당신이 '듣는' 음악은 친숙한 음악인가요', 아니면 독창적인 음악인가요?"

제가 아는 선율이나 형식 구조를 따르지는 않는다는 면에서는 독창적이지만 보통 4개나 그 이상의 성부로, 대부분 보편적 화성규칙을 따라 성부들이 혼합이 된다는 면에서는 친숙합니다. 때때로 재즈 화성처럼 감화음이나 증화음으로 구성되지만, 주로 표준적 클래식 합창에서 나타나는 그런 종류의 화성입니다. 저는 친숙한 음악 작품은 제 머릿속으로 음악 전체를 다 재생할 수 있는 음악가입니다. 만약 노래를 위해 화성을 연습해야 한다면 동시에 여러 선율을 듣는 건 어려운 일이 아니지요. 만약 한 선율이 제 머릿속에 박힌다면 그건 가수의 목소리만 기억되는 것이 아니라 반주를 포함한 전체적인 소리를 기억하며, 작은 것까지도 매우 정확하게 외워집니다. 제 머리에 친숙하거나 귀에 쏙 박히는 음악이 연주되는 것은 너무 흔한 일이어서 이러한 사운드트랙을 제 삶으로 당연하다고 받아들이고 있습니다. 만약 제가 좋아하지 않는 음악이라면 불쾌하긴 합니다. 예컨대 최근 며칠간, 그리고 바로 지금도 영화 〈오! 형제여, 어디에 있는가〉의 사운드트랙을 듣고 있습니다. 저는 이를 인지하고 있으면서도 이 환청을 듣고 있다는 상황이 저를 화나게 하지는 않아요. 왜냐하면 저는 그 영화를 좋아했고, 특히 제가 초기 미국 음악을 좋아하기 때문입니다. 제 마음 한구석에서는 어떻게 몇 노래들은 중단하고, 어떤 것들은 연주시킬지를 정하고 있습니다. 이러한 경우들은 '정상적'이라 생각하나, 음악 환청의 경우는 더 '일반적이지 않다고' 생각합니다.

"공간적으로 특정 위치에서 발생한 것으로 들리나요?"

위치에 대해서는 전혀 생각해 본 적이 없었네요! 생각해보니 그 소리는 외부 공간이 아니라 제 머리 안에 있는 것 같아요. 제 안에 있다는 것인데, 말하자면 외부의 소리를 듣는 고막이 반대 방향의 소리를 듣고 있는 것 같습니다. 사실, 제가 제 귀 안의 다양한 크기의 정맥과 동맥을 지나는 혈류의 속도 변화로 인한 물리적인 공명 효과를 들었던 건 아닌지 궁금하네요. 사람들은 스트레스·공포 상황에서 피가 솟구치는 소리를 듣는다고 하지 않나요? 제가 들었던 것이 그것과 관계가 있는지도 궁금하네요.

"그 음악을 반기시나요, 아니면 듣고 싶지 않으신가요?"

음, 앞서 말씀드렸듯이, 어떤 면에서는 다소 두렵긴 합니다. 저는 우리가 삶에서 접하는 다양한 현상들에 대해 설명하기를 좋아합니다. 제 직업이 물리학자다 보니 그 원리를 쉽게 설명하지 못한다는 것은 매우 당혹스러운 일입니다. 이에 환청, 마녀 등과 같은 것에 대한 역사적 문화적 혐오와 조현병과 같은 정신 질환에 대한 최근의 공포와 무지를 더하면 서른 살쯤 처음으로 독립해서 혼자 살기 시작한 시점에 발생한 음악 환청은… 뭐랄까… 기묘하다고 해야 할까요?

그녀가 '들었던' 음악이 독창적이라고 했기에, 혹시 자신이 작곡한 것은 아닌지 질문했고, 다음과 같이 답이 왔다.

그건 아니에요. 환청은 제 의지로 시작되거나 끝나지 않기 때문에 어떤 의미에서든 제가 '듣는' 음악을 '작곡'하고 있다고 말할 수는 없습니다. 만약 그런 일이 일어나는 동안 제 의지대로 하려고 하면, 그 음악은 제가 아는 곡으로 바뀌어 '귓가에 맴도는 증상'이 나타나게 됩니다. 그러나 저는 경험이 많은 작곡가가 아닙니다. 적어도 정식 클래식 수준에서는요. 물론 저는 누구나

하는 수준에선 음악을 작곡할 수는 있습니다!

만약 어떤 작곡가가 저와 같은 음악 환청을 사용한다면 형식적 구조를 더해야 음악이 될 수 있을 것입니다. 그런 방식으로 수많은 작품이 창조되었을 수도 있습니다. 창의적인 사람이라면 그들이 할 수 있는 모든 방법으로 영감을 얻을 테니까요. 누군가가 자신을 미쳤다고 생각할 수도 있기 때문에 환청에 관해선 언급하지 말아야 한다는 것을 명심하면서, 작곡가 역시도 그런 생각을 하지 않았을까요? 그래서 그들의 사고 과정에 관한 대부분의 글이 비밀스럽게 다뤄지는 것 같습니다.

나는 또한 헤이즐에게 그녀가 들었던 유령 음악을 악보에 기보할 수 있는지 물었다. 음악 환청을 경험한 다른 음악가들은 이 소리들이 너무 빨리 지나가서 기보하기는 불가능했다고 말했다. 마치 꿈에서 들은 음악을 악보로 기보하기 어려운 것과 유사하다. 하지만 헤이즐의 음악은 느린 편이었기에 일부는 가능하지 않을까 하는 생각이 들었다. 기쁘게도 2002년 7월 5일, 그녀는 자기가 들었던 음악 환청을 기보한 악보 2장을 스캔해서 보내왔다. (그녀가 설명했던 것처럼 음악은 본질적으로 단편화되어 있었고, 악보에는 단편들이 나란히 놓여 있었다.) 헤이즐은 〈그림 9.1〉의 악보와 함께 이렇게 썼다.

저는 누군가가 재현할 수 있는 수단을 제공하기 위한 목적이 아니라 제가 들은 효과를 더 잘 표현하기 위해 악상(셈여림, 타이밍

〈그림 9.1〉 헤이즐 멘지스가 듣고 기보한 음악 환청의 단편. (헤이즐의 허락을 받고 수록)

등)을 사용하였습니다. … 저는 이 음악 환청이 e 단조, 즉 기타의 개방현으로 되어 있다는 것을 보고 놀라진 않았습니다. 왜냐하면 제가 여덟 살 때부터 연주했던 조였기 때문입니다.

아름답고 복잡한 음악을 '듣는다'는 헤이즐의 표현은 이후에 다른 것들과 결합되었다. 이들 중 일부는 수면과 각성 사이(잠 들 무렵의 '최면 상태'와 잠이 깰 무렵의 '비몽사몽한 상태')의 경계에서 일어나는 생생한 환각을 수반한다. 그러한 환각은 드문 것이 아니다. 또 한 명의 제보자 '윌리엄 B'는 한밤중에 나타난 생생하고 정교한 환상에 관해 묘사했다.

제가 아는 노래는 환청으로 들리지 않습니다. 제가 듣는 환청은 정교한 빅밴드 재즈로 여러 개의 호른 부분이 있고, 꽉 찬 화성으로 연주되며 매우 복잡한 리듬 부분으로 완성되어 있습니다. 저는 완성된 총보의 곡을 들었습니다. 그때 저는 일반적으로 곡을 쓰는 과정에서 불쑥 떠오르는 영감과는 다르다는 것을 알았습니다. 영감은 선율의 단편이나 기초적 리듬 패턴처럼 부분적으로 떠오릅니다만, 그것은 달랐습니다. 마치 지금까지는 들어본 적 없는 가장 터무니없는 재즈 음악 전체가 제 머리에서 재생되는 것 같았기 때문입니다. 일어나서 이 환청을 기보하려고 하진 않았습니다. 어차피 저는 기초적인 단편들 정도밖에 기억하지 못하거든요. 그래서 가만히 누워서 제가 듣고 있다는 것에 놀라면서 그저 듣고만 있었습니다.

또 한 명의 제보자 '콜린 C'도 다음과 같은 유사한 설명을 했다.

지금까지 제 최면 음악은 모두 저였습니다. 눈부시게 빛나는 복잡한 선율, 종종 화려하고 무질서한 재즈였고, 그 안의 각 악기

선율은 독립적으로 날아다니고, 간결하면서 비예측적으로 울리고, 만나고, 일부 모호한 화성적 아이디어를 잠시 재도입합니다. 전체 음악은 하나의 매우 복잡한 화성이 확장된 형태입니다. 다른 때는 80개의 관현악단의 웅장함이 있기도 합니다. 아주 슈트라우스적이고, 슈베르트 스타일 같아요….

잠의 문턱에서 경험하는 음악 환청은 아마도 꿈에서 들었던 음악과 관련이 있을 것이다. 가끔씩 나는 잠잘 때 마치 오케스트라 반주와 합창단이 노래하는 것과 같은 대단히 아름다운 음악을 경험했다. 한동안은 그 음악이 사라지기 전에 일부라도 적어두고 싶어서 머리맡에 오선지를 두곤 했다. 하지만 너무도 빨리 사라져서 한두 줄도 적을 수 없었고, 자는 동안 들었던 천상의 아름다운 소리를 결코 재현할 수 없었다.

베토벤, 베를리오즈, 바그너 등 몇몇 작곡가들은 꿈에서 들은 음악에서 파생된 작품을 썼다. 바이올리니스트이자 작곡가인 주세페 타르티니(Guiseppe Tartini)는 악마에게 자기 바이올린을 주었던 꿈에서 영감을 받아서 그의 가장 유명한 작품인 〈바이올린 소나타 G 단조〉를 작곡했다. 놀랍게도 악마가 연주했던 작품은 기막히게 아름다웠고, 지성과 예술성을 가지고 연주해서 그가 들어보거나 상상했던 모든 것을 능가했다. 음악에 압도된 타르티니는 숨을 헐떡이며 깨어났다. 타르티니는 곧바로 바이올린을 들고 바로 전에 들었던 음악을 재현하려 했지만 소용없었다. 하지만 그 경험에서 영감을 받아 〈악마의 트릴 소나타〉로 알려진 작품을 작곡했다. 타르티니는 그 곡을 자신의 작품 중 최고로 생각했지만 꿈

<그림 9.2>　　　루이 레오폴 발리의 〈타르티니의 꿈〉. 주세페 타르티니의 〈악마의 트릴 소나타〉
에 얽힌 이야기에 관한 삽화. (Bibliothèque Nationale de France, 1824)

에서 들었던 음악이 그 작품보다 더 뛰어나서 만약 그것을 재현할 수만
있다면 자기 바이올린을 박살내고, 음악을 포기할 것이라고 말했다.[1]

　하지만 나는 음악 환청이 보통 신나고 흥분된다는 인상을 주고 싶지
는 않다. 반대로 나에게 자신의 환청에 관해 편지를 쓴 대부분의 사람
들은 괴로워했고, 그들을 괴롭히는 그 끊임없이 시끄러운 음악으로부터
벗어나기를 바라고 있었다. 나는 또 한 명의 제보자 '폴 S'에게 그가 듣
고 있는 것을 실시간으로 묘사해 달라고 요청했고, 그는 다음과 같이
적었다.

지금은 밤 9시 41분이고 음악이 큰 소리로 재생되고 있어요. 이제 음악은 반복하는 시구로 된 '기본 노래'가 계속 돌고 돕니다. 한 단락의 시구를 연주하는 수많은 백파이프가 있습니다. 또한 금이 간 플루트와 오카리나도 있고요. 시끄럽네요. 곡을 바꿀까 해요. 전 곡을 바꾸는 게 가능해요. 〈어리석은 나(What kind of fool am I)〉로 변경하려고요.

이젠 그 곡이 연주되고 있어요. 연주가 형편없긴 하지만 선율은 확실히 맞아요. 볼륨 레벨이 높고, 더 많은 악기가 같이 연주하고 있습니다. 다른 건 똑같아요. 하지만 이젠 모든 악기들 소리 위로 매우 높은 음의 새 지저귀는 소리가 들리네요. 이제는 어떤 악기인지 알 수 없는 날카로운 고음이 들리고요. 일종의 휘파람 소리일 수도 있습니다. 〈어리석은 나〉가 너무 고음들로 들려서 연관성이 좀 있으면서 집중되는 노래로 다시 변경하려 합니다.

방금 〈오버 더 레인보우〉로 바꿨습니다. 이게 조금 더 낫네요. 선율은 그렇게 나쁘진 않지만, 여전히 음정이 어긋나네요. 악기들은 같지만, 오카리나가 더 뚜렷이 들립니다. 원래 버전보다 더 빠르게 재생되고 있지만 속도를 늦출 수는 없네요.

전형적으로 사람들은 자신의 음악 환청을 '재생 목록'의 관점에서 묘사하는 경향이 있다. 마치 여러 장르의 음악으로 구성된 아이팟, 주크박스, 혹은 예측할 수 없는 라디오의 채널을 변경하는 것처럼 무작위로 단

9. 환청을 듣는 사람들

편들을 끄집어내는 것처럼 보인다. 또 다른 제보로 꽤 성공한 사업가인 '헤럴드 M'로부터의 메시지를 소개한다.

> 때론 클래식이 들렸다가 팝이 들렸다가, 컨트리, 록이 들립니다. 아침에 일어나면 들리는 노래의 무작위적인 재생 목록을 그냥 내버려 둡니다. … 곡들은 항상 바뀌죠. 바로 오늘 점심시간에 운동을 하고 있을 때, 노래들이 마치 뮤직 샘플러처럼 제 머릿속을 이리저리 돌아다녔습니다.

전반적으로 사람들이 환청으로 듣는 단편들은 애국심을 고취하는 노래, 찬송가, 크리스마스 캐럴, 민요, 오래된 TV 광고와 TV 쇼의 음악과 같이 어린 시절 알던 음악들로 구성되는 경향이 있었다. 하지만 이것들은 또한 이후 시기에 들은 다른 음악들과도 혼합되어 있었다. 제보자 '제리 F'가 나에게 보냈던 한 재생 목록은 〈꿈길에서〉, 〈올드 맨 리버〉, 〈톰 둘리(Tom Dooley)〉, 〈고요한 밤〉, 〈아름다운 미국〉, 〈스와니강〉, 〈미 해병대 찬가〉, 〈춘곤증(Spring Fever)〉, 〈참 반가운 신도여(O Come All Ye Faithful)〉, 〈클레멘타인〉, 〈생일축하노래〉, 〈맥도널드 아저씨의 농장〉, 그리고 〈올드 랭 사인〉 등이었다. 제리는 다음과 같이 덧붙였다. "저는 심지어 방에 가득한 소년들이 조율이 안 된 피아노에 맞춰 미국 국가를 부르는 것도 들었습니다." 다른 제보자 '브라이언 S'가 보낸 또 다른 재생 목록에는 〈산 위에 올라가서 고하라(Go Tell It on the Mountain)〉, 〈올드 랭 사인〉, 〈닻을 올리고(Anchors Aweigh)〉, 〈내 조국이여 나 그대에게 맹세하노라

(My Country 'Tis of Thee)〉, 〈나는 철도에 종사하고 있다(I've Been Working on the Railroad)〉, 〈맥도널드 아저씨의 농장〉, 〈오 수재너〉 등이 있었다.

일반적으로 이처럼 의도하지 않은, 초대받지 않은 음악은 마치 무작위 방식으로 '재생 목록'에서 인출되는 것처럼 묘사된다. 다른 한편, 제보자들은 일상생활 속의 어떤 사건에 의해 특정 음악이 촉발될 수 있다고 보고하였다. 가령 강을 가로지르는 다리를 따라 운전하는 것은 〈올드 맨리버〉를 촉발했고, 식당에서 케이크 옆을 지나는 경우에는 〈생일축하노래〉의 환청을 일으켰다. '콜린 C'는 문을 보는 것은 롤링 스톤즈의 〈빨간색 문을 보니 검은색으로 칠하고 싶어(I see a red door and I want it painted black)〉를 촉발시킨다고 적었다. 그리고 '에밀리 C'는 어느 날 끝없이 흐르는 유령 음악을 듣고 있었는데, 몇 초 동안 멈추었다. 그때 그녀가 속으로 '침묵의 소리가 정말 멋지다!'라고 생각하자, 곧바로 사이먼 앤 가펑클의 노래 〈침묵의 소리(The sound of silence)〉가 시작되었다!

비록 생활 속 사건들이 특정 음악을 촉발할 수도 있지만, 환청을 경험하는 사람들은 자기가 '듣는' 음악을 자발적으로 듣는 것은 아니며, 뇌가 만들어낸 선곡들을 대다수가 싫어한다고 주장한다. 한 여성은 제보 메일에서 자신은 무신론자인데 환청으로 가스펠송이 들려서 괴롭다고 불평했다. 랩 음악을 혐오하는 또 다른 사람은 바닐라 아이스의 〈아이스, 아이스, 베이비(Ice, Ice, Baby)〉에 일주일 동안 시달렸다. 한 현대음악 작곡가는 고전시대 양식의 조성음악이 환청으로 들리는데, 특히 작곡하는 것을 간섭할 때 괴롭다고 호소했다.

음악 환청에서 빈번하게 나타나는 또 다른 특성은 한 단편이 몇 분,

몇 시간, 심지어는 며칠, 몇 주 동안 계속해서 반복된다는 것이다. 마치 긁히거나 망가진 레코드에서 음악이 재생되거나 계속 되감기 되는 테이프에서 재생되는 것처럼 묘사한다. 어떤 사람은 "저는 하루에 4시간가량 〈생일축하노래〉를 들어야 했어요"라고 토로했다. 또 다른 사람은 세서미 스트리트(Sesame Street)의 〈이 중 하나는 나머지와 달라요(One of These Things Is Not Like the Other)〉가 이틀 연속으로 들렸다고 호소했다. 일부 사람들은 반복되는 단편의 길이가 점진적으로 변할 수 있다고 언급했다. 예컨대 여덟 마디로 시작해서 네 마디로 분리되고, 그다음은 두 마디, 그러고는 한 마디만 반복적으로 재생된다는 것이다.

음악 환청이 연속적인 루프로 나타나는 현상은 환청이 아닌 경우에도 상상으로 일어날 수 있다. '반복'은 음악의 기본적 특징 중 하나이지만 왜 그것이 환청이나 귀벌레와 같은 극단적인 상황에서 발생하는지는 또 다른 미스터리이다.

'환청(hallucination)'이라는 용어는 '마음을 헤매다', '한가하게 이야기하다', '고래고래 소리를 지르다'라는 뜻의 라틴어 'alucinari' 혹은 'hallucinari'에서 유래되었다. 이 용어는 수 세기 동안 착각, 망상, 그리고 그것과 관련된 경험들을 지칭하기 위해 부정확하게 사용되다가, 19세기 초 프랑스 정신과 의사 장 에티엔 도미니크 에스퀴롤(Jean-Etienne Dominique Esquirol)의 연구결과가 나온 후에야 '감각은 존재하나 그것을 야기하는 외부 물체가 없을 때의 감각'을 의미하게 되었다. 1845년에 출간된 책『정신질환: 정신이상에 관한 연구』에서 에스퀴롤은 환청(혹은 환각)은, 외부 물체에 대한 지각의 왜곡인 착각과 분명히 구분되어야 한다고 주장했다. [2]

프랑스 신경학자 쥘 바일라르제(Jules Baillarger)는 1846년에 음악 환청에 관한 첫 보고서를 출판했고, [3] 독일 신경학자 빌헬름 그리징거(Wilhelm Griesinger)는 1867년에 추가 보고서를 출판하였다. [4] 하지만 음악 환청을 경험했던 사람들 대부분은 주변 사람들이 미쳤다고 생각할까 두려워 자신의 경험을 숨겼기 때문에 의학계는 한 세기 이상 이를 무시했다. 사실은 이런 현상을 겪는 것을 두려워할 이유나 근거는 없다. 왜냐하면 환청으로 '사람의 목소리'를 듣는 것이 정신병의 징후일 수는 있지만, '음악 환청'은 대부분 정신질환을 동반하지 않기 때문이다.

음악 환청은 청력이 손상된 노인들이 겪을 가능성이 크나 정상 청력의 젊은 사람들도 경험할 수 있다. 특히 젊은 사람들이 겪는 음악 환청은 음악 지각과 기억에 관여하는 뇌 영역에서의 비정상적 활성화가 반영된 것일 수 있다. 다른 한편으로는 혼자 살고 있거나 우울한 젊은이들이 이러한 환청을 경험할 가능성이 더 클 수 있다. 또 뇌졸중(뇌혈관질환 또는 중풍)이나 종양, 뇌전증과 같은 뇌손상이나 질환에서 기인할 수도 있다. 여러 약물이 음악 환청을 일으키는 것으로 여겨지며, 여기에는 다른 처방약들 중에서도 삼환계 항우울제, 암페타민, 베타 차단제, 카르바마제핀 등이 포함된다. 또한 전신 마취 이후에 음악 환청이 일어날 수도 있다. 때로 과도한 양의 알코올이나 기분 전환 약제 또한 음악 환청을 일으키기도 한다.

왜 하필 청각이 손상되었을 때 음악 환청이 시작될 확률이 높은 걸까? 정상 수준의 청력을 가진 사람들의 경우, 귀에 도달한 소리는 신경 자극으로 변환되어 뇌의 청각 중추로 이동한다. 이곳에서 정보를 분석, 변환, 해석해 소리가 지각된다. 뇌의 감각 영역이 정상적으로 기능하기 위해서는 감각 기관으로부터 입력을 받아야 한다. 하지만 입력정보가 부족하면, 뇌가 스스로 심상을 만들면서 환청이나 환각을 경험한다.

이런 견해를 '방출 이론(release theory)'이라고 한다. 방출 이론은 19세기 영국 신경학자 헐링스 잭슨(Hughlings Jackson)이 제안한 뇌 '조직화 이론'에 뿌리를 두고 있다.[5] 잭슨에 따르면 뇌는 계층적으로 조직된 단위(뉴런 집단)들로 구성되어 있고, 상위 계층의 단위들은 하위 계층 단위들의 활동을 억제(inhibit)한다. 하위 계층 단위들이 일반적인 억제 신호를 받지 못하면 하위 계층 단위들의 활동이 방출된다.* 환청을 설명하기 위해 이 이론이 변형되어 사용되긴 하지만, 사실 환청의 경우에는 이와 반대로 상위 중추가 억제를 담당하기보다는 보통 하위 단위인 귀로부터의 입력이 뇌의 감각 영역의 활동을 억제한다. 귀가 입력을 제대로 받지 못하면 뇌의 활동에 대한 억제가 풀려 환청이 일어날 수 있다. 또한 감각 경로가 손상될 경우에도 억제가 풀릴 수 있는데, 이것이 뇌손상 또는 약물이 환청을 야기할 수 있는 이유라 여겨진다.

---

* 하위 계층 단위에서 전송하는 자잘한 신호들에는 다양한 오류나 노이즈가 포함될 수 있다. 상위 신경 구조의 억제는 이러한 자잘한 오류나 노이즈를 걸러내는 결과를 만들기도 한다. 대표적인 예로 '칵테일 파티 효과'를 들 수 있다. 여러 소리가 복잡하게 섞여 있는 곳에서도 우리는 집중하고자 하는 소리를 골라 들을 수가 있는데, 이는 상위 계층이 선택적으로 억제의 역할을 하는 것이다.옮긴이

청각장애가 있는 노인들 사이에 일어나는 음악 환청, 시력을 잃은 노인들에게 일어나는 환각과 몇 가지 공통적 특징이 있다. 스위스의 박물학자이자 철학자인 샤를 보네(Charles Bonnet)는 1760년 자신의 할아버지 샤를 룰린(Charles Lullin)의 시력이 떨어지고 있을 때 나타났던 현상들을 처음으로 묘사했다.[6, 7] 한번은 두 손녀가 방문해서 할아버지와 함께 있는 동안, 할아버지의 눈앞에서는 멋진 옷을 차려입은 젊은 남성 둘이 나타났다가 잠시 후 사라졌다고 한다. 이 외에도, 이 노인의 눈에서는 아름답게 두건을 쓴 여인들, 작은 입자들의 무리가 비둘기 떼로 변하는 것, 공중을 떠다니는 회전하는 바퀴, 물체가 엄청나게 커지거나 극단적으로 작아지는 환각이 보였다고 한다. 시력이 떨어진 다른 노인들은 아름다운 풍경, 정성껏 차려입은 대규모의 남녀 무리, 건물, 차량, 기이하게 생긴 동물, 다른 특이한 물체들을 보았다고 보고했다.

'환각적 반복시'는 지속적이거나 반복적으로 보이는 이미지들의 환각을 나타내는 용어로, 이 증상은 때로 뇌손상에서 비롯된다. 예를 들어 크리스마스 파티에서 산타클로스를 본 한 환자는 이후 또 다른 파티에서 자기 주변의 모든 사람의 얼굴에서 흰색 수염을 보았다고 한다.[8] 또 다른 환자는 누군가가 공을 던지는 장면과 같은 일련의 동작을 구간 반복되는 비디오 영상처럼 몇 분에 걸쳐 계속해서 봤다고 한다. 하지만 귀에 박힌 곡조나 음악 환청과 달리, 이러한 맴도는 영상은 몇 분을 넘는 환각을 일으키지는 않고, 매우 드물게 발생한다.

9. 환청을 듣는 사람들

음악 환청은 특히 측두엽(귀 윗부분의 뇌)에서 비정상적으로 뇌가 활성화할 경우 발생할 수도 있다. 신경외과의사인 와일더 펜필드(Wilder Penfield)의 기념비적인 연구를 소개한다.[9] 그는 환자들의 두개골을 열어, 측두엽 표면 일부 지점에 미세한 전기자극을 가할 때 환자가 어떤 경험을 하는지 연구했는데, 이러한 테스트는 뇌전증 완화를 위해 뇌수술이 필요한 환자를 대상으로 진행되며, 발작의 시작점을 찾아내는 데 도움을 준다. 환자들은 완전히 의식이 있는 상태였고, 고통을 느끼지 않게 하기 위해 두피에 국소마취만 한 상태였다.

1차 청각피질에 전기자극을 가하자 환자들은 윙윙 소리나 휘파람 같은 단순한 소리를 들었다. 하지만 인접한 부위의 피질에 자극을 가하자 놀랍고 꿈같은 경험을 했다. 환자들은 온갖 종류의 시각적 장면을 지각했고, 발소리, 개 짖는 소리, 변기 물 내리는 소리, 사람들의 말소리, 속삭임, 외침, 웃음소리를 들었으며, 음악은 꽤 빈번하게 들었다. 어떤 환자는 합창단이 〈화이트 크리스마스〉라는 노래를 부르는 것을 들었고, 또 다른 환자는 여러 노인이 함께 노래하는 것을 들었다. 또한 다른 환자는 〈아가씨와 건달들〉이 무대에서 마치 오케스트라로 연주되는 것처럼 들었고, 또 다른 환자는 멘델스존의 〈사제들의 전쟁 행진곡〉이 마치 라디오에서 들리는 것처럼 들었다. 모든 환자들은 자신이 수술실에 있다는 것을 정확히 인지하고 있었고, 수술실에서 일어나는 일들을 보고 듣고 있었음에도 불구하고 이러한 환청들을 실제인 것처럼 느꼈다.

펜필드 박사는 음악을 비롯한 유사한 환상 지각들이 간질 발작이 시작할 때 발생했다는 것에 주목하여, 환상이 뇌의 전기자극으로 유발된 것과 같은 방식으로 유발되었을 것이라 가정했다. 한 환자는 발작이 일어나기 직전에는 항상 엄마가 불러준 자장가 〈잘 자라, 우리 아기〉를 들었다고 한다. 또 다른 환자는 발작의 시작을 알리며 라디오나 춤에서 자주 듣던 노래, 〈난 견뎌낼 거야(I'll get by)〉 혹은 〈넌 절대 모를 거야(You'll never know)〉를 목소리 없이 오케스트라로 연주하는 것을 들었다고 한다. 다른 환자는 발작 중에 라디오 광고에서 나오는 음악에 맞춘 단어들을 들었다고 했다.

펜필드는 이 연구를 통해 단순히 평범한 기억이 활성화된 것이 아니라 과거의 경험들이 실제로 재현된 것이라고 확신했다. 그는 환자가 겪는 생생함과 풍부한 디테일 그리고 그에 수반되는 즉각적 감각이 평범하게 기억해내는 과정과 구별된다고 주장했다. 이러한 결론은 다른 상황에서 음악 환청을 경험한 사람의 경우와 매우 유사했고, 자발적으로 기억을 불러일으키는 것보다 훨씬 세밀하고 생생한 경험을 했다. 나는 한 제보자로부터 다음과 같은 편지를 받았다.

제 머릿속에서 연주된 음악에서 저는 음악의 모든 요소, 즉 연주되는 개별 악기, 음색, 음고, 리듬, 성부 등이 완벽히 재현되고 있다는 것을 지각했습니다. 이는 마치 제가 전에 들었던 노래의 선명한 복사본처럼 노래의 각 부분의 상세한 정보가 제 기억에 완전하게 인상이 남겨진 것 같았습니다.

이런 이야기를 들으면 음악 환청이 스마트폰에 음원을 다운로드하듯 음악을 기억에 저장하고, 스마트폰에서 음원을 재생하는 것처럼 음악의 일부를 환청으로 듣는 것이라고 결론지을 수도 있을 것이다. 하지만 우리는 음악적 기억을 형성하는 과정이 이보다 훨씬 더 복잡하다는 것을 알고 있다.

바이올린으로 가온 다(C)음이 보통의 세기로 1초 동안 연주되는 소리를 듣는다고 가정해보자. 우리는 하나의 음을 음높이, 세기, 음길이, 음색, 연주되는 공간적 위치 등 여러 속성값의 조합을 계산하여 생각하고 그려낼 수 있다. 위치는 한 세트의 신경회로로 결정되며, 다른 세트의 신경회로는 음고를 계산하고, 다른 세트는 음색을 담당하며, 또 다른 세트는 음의 길이를 결정한다. 이렇게 여러 파트의 뇌 회로 출력이 결합해 최종적으로 합성된 지각 결과를 도출한다.

바로 다음 장에서 소개하겠지만, 등장하는 음악의 음을 기억하는 실험에 의하면, 뇌의 다른 모듈들이 음의 다른 속성들을 저장하는 역할을 하고, 기억에서 소리를 인출한다는 것은 다른 모듈들의 출력을 결합하는 것이 포함된다. 음정, 화음, 선율 윤곽, 리듬, 템포, 음색 등과 같은 높은(복잡한) 수준의 음악적 속성도 마찬가지로 모두 다른 신경회로에서 분석되고, 다른 기억 저장소에서 보관된다. 기억에서 음악을 인출하려면 서로 다른 속성 값(낮은 수준의 음고, 세기, 음색, 음길이와 높은 수준의 선율, 리듬, 템포 등)이 하나로 모이는 재구성의 과정이 필요하다. 그래서 우리가 음악을 들을 때와 떠올릴 때 모두, 세밀하게 녹음이 이루어지면서 동시에 여러 속성이 결합해 재구성되는 것처럼 보인다.

일상에서는 고작 음악을 듣거나 기억해내는 과정에서 우리 뇌가 이렇게 정교한 구조로 처리된다고 생각하지 않을 수 있으나, 뇌가 손상된 사람들의 행동이나 지각 결과를 보면 명확해진다. 다음 장에서도 이야기하겠지만, 뇌졸중을 겪은 일부 환자는 피아노나 바이올린 같은 악기 음색을 더 이상 식별할 수 없으나 선율과 리듬은 정상적으로 인지한다. 또 다른 뇌졸중 환자는 익숙한 선율은 인식하지 못하면서도 리듬이나 음색에 관한 인지처리에는 문제가 없다. 반대로 다른 환자들은 규칙적인 박을 유지하거나 리듬을 인식하는 데는 어려움을 겪지만 선율을 인식하는 데는 문제가 없으며, 또 다른 사례의 환자들은 연주되는 선율을 인식할 수는 있지만, 음악이 "조가 맞지 않다"고 하거나 "조율이 맞지 않다"고 말하기도 한다.

이러한 뇌 손상 환자들의 증언은 음악 소리의 특정 속성에 대한 지각이 서로 분리되어 손실되거나 해리될 수 있다는 것을 보여준다. 또한 앞서 제2장에서 소개했던 다양한 착청들을 떠올려보면, 뇌에 이상이 없는 사람에게서 일어나는 착청도 이러한 해리 상태를 보여줄 수 있다. 연속적인 두 신호음이 서로 다른 공간에서 동시에 들리게 될 경우, 이러한 속성값의 묶음이 분리되었다가 잘못 재조합될 수도 있다. 이는 음계 착청, 글리산도 착청, 옥타브 착청과 같이 명백한 착청을 일으킬 수 있기 때문에 우리가 듣는 선율은 실제 연주되는 것과 상당히 다를 수 있다.

음악 환청 또한 이러한 해리 현상이 반영된 것일 수 있기 때문에, 음악의 어떤 측면은 올바르게 들리는 반면 다른 측면은 변형되거나 변질된 것처럼 들릴 수 있다. 헤이즐 멘지스는 편지를 통해 다음과 같이 생생하게 묘사했다.

> 합창 스타일의 음들 안에서 긴 음들 사이를 엮어가는 것은 〈알
> 함브라 궁전〉에서 나오는 멜로디 라인을 잡아가는 것과 유사했
> 습니다. 하지만 제 환청에서는 원곡의 기타 선율을 한 옥타브
> 아래로 낮춰서 여러 대의 비올라로 연주되고 있었습니다. 그리
> 고 더 느렸습니다. 맹세컨데, 그건 제 의지가 아니었어요. 그렇
> 게 할 이유가 전혀 없습니다. 저는 이 원곡을 알고, 심지어 예전
> 에 콘서트에서 연주해본 적도 있습니다. 이 곡은 기타 레퍼토리
> 에서 가장 유명한 곡 중 하나이며, 제가 '듣고' 싶다면 제 머릿속
> 으로 원곡 전체를 다시 연주하는 것도 전혀 어렵지 않거든요.

환청에서 악기 음색의 왜곡은 꽤 자주 발생한다. '콜린 C'는 자신이
들었던 환청에 관해 이렇게 썼다. "가끔 전에는 들어본 적 없는 악기의
음색으로, 오보에와 바순 소리가 조합된 일종의 부풀어 오른 가지 같은
소리입니다." 다른 사람들은 유령 음악을 마치 알려지지 않은 악기에 의
해, 혹은 갈라지거나 손상된 악기에 의해 연주되는 것처럼 소리를 낸다
고 묘사했다. 그리고 템포의 왜곡이 종종 발생하는데, 보통 속도가 너무
빠르거나 너무 느릴 수도 있고, 가끔은 템포가 끊임없이 변할 때도 있
다. 다른 사람들은 자기들이 듣는 유령 음악이 종종 조가 맞지 않거나
조율이 틀어져 있다고 불평하기도 했다.

때로는 일반적인 악기로 연주하는 음악의 일부를 환청으로 경험하면

서도 실제로는 불가능한 연주법으로 연주하기도 한다. 예컨대 헤이즐 멘지스는 이렇게 썼다.

> 때론 전체 '합창'이 유니즌으로 한 음을 길게 노래하기도 하는데, 한 번의 호흡으로는 부를 수 없는 길이입니다.

또한, 제보자 '제인 S'는 다음과 같이 생생하게 묘사했다.

> 마치 14개의 손가락을 가진 연주자가 피아노를 연주하는 것처럼 거대한 화음이 천둥소리처럼 들려서 깊은 잠에서 깨어났습니다. 그러고 나서는 잊고 싶지 않은, 믿을 수 없을 정도로 아름다운 피아노 협주곡을 들었습니다.

이러한 예들이 음악적 '실수'로 여겨질 수도 있지만, 일부 환청은 분명히 정교한 음악적 지능을 반영한다. 때로 다른 두 장르의 음악이 서로 합하여 음악적으로 그럴듯하게 어우러지는 환청을 듣는 사람들도 여럿 있다. '콜린 C'는 다음과 같이 적었다.

> 상당히 다른 곡끼리도 하나의 조를 공유하는 경우에는 흔히 매끄럽게 잘 연결됩니다. 가령 스티비 원더와 빌리 조엘의 음악은 잘 결합될 수 있습니다. 이 중 어떤 것도 제 의지로 조절하거나 의도한 것이 아닙니다. 만약 제가 머릿속에서 의도적으로 두 곡

을 연결하려 했다면, 설령 할 수 있다 하더라도, 엄청나게 힘들었을 것입니다.

환청을 경험하는 다른 사람들은 층층이 쌓인 유령 음악을 듣는다고 말했다. 서로 다른 층들은 다른 장르의 음악으로 구성될 수 있지만, 음악적으로 완벽하게 맞아서 성공적인 매시업(mashup)처럼 된다.[10] 이들은 자신의 의지로 만들어내기는 매우 어려웠을 것이라며 이러한 작곡 능력에 대해 항상 의아해한다.

보통 음악적 소리를 지각적으로 구성하기 위해서는, 잘 알려진 음악 양식 안에서의 음악적 특징들을 사용하게 되는데, 이러한 정상적 뇌 기능을 담당하는 차원과 환청이 일어나는 뇌 기능의 차원은 다른 것 같다. 마치 정상적 기능에서는 청각시스템의 상위 차원의 어떤 '집행부'가 저장된 지식과 예측에 기반한 우리의 지각적 경험과 상상을 '씻어내고, 동시에 창조적 과정을 억제하는 것처럼 보인다. 환청이 발생하는 상황에서는 바로 이러한 '씻어내는 과정'이 (완전히 제거되지는 않더라도) 어느 정도는 감소한다.

음악 환청은 드물게 나타나는 반면, 말소리를 듣는 환청은 정신질환을 앓는 사람들 사이에서 흔하게 발생한다. 조현병 환자 중 약 70퍼센트는 단어와 구를 말하는 목소리를 듣고 심지어는 긴 대화를 나누기도 한다. 환자들은 하나의 목소리를 듣기도 하고, 때론 둘, 혹은 여럿이 말하는 소리를 듣는다. 목소리는 비판적이거나 욕설을 퍼붓기도 하며 위협적이고, 상스러운 말을 사용하기도 한다. 환자들에게 다양한 행동을 '지시'하는 것은 흔하게 나타나며, 그들은 그 지시를 꼭 이행해야 한다고 느낀다.

우리 지역의 재향군인병원 정신과 병동에 있는 한 환자는 두 사람의 목소리를 환청으로 들었는데, 두 목소리 모두 아는 사람의 목소리가 아니었다고 한다. 한 목소리는 큰 소리로 욕설을 퍼붓는 남성 목소리였는데, 계속해서 그에게 트럭에 몸을 던져 자살해 지옥에서 불타라고 명령했다고 한다. 다른 목소리는 그보다 드물게 들렸는데, 부드러운 여성 목소리로, '당신은 그렇게 나쁘지 않아요. 당신은 잘할 수 있어요'라고 반대의 목소리를 냈다고 한다. 환자에게 '들은' 목소리의 음량이 어느 정도였는지 묻자, 남성의 목소리에 관해 놀라운 대답을 했다. "야외 록 콘서트에서 스피커 바로 옆에 서 있다고 생각해 보세요. 음… 그것보다 더 시끄러운 것 같네요." 이렇게 큰 소리가 계속해서 들린다고 상상해보라! 비록 '메시지'의 내용이 덜 위협적이었어도, 그렇게 큰 소리만으로도 정신이 없어질 것이다. 다행히 일반적으로 환청에서 들리는 목소리는 이정도로 크지는 않다.

조현병 환자들이 환청으로 듣는 목소리의 내용은 망상을 반영하는 경우가 많다. 한 환자는 정체불명의 사람들이 자신에게 끊임없이 말을 걸면서 자신을 쫓고 있다고 보고했다. 그는 이렇게 썼다.

저를 쫓는 사람들 중 … 일부 형제자매들은 분명 부모로부터 물려받은, 들어본 적도 없고, 놀라우며, 정말 믿을 수 없을 정도의 초자연적인 힘을 가지고 있습니다. 믿기 힘드시겠지만, 이들 중 일부는 사람의 생각을 말할 수 있을 뿐 아니라 그들의 전자기적 음색의 목소리(흔히 '라디오 음성'이라 불리는 음색)를 큰 소리로 말하지 않고, 큰 노력 없이도, 몇 마일 떨어진 곳까지 보낼 수 있습니다. 이처럼 먼 곳에서 목소리를 듣게 되는 것은 마치 전기장치 없이 라디오 헤드셋을 통해 듣는 느낌이에요. 그렇게 먼 거리까지 '라디오 음성'을 보낼 수 있는 독특하고 초자연적인 힘은 타고난 신체의 전기 때문인 듯한데, 그 양은 보통 수준 그 이상입니다. 아마도 그들의 적혈구 안에 들어 있는 철분이 자기화된 것 같습니다. 그들의 마음 읽기 능력은 사람이 말하지 않아도 그 생각을 알아내서, 1마일 이상 떨어져 보이지 않는 사람과 대화를 할 수 있고, 이른바 '라디오 음성'을 사용하여 소리 내어 대답할 수 있습니다."

조현병 환자만큼 흔하지는 않지만, 양극성 장애와 경계성 인격장애가 있는 사람들도 목소리 환청을 듣는 경우가 있다. 외상후 스트레스 장애는 때때로 유령 목소리를 일으킬 수 있다. 예를 들면, 한 병사는 탱크에 포탄이 떨어져 전우 몇 명이 죽는 것을 보았고, 몇 주 후에 죽은 전우들의 목소리를 '듣기' 시작했다. 그 목소리들은 혼자만 떠나서 살아남아, 자기들을 배신했다고 비난했고, 자살을 해서 자기들에게 합류하라고 명령했다고 한다.[12] 이 외에도 목소리 환청을 일으키는 요인으로는 뇌전증, 과음, 알코올 금단, 각종 약물, 외상성 뇌손상, 뇌졸중, 치매, 뇌종양이 있다.

감옥에 감금되거나 길을 잃는 것과 같은 스트레스가 큰 상황에 고립된 사람들은 가끔 유령 목소리를 듣기도 한다. 존 가이거(John Geiger)는 저서 『제3의 존재(The Third Man Factor)』에서 사람들이 대단히 충격적이거나 인내의 한계에 부딪히는 상황에서 만나게 되는 동료나 조력자와 같은 친밀한 존재에 관해 묘사한다. 이렇게 '만난 존재'는 그들에게 보호받고 있다고 느끼게 해주고, 그러한 시련을 지날 수 있도록 그들을 안내해주었다고 한다. 예컨대, 9·11 테러 생존자, 극지 탐험가, 산악인, 잠수부, 고독한 선원, 난파 생존자, 비행사, 우주비행사들이 이러한 것들을 경험했다고 한다.

비록 이 '동료들' 중 일부는 아무 말도 하지 않았지만, 다른 이들은 격려의 말을 했다. 마이클 셔머도 자신의 저서 『믿음의 탄생』에서 그러한 경험을 많이 언급한다. 특히 그는 약 5,000킬로미터 거리의 미국 대륙을 쉬지 않고 횡단하는 자전거 경주 '어크로스 아메리카(Across America)'에 참가한 사이클리스트들이 경험한 기이한 환각에 대해 이야기하는데, 이 레이스의 참가자들은 거의 잠을 자지 못하고 심한 고통과 육체적 피로를 겪었다.[13]

산악인 조 심슨(Joe Simpson)은 저서 『난, 꼭 살아 돌아간다』에서 같은 경험을 이야기했다. 심슨은 동료들에게서 떨어진 후 심각한 다리 골절 부상을 견디며 나흘 동안 안데스산맥의 시울라 그란데(Siula Grande) 산을 내려와 베이스캠프로 돌아왔던 일에 대해 썼다. 귀환길의 끝 무렵, 분명하고 날카로운 목소리가 들렸고, 그 목소리는 계속 움직이라고 격려했다. 아마도 그 목소리가 그의 목숨을 구했을 것이다.[14] 올리버 색스(Oliver Sacks)는 책『환각』에서 유사한 경험을 묘사하였는데, 그때 그는 다리를 심하게 다쳐서 홀로 산을 내려갈 수밖에 없었던 상황이었다. 그는 고통스러운 여정을 쉬지 말고 계속 가라고 명령하는 강력한 목소리를 들었다고 한다.[15]

유명한 비행사 찰스 린드버그(Charles Lindbergh)는 저서『세인트 루이스의 정신(The Spirit of St. Louis)』에서 뉴욕과 파리 사이를 처음으로 홀로 무착륙 비행했을 때에 관해 놀라운 이야기를 했다. 22시간 동안 잠도 못 자고 피곤함을 이겨낸 후에 그는 놀라운 경험을 했다. 그는 다음과 같이 기록했다.

> 내 뒤의 비행기 동체에는 유령 같은 존재들이 가득하다. 어렴풋한 윤곽을 가졌고, 투명하며, 돌아다니고, 아무 무게 없이 비행기에 나와 함께 타고 있다. … 이 유령들은 인간의 목소리로 말하는데, 친근하고, 물질이 없는 수증기 같은 형상으로, 마음대로 사라지거나 나타날 수 있다. … 유령들이 차례로 내 어깨 앞쪽을 누르고, 엔진 소리 위로 말을 하고 나서 다시 무리 안으로 물러난다. 때로 목소리들은 공기 중에서 명료하게 흘러나오지만 멀리 사라진다 … 익숙한 목소리로, 비행 중 대화하고 조언하며, 내 항법상의 문제에 관해 논의하고, 나를 안심시키고, 일상적인 생활에서는 얻을 수 없는 중요한 메시지를 주었다.[16]

역사적 일화에도 유사한 이야기가 등장한다. 16세기 피렌체의 조각가이자 금세공업자인 벤베누토 첼리니(Benvenuto Cellini)는 자서전에서 교황의 명령으로 지하감옥에 갇혔던 참혹한 경험을 묘사했다. 오랜 수감 기간 동안 그는 자신을 위로하는 아름다운 젊은이의 모습을 한 '수호천사'의 환영을 보았다. 가끔은 이 "천사 같은 손님"을 볼 수 있었지만, 형상 없이 맑고 뚜렷한 목소리로 말하는 것만 들을 때도 있었다.[17]

아시아를 24년 동안 여행했던 13세기 탐험가 마르코 폴로는 감각 상실로 인해 일어난 듯한 경험을 묘사했다. 마르코 폴로는 저서『동방견문록』에서 이렇게 썼다.[18]

밤 중에 사막을 지나다가 무슨 일로 동료들과 떨어져 동료를 찾아 헤맬 때, 동료의 목소리로 들리는 영혼의 목소리를 듣게 되거나 때론 자신의 이름을 부르는 소리를 듣기도 한다. 이 목소리들이 종종 사람들을 길에서 멀어지도록 유인해서 영영 길을 찾지 못하게 한다. 이런 식으로 다수의 여행자가 길을 잃고 죽음에 이르렀다. 여행자들은 이따금 밤중에 길에서 멀리 떨어진 곳으로부터 많은 사람이 말 타는 소리와 같은 소음을 듣는다. 만약 그들이 자신의 동료라고 생각하고 그 소리를 향해 가는 경우, 날이 밝고 나서야 자신이 깊은 곤경에 처했다는 것을 알게 되고, 지난밤의 행동이 실수였음을 깨닫는다. 사막을 건너다가 자신들을 향해 오는 수많은 사람을 보고, 강도라 의심해서 되돌아가다가 절망적으로 길을 잃고 마는 경우도 있다. … 심지어

낮에도 사람들은 이러한 영혼의 목소리를 듣고, 종종 많은 악기, 특히 변형된 북소리, 무기들로 싸우는 소리를 듣는 상상을 한다. 이러한 이유로 여행자들은 서로 매우 가깝게 다니는 것을 중요하게 생각한다. (pp. 84~85)

환각은 감각 기관에서 평상시보다 자극이 없어지는 상황에서도 발생할 수 있다. 다른 말로는 박탈 효과라고 일컫는데, 1950년대에 시작된 존 릴리(John Lilly)의 연구에서는 이러한 감각 박탈 효과를 연구하기 위해 '부유 탱크(flotation tank)'라는 것을 사용하였다. 부유 탱크 안에서 실험참가자에게 얼굴을 위로 하고 피부 온도와 동일한 사리염이 가득한 물에 떠 있게 한 다음 보이는 것과 들리는 것을 차단시켰다. 감각 자극이 부족해지자, 잠시 후 참가자들은 환각을 경험하기 시작했다.

극심한 슬픔 또한 환각을 일으킬 수 있다. 최근 사별을 경험한 많은 사람들이 죽은 사람의 환각 혹은 환청을 경험했고, 종종 그들과 긴 '대화'를 나누기도 했다. 한 연구에서는 1년 전에 배우자가 사망한 70대 초반의 사람들이 배우자의 목소리를 '들었다'고 한다. 일반적으로 유족들은 그 목소리들로부터 위안을 받는다고 한다.[19]

환청은 조현병과 강한 연관성이 있기 때문에 목소리를 듣는 것은 정신 이상의 증상이라는 믿음이 팽배하고, 그리하여 목소리를 듣는다고 말하면 정신병원에 갇히게 될 위험에 처할지도 모른다. 스탠퍼드 대학교의 교수 데이비드 로젠한(David Rosenhan)은 학술지 《사이언스》에 발표한 "정신병원에서 정상으로 살아가기"라는 논문에서 놀라운 실험에 관해 기술했다.[20] 그를 비롯한 정신병력이 없는 7명의 "가짜환자들"은 "empty(빈)", "hollow(공허한)", "thud(쿵)" 등의 말소리가 들린다고 여러 병원의 접수처에 가서 말했다. 다른 증상은 없었지만 그들 모두 정신병동에 입원하게 되었다. 입원 직후부터는 더 이상 어떤 증상도 없다고 말하고 매우 정상적으로 행동했다. 그럼에도 불구하고, 그들이 자유롭게 퇴원할 수 있게 되기까지는 최소 7일에서 52일까지의 입원기간이 소요되었다!

환청으로 말소리를 듣는 사람들이 정신이상일 수 있다는 통념에도 불구하고, 짧게 말소리를 듣는 환청이나 유령을 보는 환시는 건강한 사람들 사이에서 일반적으로 알고 있는 것보다 더 자주 나타난다. 1890년대 초, 헨리 시즈윅(Henry Sidgwick) 연구팀은 심령연구협회를 대표하여 '온전한 정신에 깨어있는 상태의 환각을 경험하는 국제 인구조사'를 착수하였다.[21] 응답자 대부분은 영국인이었고, 나머지는 미국, 러시아, 브라질 출신이었다. 연구자들은 설문 집단을 신중하게 검토했는데, 신체적 혹은 정신적으로 명백한 질병을 가진 사람들은 조사에 포함하지 않았고, 수면에 진입하는 순간 환각을 경험해본 사람 또한 배제하였다. (왜냐하면 이러한 경험을 하는 사람들이 꽤 많았기 때문이다.) 그럼에도 불구하고 응답자의 2.9퍼센트는 목소리를 듣는 것을 경험했다고 보고했다. 추후 연구에 따르면 기능상의 장애나 고통이 없는 사람들의 약 1.5퍼센트가 목소리를 듣는 것으로 나타났다.[22]

문화적 요인, 특히 종교가 목소리 환청을 듣는 데 중요한 역할을 한다. 구약성경에는 에덴 동산에서 하나님이 아담과 대화했다고 씌어 있

9. 환청을 듣는 사람들

다. 또한 모세는 불타는 덤불 속에서 하나님의 목소리를 들었고, 십계명을 받아적으라는 명령을 들었다. 아브라함, 이사야, 예레미야, 에스겔, 욥, 엘리야 모두 신성한 목소리를 경험했다. 신약성경에는 예수님께서 악마와 대화했고, 유혹을 거부했으며, 성 바울은 자신에게 말하는 목소리를 듣고 기독교로 개종했다고 기록되어 있다.[23]

종교적 전통에 따라 많은 독실한 영적 지도자들이 목소리를 들었다. 13세기에 아시시의 성 프란체스코는 하나님의 목소리로 종교생활로의 '부름'을 받았다고 주장했다. 15세기에 잔 다르크는 프랑스 왕이 영국 침략자로부터 그의 왕국을 되찾는 것을 도우라는 성인들의 목소리를 들었다고 주장했다. 목소리를 들은 다른 종교적 인물로는 성 어거스틴, 힐데가르드 폰 빙엔, 성 토마스 아퀴나스, 시에나의 성 카타리나, 아빌라의 성 테레사가 있다. 오늘날 기도 등 영적 운동에 폭넓게 임하는 복음주의 기독교인들은 가끔 환영을 보거나 목소리를 듣곤 한다.[24]

사람들이 환청으로 목소리를 들을 때 대부분은 음악 환청을 경험하지는 않는다. 그리고 음악 환청을 경험하는 사람들이 가끔 말소리 같은 소리를 듣기도 하지만, 대체로 웅얼거리는 듯하고 분명하지 않아서 알아듣기는 어려울 수 있다. 그래서 음악 환청과 언어 환청을 일으키는 뇌회로는 대체로 구별되고 분리된 것으로 보인다.

음악 환청을 경험한 작곡가의 이야기는 드물다. 심지어 환청에서 영감을 받아 음악을 작곡했다는 이야기는 더욱 흔치 않다. 로베르트 슈만은 생이 끝나갈 무렵 심각해진 "특이한 청각적 문제"로 간헐적으로 고통받았다. 또한 지휘를 할 때 자기 안의 음악에 너무 빠져들어서 오케스트라 단원들이 따라가는 데 어려움을 겪었다. 이 시기에 슈만은 환상과 현실을 구분하는 데 분명히 어려움을 겪었는데, 동료 작곡가 요제프 요아힘(Joseph Joachim)이 기록한 바에 의하면, 슈만은 공연 중 "마법의 호른 솔로"를 듣지 못해서 크게 실망했으나, 사실 호른 주자는 오지도 않았다고 한다.

말년에는 음이 계속해서 연주되는 환청의 청각적 장애가 슈만을 따라다녔는데, 이는 "멀리 있는 관악 밴드"가 "환상적인 화성"을 연주하는 전체 작품으로까지 발전되었다. 1854년 2월, 그는 한밤중에 일어나 "천사가 일러준" 주제를 받아적고 슈베르트의 영혼에 공을 돌렸다. 하지만 다음 날 아침이 되자 천사의 목소리는 악마의 목소리로 변해서는, "끔찍한 음악"을 노래하고, 그를 "지옥으로 던져버리겠다"고 위협했다고 한다. 그다음 주 내내 선한 영과 악한 영이 그를 따라다녔는데, 슈만은 이 시기에 자신의 마지막 작품, 천사 주제에 의한 5개의 변주곡인 〈유령 변주곡〉을 썼다. 이 작품 직후, 그는 정신병원에 입원했고 몇 년 후 그곳에서 사망했다.[25]

작곡가 스메타나(Bedřich Smetana)도 말년에 음악 환청을 경험하였는데, 이는 매독의 결과였을 가능성이 높으며, 청각장애의 시작을 예고했다. 스메타나는 환청에 대해 이렇게 기록했다.

초저녁에 숲속을 걷고 있는데 … 갑자기 플루트의 감동적이고 독창적인 음이 마치 나를 유인하듯 들려왔다. 가만히 서서 주위를 둘러보며 그토록 훌륭한 플루트 연주자가 어디에 숨어 있는지 찾아보았다. 하지만 어디에서도 연주자를 볼 수 없었다. 모른 척 그냥 넘겼지만, 다음 날도 이런 일이 다시 일어나서 나는 내 방에 틀어박혀 있었다. 하지만 이후로도 이러한 착각이 폐쇄된 방에서도 계속 반복되었고, 결국 의사에게 진찰을 받으러 갔다.[26]

위대한 피아니스트 스비아토슬라프 리히터(Sviatoslav Richter)도 환청에 시달렸다. 그는 자서전에서 1974년의 사건을 이렇게 기록했다.

이것은 환청의 형태로 내가 잠든 동안에도 몇 달 동안 밤낮으로 계속해서 나를 괴롭혔다. 몇 마디 길이의 반복적인 악구를 듣기 시작했는데, 격렬한 리듬과 상행하는 음으로 구성되어 있었다. 그것은 감7화음에 기반하고 있었다. 냉정하게 생각해보면, 환청의 고통은 영구적이긴 하지만, 그러한 현상이 의학계에서는 흥미로운 현상이 될 수 있다고 생각하며 그것이 무슨 의미인지 알아내려 노력했다. 하지만 의사에게 감7화음에 대해 설명한다고 생각해보라! 때론 내가 듣고 있는 것(실제로 듣고 있는 것이 아니라, 듣고 있다고 생각하는 것)이 무엇인지 혹은 어떤 음인지 알아내려고 애쓰면서 밤을 새우기도 했다. 나는 그 음과 원시적인 화성이

어떤 것인지를 알아내고 수정하려고 끊임없이 노력했는데, 왜
냐하면 그건 정말 말도 안 되는 소리였고(표현해보자면… 라 라아아아
라아 리이이이 리이 리이이), 그 소리들은 모든 가능한 조성으로 내 머
릿속을 떠돌아다녔기 때문이다.[27]

찰스 아이브스(Charles Ives)의 곡들은 놀라울 정도로 환청 음악을 연상
시킨다. 스티븐 부디안스키(Stephen Budiansky)의 놀라운 저서 『미친 음악:
찰스 아이브스, 그리운 반란자(Mad Music: Charles Ives, the Nostalgic Rebel)』[28]는
아이브스 음악의 몇 가지 특징들, 즉 기억의 왜곡, 익숙한 음조의 강박
적 회상, 환경음 포함, 잘못된 음, 잘못된 타이밍, 조가 맞지 않거나 튜닝
이 맞지 않는 단편들에 관해 설명한다. 아이브스의 곡 〈퍼트넘의 캠프
(Putnam's Camp)〉는 특히 좋은 예이다. 그 곡은 애국적이고 종교적인 곡조,
전혀 다른 양식의 단편들과 병치되고 겹쳐져 시끄럽고 거슬리는 음악,
부적절한 불협화음, 음색의 기이한 혼합, 그리고 조와 조율이 맞지 않는
부분들을 포함한다. 아이브스는 자신이 음악 환청을 경험했다고 말하
지는 않았다. 하지만 자신의 사생활에 대해 거의 말을 하지 않았기 때문
에, 만약 환청 음악을 경험했다면 혼자만 알고 있었을 가능성이 있다.

다른 전문음악가들은 아이브스의 곡에 대한 이러한 해석에 대해
회의적이다. 작곡가 마이클 A. 레빈과 음악학자 피터 버크홀더(Peter
Burkholder)는 아이브스의 곡이 환청 음악과 유사하기는 하지만, 그보다는
실제 음악 작품을 들을 때의 경험을 정밀하게 되살릴 수 있는 특별한 능
력을 더 잘 반영한다고 주장했다.[29] 아이브스는 음악이나 대화를 선택적

으로 듣기보다는 자신에게 들리는 모든 소리를 동시에 기록할 수 있고, 들었던 혼합된 소리를 놀랄 만큼 자세하게 기억할 수 있는 것처럼 보였다. 그는 자신의 청각 처리 방식이 다른 사람들과 달랐다고 언급하며, 한때 '내 귀가 잘못되었나?'라고 생각했다고 한다.[30] 또한 어렸을 적 그의 아버지는 아이브스에게 조율이 맞지 않는 음, 조(key)를 벗어난 부분, 혹은 관계없는 조가 동시에 나타나는 부분을 포함하는 곡을 실험적으로 작곡해 보라고 권했다고 한다.

물론 우리는 아이브스가 음악 환청을 경험했는지는 전혀 알 수 없고, 일부 작곡가들은 환청에 가까울 정도의 매우 생생한 청각 기억력을 가지고 있을 수도 있다. 사실 음악 환청과 강한 음악적 상상 사이의 경계가 모호해지기도 하는데, 어떤 전문음악가는 이런 현상을 더욱 분명하게 경험하기도 한다. 한 저명한 작곡가는 내게 다음과 같이 썼다.

저는 상상 속 음악과 실제 음악을 혼동한 적은 거의 없지만 가끔 예외도 있습니다. 몇 주 전, 학교 복도에서 최근 완성한 곡의 한 패시지가 머릿속에서 맴돌아서 좀 더 명료하게 듣기 위해 멈춰선 적이 있습니다. 적어도 그때 저는 그 곡이 제 머릿속에서 맴돌고 있다고 생각했지만, 1분이 지나서야 근처 방에서 음악가들이 연습하는 음악을 들은 것이었음을 깨달았습니다.

좀 더 일반적인 관점에서 생각해보면, 음악 환청은 귀벌레와 몇 가지 공통점이 있으므로 그 둘은 어느 정도 같은 신경학적 기초를 가지고 있을 가능성이 있다. 예컨대 둘 다 난데없이 나타나지만, 환경의 몇 가지 상황에 의해 촉발될 수 있다. 또한 많은 경우 환청은 잘 알려진 곡조의 일부가 지속적으로 반복되는데, 이는 귀벌레의 특징이기도 하다.

반면 머릿속에서 들리는 음악은 두 형태 간에 중요한 차이점들이 있다. 가령 사람들은 귀벌레를 '생각'처럼 경험하기 때문에 큰 소리를 내는 방식으로 경험하지는 않는다. 반면 음악 환청을 경험하는 사람들은, 특히 환청이 매우 시끄럽고 스스로 이를 통제하지 못하는 경우, 그 시끄러움에 대해 자세히 언급한다. 또한 대부분의 귀벌레는 잘 알려진 선율의 단편만을 반복하는 반면, 음악 환청을 경험하는 사람들은 선율, 화성 구조, 음색, 템포와 같은 부분을 포함하여 세밀하게 듣고, 종종 조율이 맞지 않다거나 잘 알려지지 않은 악기로 연주되었다고 묘사한다. 머릿속에서 들리는 이 두 음악을 구분하는 신경학적 메커니즘은 아직 밝혀지지 않았다.

이번 장에서 우리는 음악 환청과 말소리 환청에 관해 살펴보았다. 다음 장에서는 반복된 구절이 말이 아닌 노래로 들리도록 지각적으로 변환되는 착청, 즉 '말이 노래로 변하는 착청'에 관해 다루고자 한다. 이 착청을 시작으로 우리는 말과 노래가 어떻게 관련되는지, 어떻게 다른지, 이 이상한 착청을 어떻게 설명할 수 있는지에 관해 논의할 것이다.

말과 노래, 그 경계는 무엇으로 구분되는가?

말이 노래로 변하는 착청 현상

10
chapter

나는 말소리를 들으면 그게 뭐든, 누가 말했든지 간에 ⋯ 나의
뇌는 그 즉시 들은 말에 대한 음악적 제시부 작곡에 착수한다네[1]

모데스트 무소르그스키(Modest Mussorgsky), 1868.

1995년 어느 여름 오후, 기이한 사건이 일어났다.[*] 나는 음악과 뇌에
관한 착청 현상 음원의 CD 출시를 앞두고 해설 녹음을 꼼꼼하게 검토
하고 있었다. 녹음된 내레이션에서 미세한 결함들을 찾아내고 수정하기
위해, 문장의 부분 부분을 구간 반복 모드로 반복적으로 들었다. 오프
닝 해설에는 다음과 같은 문장이 있었다. "The sounds as they appear to
you are not only different from those that are really present, but they

---

[*] 주의! 본문과 악보를 읽기에 앞서 QR 코드로 착청 현상을 먼저 들어볼 것을 권한다. 내용을 읽고 나면 경
험이 덜 흥미롭게 느껴질수도 있다. 옮긴이

sometimes behave so strangely as to seem quite impossible(여러분에게 들리는 소리는 실제 존재하는 소리와 다를 뿐만 아니라, 때론 불가능하다 싶을 정도로 매우 이상하게 들립니다)" 중 한 구절인 "sometimes behave so strangely(때론 매우 이상하게 들립니다)"를 구간 반복 모드로 재생해놓고는 잠깐 다른

말이 노래로 변하는 착청

일을 하기 시작하느라 재생했던 것에 대해 잊고 있었다. 그런데 갑자기 낯선 여성이 방에 들어와 노래를 부르는 것처럼 들리기 시작했다! 주위를 둘러보니 아무도 없었다. 나는 내 목소리로 그 구절이 반복되고 있다는 것을 깨달았다. 하지만 이후에는 말소리로 들리는 것이 아니라 〈그림 10.1〉의 악보 멜로디가 스피커에서 흘러나오는 것 같았다. 그 구절은 단순히 반복해서 재생한 것만으로도 말소리가 노래로 지각되도록 변형되었다.

'말이 노래로 변하는 착청'이라 이름 붙인 이 착청은 정말 기이하다. 이 착청은 음원의 소리 신호를 일체 바꾸지 않았고, 다른 추가적인 소리를 앞뒤 맥락으로 제시하지도 않았으며, 단순히 동일한 구절을 여러 번 반복 재생함으로써 발생한다. 더 놀라운 것은 이렇게 노래로 듣고 난

〈그림 10.1〉   "sometimes behave so strangely(때론 매우 이상하게 들립니다)"라는 구절을 여러 번 반복해서 들은 후에는 노래처럼 들린다. (Deutsch, 2003).

뒤, 다시 전체 문장을 재생하면 다른 부분은 정확하게 일반적인 말로 들리다가 반복되었던 구절인 'sometimes behave so strangely' 부분만 갑자기 노래로 들린다는 것이다. 그리고 이러한 인지방식의 변화는 놀라울 정도로 오래 지속된다. 즉 일단 반복해서 들으면 노래처럼 들렸고, 이는 몇 달 혹은 몇 년이 지난 후에도 계속된다.

이 이상한 착청은 말과 음악의 신경학적 기초를 설명하는 현재 수준의 과학 지식으로는 명확하게 설명하기 힘들다. 일반적으로 하나의 구절은 그 소리의 물리적 특성에 따라 노래로 들리거나 말로 들린다고 추정된다. 말은 종종 가파른 음고의 변화와 세기와 음색의 급격한 변화로 구성된다. 이와는 대조적으로 노래는 대체로 잘 정의된 악보상의 요소들로 구성할 수 있고, 더 안정적인 음높이로 구성되어 있다. 이런 요소들이 합쳐져 선율과 리듬을 형성한다.

과학자들은 일반적으로 말과 노래 사이에 물리적 차이가 존재한다고 전제하고, 말과 노래의 물리적 특성에 초점을 맞추어 둘의 차이를 지각하는 원리를 이해하려 하였다. 20세기 중반 무렵 등장한 견해에 따르면, 우리가 말소리를 듣는 경우에는, 소리를 처리하는 통상적인 신경회로를 우회하여 좌뇌의 독립적 모듈에서 분석되며, 이곳에서는 음악과 같은 다른 소리의 분석은 제외된다고 주장한다. 이러한 견해는 곧 음악 또한 우반구에 위치한 독립된 모듈이 담당하는 기능이며 이 모듈의 분석에서 말소리는 제외한다는 추가적 견해와 결합했다.[2, 3]

그러나 음악과 언어를 구별하고 분리된 것으로 간주해야 한다는 주장은 말과 노래 사이의 경계에 있는 여러 종류의 발성을 설명하기 어렵다. 예를 들어 종교적 찬트, 주문(incantations), 오페라의 레치타티보, 말하는 선율(Sprechstimme), 성조 언어, 휘파람 언어(whistled languages), 힙합과 랩 음악이 있으며, 이는 모두 말과 음악이 얽혀 있음을 보여준다. 또한 말과 음악이 분리된 영역에서 처리된다는 주장은 여러 시대에 걸쳐 말과 음악 사이에 강한 연관성이 존재한다는 철학자와 음악가들의 견해와도 상충된다.

19세기 영국 철학자 허버트 스펜서(Herbert Spencer)는 하나의 연속성 안에서 한쪽 끝은 통상의 말소리, 반대쪽 끝엔 노래가 있으며, 그 사이에 감정적이고 강한 억양을 가진 말의 형태가 있다고 주장했다. 스펜서는 『음악의 기원과 기능(On the origin and function of music)』이라는 제목의 글에서, 흥분된 감정은 말소리에서 급격한 음높이 변화로 전달되며, 우울한 정서는 느린 아티큘레이션(articulation)*, 분노와 기쁨은 높은 음역대로, 놀라움은 대조적인 음높이로 전달된다고 언급했다. 스펜서는 다음과 같이 말했다.

> 우리가 노래의 독특한 특징으로 생각하는 것들은, 단순히 감정적인 말소리가 강화되고 체계화된 것이다. 노래에 나타나는 일반적인 특징들이 성악 음악부터 모든 음악에 이르기까지 격정을 표현하는 자연어(natural language)를 이상화한 것이며…, 성악은 본질적으로 감정적인 말소리에서 서서히 점진적으로 파생되었음이 명백해졌다고 생각한다.

---

* 같은 음고와 리듬이더라도 스타카토처럼 짧게 연주하거나 테누토처럼 길게 연주하거나 엑센트를 주는 등의 표현방식 옮긴이

또한 스펜서는 일상적인 말의 음높이 변화는 좁은 폭에서 이루어지지만, 사람들이 감정적이 되면, 말의 음높이 간격(음정)이 넓어진다고 주장했다.

> 차분한 말투는 비교적 단조롭지만, 감정적인 말투의 음역은 5도, 옥타브, 심지어는 더 넓은 음정을 사용한다. 어떤 사람이 아무 관심도 없는 말을 하거나 반복한다고 생각하면 그의 목소리는 중간 음에서 위아래로 두세 음 이상을 왔다 갔다 하지 않고, 조금씩 변할 것이다. 하지만 어떤 흥분되는 사건을 접하면, 평소 자신의 음역보다 더 높거나 낮은 음역을 사용할 뿐 아니라, 넓은 음정 간격으로 널뛰게 될 것이다.

작곡가들도 수백 년 동안 음악의 표현성이 말의 억양에서 파생되었다고 믿었고, 구어에서의 정서적 표현의 다양한 특성을 작곡에 접목해왔다. 대표적인 작곡가로는 르네상스 작곡가 제수알도(Carlo Gesualdo)와 몬테베르디(Claudio Monteverdi)를 꼽을 수 있다.

19세기 러시아 작곡가 무소르그스키는 말과 노래가 말의 억양에서 파생된 하나의 연속체의 양극단에 있는 형태라고 확신했다. 무소르그스키는 자신의 작품에서 자기가 우연히 들었던 대화를 그려내기 시작했는데, 자연스럽게 말할 때의 음정, 타이밍, 세기의 변화를 사용한 억양 곡선을 증폭시켜서 멜로디 라인으로 만들었다. 무소르그스키는 친구 림스키-코르사코프(Rimsky-Korsakoff)에게 다음과 같이 썼다.

나는 말소리를 들으면 그게 뭐든, 누가 말했든지 간에… 나의 뇌는 그 즉시 들은 말에 대한 음악적 제시부 작곡에 착수한다네.[5]

그러고는 이렇게 덧붙였다.

나의 음악은 사람 말의 억양을 미묘하게 변화시켜서 예술적으로 재현한 것이라네. '인간의 말소리'는 사고와 감정의 외적인 발현이므로, 과장되지 않고 억지스럽지 않게, 진실되고 정교한 '음악'이 되어야 한다고 생각하네.[6]

무소르그스키의 말과 관련된 작곡 양식의 특히 좋은 예는 그의 연가곡 〈어린이 방(The Nursery)〉이다. 이 곡은 자신의 가사에 붙인 노래로 '장면' 콜라주로 구성되어 있고, 듣는 사람으로 하여금 아이들이 경험하는 상상의 세계를 들을 수 있게 해준다. 그 안에서 아이는 이야기에 겁을 먹기도 하고, 거대한 딱정벌레에 놀라고, 장난감 목마를 타고, 말에서 떨어지기도 하고, 다시 타기 전에 위로를 받는다.

체코의 작곡가 야나체크(Leos Janáček)도 음악이 강한 억양을 가진 말이라는 생각에 사로잡혀 있었다. 그는 "오페라 작곡가가 되기 위한 좋은 예비 공부는 토착적인 말소리의 멜로디 라인을 주의 깊게 들어보는 것이다"라고 썼다. 그는 30년이 넘는 세월 동안 수천 개의 말소리 단편을 표준적인 음악 표기법으로 채보하였다. 예를 들어, 교사와 학생 사이의 짧은 대화, 정육점 주인에게 불평하는 노부인의 소리, 아이의 놀림, 노점

상의 외침 등을 기록했다.

20세기 초, 다른 작곡가들은 노래와 말의 요소를 결합한 '말하는 선율'이라 알려진 실험적인 성악곡을 작곡했다. 말하는 선율은 여러 방식으로 사용되긴 했지만, 종종 말의 리듬은 유지되는 반면, 음고는 대략적인 것에 불과했고, 일정하게 유지되는 음고보다는 미끄러지듯 오르내리는 음들로 노래된다. 엥겔베르트 홈퍼딩크(Engelbert Humperdinck)의 오페라 〈왕자들〉은 노래와 말 중간 즈음의 패시지를 담고 있다. 또한 비슷한 시기에 작곡가 쇤베르크는 알베르 지로(Albert Giraud)의 연작 시에 곡을 붙여 〈달에 홀린 피에로〉를 작곡했다. 말과 음악의 혼합을 특징으로 하는 또 다른 작품으로는 C.F.라뮈의 대본에 스트라빈스키가 곡을 붙인 〈병사의 이야기〉가 있다. 이디스 시트웰(Edith Sitwell)의 『파사드』라는 제목의 시집은 이 기법을 특히 매력적으로 사용한다. 그녀가 낭송한 시는 월턴(William Walton)이 작곡한 음악으로 반주된다.

이후 작곡가들은 실제 음성 샘플을 작품에 포함했다. 스티브 라이히(Steve Reich)는 〈서로 다른 기차들〉에서, 녹음된 말소리의 단편들을 현악 4중주와 결합하여 음성 단편들의 선율과 리듬 윤곽들을 재현했다. 말소리가 가지는 음악적 특징이나 멜로디 라인을 악기로 중복하여 연주하거나 악기로 이 부분들을 별도로 강조하는 방식을 사용했다. 〈컴 아웃(Come Out)〉과 같은 라이히의 초기 작품에서는 말소리에서 시작해서 음악으로 전이되는 과정을 음악적으로 구현하기도 했는데, 처음에는 음성 단편의 루프가 두 채널에서 유니즌으로 재생된다. 음성은 점차 타이밍이 어긋나면서 네 개의 채널로 나뉘고, 이후 8개로 나뉘어 종래에는 리듬과 음의 패턴이 강하게 나타난다.

작곡가 겸 기타리스트 스콧 존슨(Scott Johnson)의 음악 〈존 섬바디(John Somebody)〉에서는 말의 짧은 단편들이 여러 채널에서 병렬적으로 반복 재생된다. 말소리와 악기 연주가 동일한 선율로 함께 재생되기도 하고, 말과 악기가 따로 재생되기도 한다. 라이히의 〈서로 다른 기차들〉에서와 같이 악기를 사용하여 말의 음고를 중복하는 것은 구어의 음악적 특성을 향상시킨다.

샘플링 기술이 널리 보급된 1980년대부터 말소리를 음악에 사용하는 것이 엄청난 인기를 끌었다. 이러한 현상은 랩이나 힙합 음악에서 특히 두드러지게 나타났는데, 샘플링을 활용한 이런 형태의 음악은 리듬과 라임 요소가 중시되는 '말로 된 노래'를 비롯해 거대한 음악시장을 이룬다.

이렇게 말과 음악 사이의 밀접한 관계를 보여주는 수많은 형태의 음악들이 존재했음에도 불구하고, 20세기 중반 무렵 과학자들은 이 두 가지 형태의 의사소통이 각각 고유한 역할을 맡는 신경구조에 의해 처리되며, 분리된 뇌 시스템의 산물이라는 견해를 지지하기 시작했다. 이 두 가지 시스템(혹은 모듈)은 서로 분리되어 처리되며, 그 외의 청각 시스템으로부터 또한 분리되어 있다는 것이다. 더 나아가 오른손잡이 대부분은 음성처리의 기초가 되는 메커니즘이 (우세한) 좌반구에 있는 반면, 음악 처리의 기초가 되는 메커니즘은 (우세하지 않은) 우반구에 있다고 주장했다.

이렇게 음성 처리의 모듈식 관점을 지지하는 사람들은 19세기 브로카의 초기 연구와 그의 발견을 뒷받침하는 이후의 임상 연구들을 그 근거로 제시한다. 제1장에서 자세히 다뤘듯, 좌뇌에 뇌손상이 있는 특정 환자들이 말을 할 수 없는 반면, 유사한 뇌손상이 우뇌에 발생한 환자들의 경우 어려움 없이 말을 했다는 임상사례와 함께, 우리가 말소리를 처리하는 방식이 환경의 다른 소리들을 처리하는 방식들과 여러 면에서 다르다고 주장했다.

음악이 모듈 방식으로 처리될 것이라는 관점은 모스크바 대학의 알렉산더 루리아(Alexander Luria) 연구팀이 보고한 임상사례를 통해 강한 지지를 받았다. "작곡가의 실어증"[8]이라는 제목으로 발표된 이 연구는 모스크바음악원장을 지낸 저명한 작곡가, 비사리온 셰발린(Vissarion Shebalin)의 이야기를 다루고 있는데, 그는 57세의 나이에 심각한 뇌졸중으로 좌반구의 측두엽과 두정엽에 광범위한 손상을 입었으나, 우반구는 손상되지 않은 환자였다. 뇌졸중은 심각한 실어증으로 이어졌고, 이로 인해 말하는 능력과 다른 사람의 말을 듣고 이해하는 능력이 심각하게 저하되었다. 뇌졸중 이후 3년 동안 셰발린은 자신이 겪는 고통과 어려움을 머뭇머뭇 말하면서 설명하려 애썼다. "그 말들… 내가 그것들을 정말 듣는 걸까? 하지만 나는 확실히… 분명하지는 않아… 나는 그것들을 이해할 수 없어… 가끔은 할 수 있어… 하지만 그 의미를 이해할 수 없어. 나는 그것이 무엇인지 모르겠어."

그러나 놀랍게도 셰발린은 심각한 실어증에도 불구하고, 새로운 곡들을 많이 작곡했는데, 그 곡들은 당대의 유명한 음악가들에게 이전 작품들과 마찬가지로 높은 평가를 받았다. 작곡가 쇼스타코비치는 이렇게 평했다.

> 셰발린의 5번 교향곡은 최고의 감정으로 가득하며, 낙관적이고 생동감 넘치고, 화려하고 독창적인 작품이다. 이 교향곡은 위대한 스승이 병중에 작곡한 창작물이다.

논문의 저자 루리아는 셰발린은 우뇌가 아닌 좌뇌에 큰 손상을 입었고, 말소리 능력에서 발생한 심각한 장애와 달리 음악적 능력에는 이전 같은 작품활동이 가능했다는 사례를 통해 음악의 처리가 말소리와는 다른 신경구조에서 이루어진다고 결론지었다.

셰발린의 사례처럼 실음악증 없이 심각한 실어증만 발생하는 또 다른 사례로 유명한 음악가를 이야기할 수 있는데, 바로 밀라노의 라 스칼라 극장에서 오랫동안 오케스트라를 지휘한 지휘자였다.[9] 그는 연주 여행을 떠난 도중, 측두엽을 포함한 좌뇌에 큰 뇌졸중이 일어났다. 뇌졸중은 심각한 실어증을 남겼고, 2년 후에는 '어려워요'와 '알아요'처럼 간단한 말만 할 수 있었다. 또한 말을 이해하는 데 심각한 어려움을 겪었고, 글을 쓸 수도 없었다. 심지어는 적당한 몸짓도 거의 하지 못했다. 반면 음악적 역량만큼은 대부분 그대로였고, 정말 놀랍게도 지휘자로서 눈부신 활약을 이어갔다는 것이다. 한 음악 평론가의 말을 들어보자.

10. 말과 노래, 그 경계는 무엇으로 구분되는가?

그 71세의 베네치아 출신 노장 지휘자는 뛰어난 음악적 감각과 현시대의 음악에 걸맞은 따뜻하고 편안한 몸짓, 그리고 풍부하게 전달되는 인간애를 변함없이 보여주었다.

이와는 대조적으로, 뇌졸중 이후 언어 기능은 그대로 유지되었으나, 음악적 측면에서는 독특한 장애가 나타난 환자도 있었다. 파르마 대학에서 공부한 한 아마추어 음악가는 가벼운 뇌졸중으로 우측 측두엽이 손상되었다. 그의 언어 이해력은 저하되지 않았지만 악기 소리, 심지어 자신의 목소리를 파악하는 데 어려움을 겪었다. 하지만 선율, 리듬, 템포와 같은 다른 음악적 측면은 인지할 수 있었고, 익숙한 곡조를 노래할 수 있었다. 그의 기능상의 문제는 음색 지각에 국한된 것으로 보였다.[10]

또 다른 예로, 한 왼손잡이 아마추어 음악가는 좌측 측두엽에 손상을 입어서 '음의 구조'를 인식하는 데 장애가 생긴 반면, 말소리와 주변 소리를 처리하는 능력은 정상이었다. 그는 이렇게 한탄했다. "저는 어떤 음악적인 것도 들을 수가 없어요. 모든 음들이 똑같이 들립니다. 심지어 노래를 들으면 저에게 소리치는 것처럼 들립니다." 그는 리듬을 정확하게 비교할 수 있었고, 기침, 웃음, 동물 소리와 악기의 음색을 인식할 수 있었으며, 심지어 외국어의 톤과 억양도 구별할 수 있었다. 하지만 노래를 인지하는 것에는 장애가 있었다. 애국가나 〈오 솔레미오〉와 같이 평소 매우 친숙했던 노래조차 인식하는 데 심각한 어려움을 겪었다.[11]

사실 이렇게 특수한 환자들의 사례를 논하지 않더라도, 우리 주변에서 더욱 놀라운 사례들을 자주 찾아볼 수 있다. 한평생 음악을 지각하고 이해하는 데 어려움을 겪으면서도 다른 능력에서는 정상적이거나 심지어는 뛰어난 사람들을 생각해보자. 단순한 곡조를 인식하지 못하는 사람들에 대해, 우리는 '음치', '선율 감각 장애', '선천적 실음악증' 등 다양한 용어로 설명하곤 하는데, 찰스 다윈은 자서전에서 음악을 이해할 수 없는 자신의 무능함에 대해 이야기했다. 다윈은 케임브리지에서의 학창시절에 관해 이렇게 썼다.

나는 음악에 강하게 이끌려 주중에도 성가를 듣기 위해 킹스 칼리지 예배(채플)에 자주 가곤 했다. 그곳에서 듣는 성가는 짜릿한 즐거움을 주었는데 때론 등골이 오싹하기조차 했다. 이런 나의 취향에는 어떤 가식이나 단순한 모방도 없음을 확신한다. 왜냐하면 나는 보통 킹스 칼리지에 혼자 갔고, 때론 합창단 소년들을 고용해서 내 방에서 노래를 부르도록 했기 때문이다. 그럼에도 불구하고 나는 귀가 너무 둔해서 불협화음을 지각하지 못하고 정확하게 박을 맞추는 것도, 곡조를 허밍으로 정확하게 하는 것도 하지 못했다. 그런 내가 음악에서 즐거움을 느낀다니, 나 자신 스스로도 이해하기 어려운 일이다.

음악적 재능이 있는 친구들은 얼마 안 가 나의 이런 상태를 알아채고는, 가끔 재미삼아 어떤 노래를 원곡보다 더 빠르거나 느리게 연주해서 내가 곡의 제목을 얼마나 맞힐 수 있는지를 테스트해 보곤 했다. 친구들이 영국 국가 〈신이여 왕을 구하소서〉를 다른 템포로 연주했을 때 나는 너무 혼란스러웠다. 거의 나만

큼이나 귀가 둔한 친구가 있었는데, 믿기 힘들었지만 그 친구는 플루트를 조금 불 줄 안다고 했다. 한번은 이러한 음악 테스트에서 그를 이긴 적이 있다.[12]

19세기 후반에 "음치(Note-Deafness)"라는 제목의 글이 학술지《마인드(Mind)》에 게재되었다.[13] 이 논문의 저자인 찰스 그랜트 앨런(Charles Grant Allen)은 저명한 박물학자이자 작가였는데, 그는 어떤 사람들은 색맹으로 고통받지만, 또 다른 사람들은 청각적 측면에 유사한 상황을 경험한다는 것을 설명했다.

적지 않은 사람들이 대략 옥타브의 절반(혹은 심지어 그 이상) 범위 내에 놓인 두 음의 소리를 구별하지 못한다. 무의식적인 수준이 아니라, 의식적인 수준에서도 말이다.

특히 앨런은 교육수준이 높았던 한 청년의 사례에 대해 이렇게 소개했다.

그 청년에게 피아노 건반의 인접한 두 음을 들려주면, 그 두 음의 차이를 전혀 지각하지 못한다. 신중하게 깊이 반복해서 고민해봤으나 두 음이 정확하게 같다고 생각한다. … 더 나아가 만약 C음을 피아노에서 치고, 상당한 간격으로 떨어져 있는 다른 음, 예를 들어 흰 건반을 기준으로 두 음 위나 아래인 E음이나

A음을 연달아 치더라도 그 두 음의 차이를 알아차리지 못한다. 두 음의 간격이 C음에서 옥타브 위의 C음(C')이나 그보다 훨씬 위의 A음(A')처럼 한 옥타브 이상 벌어지면, 점차 음고가 다르다는 것을 인식하게 된다.

또한 앨런은 실험참가자가 음높이를 인식하거나 처리하는 데 심각한 어려움을 겪고 있지만 악기의 음색을 구분하거나 인지하는 것에 관해서는 매우 예민하다는 점을 지적했다.

그에게 피아노는 음악적 음에 철사를 때리는 소리를 더한 것이고, 피들(fiddle; 바이올린의 전신)은 음악적 음에 송진과 현의 마찰을 더한 소리이며, 오르간은 음악적 음에 내뿜어 나오는 공기와 펌프질하는 희미한 소음을 합한 것이다.

실음악증의 발생률은 일반 인구의 약 4퍼센트로 추정되며(적어도 비성조 언어 사용자들에서는), 이는 '색맹'의 발생률과 비교해볼 만한 수치라 할 수 있다.[14] 한 상세한 연구는 모니카라는 40대 초반의 지적인 여인에 관해 다루고 있다. 모니카는 청력에 이상이 없었고, 어린 시절에 음악 수업을 받았었다. 하지만 그녀는 선율의 윤곽이나 음정 사이의 간격을 인지하여 선율을 파악하는 것은 거의 불가능했고, 음들 간의 음높이 차이를 구별하는 것도 심각한 어려움을 겪었다. 모니카는 다른 사람들이 쉽게 인식하는 잘 알려진 멜로디도 식별하지 못했다. 하지만 그녀는 가사나 목

소리, 주변의 소음들을 식별하는 데에는 어려움이 없었다.[15]

신경해부학 연구들은 음치인 사람들이 뇌에서 측두엽과 전두엽을 연결하는 백질의 고속도로라고 할 수 있는 '궁상다발(arcuate fasciculus)'의 연결성이 감소해 있다는 것을 밝혀왔다. 만약 좌뇌의 궁상다발에 문제가 있는 오른손잡이라면, 귀로 들은 단어나 구절을 반복해서 따라 할 수 없는데, 이러한 질환은 '전도성 실어증(conduction aphasia)'으로 알려져 있다. 하버드 의과대학의 프시케 루이 연구팀은 음치인 사람들은 특히 우뇌의 궁상다발에서 연결성이 감소해 있음을 발견했다.[16]

이렇게 음악적인 능력에서는 장애가 있지만, 다른 능력은 정상인 사람들과는 대조적으로, 일반적인 기능에 상당한 장애가 있지만 놀랄 만큼 훌륭한 음악가들도 있다. 예를 들어 렉스 루이스 클락(Rex Lewis-Clack)은 '중격 시신경 형성이상'으로 알려진 질환을 가지고 시각장애로 태어났다. 그는 뇌에 심각한 손상을 입었지만 음악적 능력은 비상했다. 렉스가 여덟 살이었을 때 CBS 특파원 레슬리 스탈은 〈60분〉이라는 프로그램에서 렉스를 인터뷰했다. 렉스는 대화를 하거나 스스로 옷을 입지는 못했지만, 스탈이 렉스에게 한 번도 들어본 적 없는 꽤 복잡한 피아노곡을 들려주자 어렵지 않게 그대로 쳐냈다. 스탈은 렉스가 열세 살이 되었을 때 다시 찾아가 인터뷰를 했다. 음악 선생님이 렉스가 알지 못하는, 길고 수준 높은 곡(슈베르트의 〈아베마리아〉)을 노래 부르고 연주하자 즉시 그대로 연주하고 노래 불렀다. 당시 렉스는 즉흥연주와 작곡을 하고 있었고, 쉽게 조옮김을 할 수 있었으며, 한 음악을 여러 가지의 다른 음악 스타일로 편곡해 연주할 수 있었다. 스탈은 렉스를 "시각장애와 정신지체

그리고 음악적 천재성이라는 상반된 요소들이 신비롭게 결합된 연구대상"으로 묘사했다. [17]

그리고

앞서 설명한 것처럼 음악 처리와 언어 처리에 대한 장애가 독립적으로 발생한다는 것을 근거로, 과학자들은 이 두 가지 형태의 의사소통 기능이 각각 뇌의 특정 영역에 위치한 독립적인 모듈에 의해 통제될 것이라고 추측했다. 그래서 20세기 후반에 fMRI와 MEG[18]와 같이 정교한 뇌 스캐닝 기술이 개발되었을 때, 장애가 없는 사람의 신경 활성화 패턴을 관찰함으로써 언어와 음악의 기초가 되는 뇌영역 지도를 만들 수 있으리라는 희망이 생겼다. 그리고 이러한 뇌지도가 뇌손상으로 인한 언어 장애와 음악 장애를 통해 예측했던 가설과 일치하기를 희망했다. 다시 말해 구어를 들을 때는 좌뇌의 특정 '언어 영역'이 반짝이며 활성화되고, 음악을 들을 땐 우뇌의 특정 '음악 영역'이 반짝이며 활성화될 것이라 예상했다.

그러나 뇌 영상 실험은 예상했던 결과와 달랐다. 슈테판 쾰시(Stefan Koelsch)[19]와 애니루드 파텔(Aniruddh Patel)[20] 같은 연구자들은 음악을 청취할 때, 언어처리와 관련된다고 여겨지던 좌뇌의 브로카와 베르니케 영역을 포함한 뇌의 많은 부분을 활성화시킨다는 것을 발견했다. 쾰시 연구팀의 2002년 논문 제목은 "바흐는 말한다: 피질의 '언어 네트워크'가 음악 처리를 돕는다"였다.

또 다른 fMRI 연구는 양쪽 반구의 전두엽, 측두엽, 두정엽과 기저핵, 시상, 소뇌에서 언어와 음악이 관련된다는 것을 입증했고, 언어와 음악이 광범위하게 분포된 뇌의 네트워크와 관련된다는 결론을 끌어냈다. 마찬가지로 음악을 듣고, 기억하고, 연주하는 것은 여러 다른 기능들을 수반하며 이는 여러 뇌 영역에 넓게 분포되어 있다〈그림 10.2〉.

다른 한편으로 현대과학의 일반적인 fMRI 연구들의 경우, 결과를 해석하는 데 약간의 문제가 있다. 이런 분석 방식에서는 '복셀(voxels)'이라 불리는 공간의 단위를 사용하는데, 해상도의 단위인 '픽셀'을 3차원의 큐브 형태로 입체화한 것이라 생각하면 된다. 문제는 이 복셀이 충분히 작고 촘촘하게 촬영하기 어려워 공간 해상도가 낮다는 점이다. 결과적으로 하나의 복셀을 촬영하면 수십만 개, 혹은 심지어 수백만 개의 뉴런 활동을 반영한다. 따라서 뇌의 한 영역에서 다른 뉴런 다발이 중첩된다면 이를 분리하여 관찰하기가 다소 어려워진다.

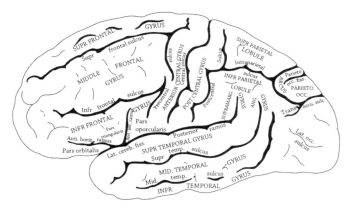

〈그림 10.2〉   대뇌피질의 여러 영역들

MIT의 신경과학자 샘 노먼-헤이그너(Sam Norman-Haignere)와 낸시 캔위셔(Nancy Kanwisher), 조쉬 맥더모트(Josh McDermott)는 fMRI 반응으로부터 중첩된 신경다발을 분리하기 위한 수학적 기법을 고안했다. 이들은 새로운 분석 방법을 사용하여 1차 청각 피질 이후에 놓인 신경다발들에서 음악과 언어의 신경 경로를 구별해냈다.[21] 이들의 뇌영상 연구와 뇌손상 환자에 대한 연구를 종합해보면, 일부 신경회로는 언어 혹은 음악에 특화되어 작동하는 반면 다른 신경회로는 두 가지 형태의 의사소통을 함께 보조하는 방식으로 작동한다.

그러나 모듈화의 문제는 좀 더 살펴볼 필요가 있다. 언어나 음악 둘 다 단 하나의 전체로 간주되어서는 안 된다. 오히려 특정 회로가 언어의 특정 측면(예를 들면, 의미론이나 통사론)만을 위해 작동하고, 다른 회로는 음악의 특정 측면(예를 들면, 선율이나 리듬)만을 위해 기능하며, 그리고 또 다른 회로들은 이 두 형태의 의사소통에 관련되어 있다고 가정할 수 있다.

또 다른 측면에서 보면, 음악이나 말소리를 지각할 때 특정 기능들을 수행하는 모듈들을 끌어와, 이 모듈들을 연결하여 통합된 지각이 일어나도록 한다고 결론지을 수 있다. 뇌손상 환자들의 사례가 이런 가설에 중요한 근거가 되는데, 환자들의 손상 부위는 언어나 음악 처리와 관련된 하나 이상의 모듈의 기능에는 문제를 일으킬 수 있지만 다른 모듈들은 온전하게 유지될 수 있는 것이다.

앞 장에서 본 것처럼 이러한 모듈식 관점의 다른 증거는 환청 음악을 듣는 사람들에게서 찾아볼 수 있다. 그들에게 '들리는' 음악은 음악의 다양한 속성 중 하나가 틀리게 또는 왜곡되게 들릴 수는 있지만, 실제 소리처럼 정교하게 들린다. 예컨대 환청으로 듣는 음악은 원곡으로부터 음역, 음량, 템포가 다르거나 낯선 악기가 연주하는 것처럼 들린다.

음에 대한 단기 기억은 여러 가지 특화 모듈에 의해 보조되는 것으로 보인다. 앞서 소개했던 나의 연구에서 두 개의 테스트 음의 음높이가 동일한지 여부를 판단하는 능력이, 두 음 사이에 일련의 다른 음들이 개입되었을 때는 강하게 교란되나, 일련의 단어나 말이 개입되었을 때는 그렇지 않다는 것을 발견했다.[22] 이 실험을 통해 음높이에 대한 기억이, 소리의 다른 측면들은 무시하는 특화된 시스템에서 유지된다고 결론 내렸다.[23]

캐서린 시멀(Catherine Semal)과 로랑 드마니(Laurent Demany)[24]는 유사한 패러다임을 사용하여 일련의 다른 음색의 음들이 테스트 음 사이에 개입되었을 때도 테스트 음의 음고 인식을 방해하지 않는다는 것을 발견했다.[25] 따라서 이는 언어와 음악이 각각 일련의 모듈에 의해 처리되고 (전부는 아니지만) 일부 모듈이 소리의 특정 속성을 처리하는 데 관여한다는 견해와 가설을 뒷받침한다.

하나의 청각 시스템을 부분적으로 특성화된 기능을 가진 모듈들의 집합으로 보는 관점은 『마음은 어떻게 작동하는가』에서 스티븐 핑커(Steven Pinker)가 표현한 바와 유사하다.

음과 단어의 기억
(음고 암기 테스트: 중간에 다른 음이 개입되었을 때와 그렇지 않았을 때)

마음은 특성화된 문제들을 해결해야 하기 때문에 특성화된 부분들로 이루어져야 한다. 오직 천사만이 전반적인 문제를 해결할 수 있으며, 유한한 우리는 단편적인 정보로부터 불완전한 추측을 해야 한다. 각 마음의 모듈들은, 없어서는 안 되나 또한 옹호할 근거도 없는 가정을 하면서, 세상이 작동하는 원리에 대해 해결되지 않은 문제들을 맹목적으로 풀어나간다. 옹호할 수 있는 유일한 근거는 그 추정과 가정이 우리 조상이 살던 세계에서는 충분히 잘 적용되었다는 것이다.[26]

모듈에서 계층적으로 정보를 조직화하는 것은 상당한 이점을 제공한다. 위계적이지 않고 완전히 평등한 구조를 가진 복잡한 시스템에서 만약 어떤 문제가 발생해 이 구조의 일부분이 손상된다면, 시스템 전체가 손상될 가능성이 상당히 크다. 반면 시스템이 독립된 모듈의 집합으로 구성되었을 때는 하나의 모듈이 손상되어도 다른 것들은 온전하게 유지될 수 있다. 컴퓨터 과학자 허버트 사이먼(Herbert Simon)은 서로 다른 알고리즘을 사용하여 각자의 장치를 만드는 시계 기술자의 비유를 통해 이 점을 흥미롭게 설명했다. 만약 "비계층적 시계 기술자"가 오류를 범한다면, 손실이 매우 클 수 있는데, 이는 전체 시스템의 여러 부분이 서로 연결되어 있기 때문이다. 그러나 "모듈식 시계 기술자"는 나머지 부분의 손상 없이 시스템의 손상된 부분만을 수리할 수 있다. 모듈식 시스템의 또 다른 장점은 모듈이 "쉽게 고쳐질" 수 있기 때문에 시스템의 다른 구성 요소들을 방해하지 않고 개선될 수 있다. 이는 시스템의 여러 부분들이 다른 부분에 영향을 미치지 않고 변형이 가능하기 때문에

10. 말과 노래, 그 경계는 무엇으로 구분되는가?

진화적인 관점에서 장점이 된다. [27]

진화생물학자 테쿰세 피치는 언어에 대해 이와 유사한 방식으로 주장했다. 그는 『언어의 진화』에서 이렇게 말했다.

나는 언어를 하나의 전체로 보기보다는 각각의 독립된 하위 시스템으로 구성된 복잡계로 취급한다. 각각의 하위시스템은 다른 기능을 가지고 있고 다른 신경적, 유전적 기본 물질을 가지고 있으며, 잠재적으로 다른 진화 역사를 가지고 있을지 모른다. [28]

말이 음악으로 변하는 착청 현상을 통해, 어떻게 언어와 음악이 뇌의 서로 다른 영역들과 관련되면서도 밀접하게 연결될 수 있는지를 생각해보았다. 이 미스터리를 풀기 위한 첫 단계로, 나는 동료인 트레버 헨손과 레이첼 래피디스와 함께 실험을 수행하였는데, 실험에서 실험 참가자들은 각기 다른 조건에서 (나의 CD '유령어와 다른 신기한 것들'에 녹음된) 'sometimes behave so strangely'를 들었다. [29]

우리는 참가자들을 세 그룹으로 나누어 테스트했는데, 각 집단마다 실험의 조건을 다르게 제시했다. 우선 참가자들 모두 CD에서 나오는 전체 문장을 들었고, 이어서 'sometimes behave so strangely'를 10번 들었다. 한 번 들을 때마다 참가자들은 그 구절이 '완전히 말 같다'와 '완전히 노래 같다' 사이를 5점 척도에서 판단하도록 하였다. 후에 참가자가 처음 들었을 때의 값과 마지막으로 들었을 때의 값을 비교분석하였다.

세 집단 모두 처음과 마지막에 제시된 음원은 동일한 녹음이었다. 첫 번째 그룹에게는 원본 음원과 동일한 것을 10번 반복해서 들려주었다. 두 번째 그룹에게는 음높이를 살짝 위아래로 변조시킨 음원을 10회 반복하였다(3분의 2 반음이나 1과 3분의 1 반음 위나 아래로). 물론 음높이의 상대적 간격은 유지되었다. 세 번째 그룹에게는 음높이는 같지만, 단어나 음절의 순서를 바꿔서 편집된 음원을 10회 반복하여 들려주었다.

실험 결과는 〈그림 10.3〉의 그래프에서 볼 수 있는데, 원본과 중간에 반복된 음원이 동일할 때, 마지막 구절에 대한 실험참가자의 판단은 확고하게 말에서 음악으로 바뀌었다. 음높이를 살짝 위나 아래로 변조시킨 음원을 반복해 들려준 다음, 마지막에 다시 원래의 구절을 들었을 때, 지각이 약간 노래 쪽으로 이동했지만 여전히 확고하게 말 영역으로 유지되었다. 구절의 음절 순서를 뒤바꾸어 반복한 뒤 마지막에 처음 음원을 들은 경우에는 확고하게 말로 판단했다. 그러므로 말이 노래로 변환되어 지각되기 위해서는 조옮김이나 음절의 순서 변경 없이 그대로 반복되어야 함을 알 수 있다.

다음 실험에서 우리는 합창단 경험이 있는 11명의 여성 참가자를 모집해서 테스트를 진행했다. 먼저 이들에게 전체 문장을 들려준 다음, 그 구절을 10번 반복해서 들려주고 나서 마지막에는 들었던 소리를 따라 해보라고 했다. 실험 결과, 참가자들 전원은 마지막 구절을 따라 할 때, 〈그림 10.1〉 악보의 멜로디처럼 노래했다.

어쩌면 이들이 처음부터 말이 아닌 노래로 들었을 수 있으므로, 다른

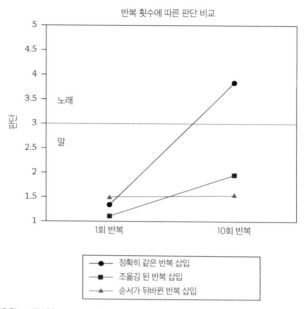

반복 횟수에 따른 판단 비교

노래

말

판단

1회 반복   10회 반복

● 정확히 같은 반복 삽입
■ 조옮김 된 반복 삽입
▲ 순서가 뒤바뀐 반복 삽입

〈그림 10.3〉   구어 'sometimes behave so strangely'를 10번 반복한 것에 대한 청취자의 판단. 정확히 같은 것이 중간에 삽입되었을 때에는 확고하게 노래처럼 들린 것으로 나왔다. 구절이 반복될 때마다 조금씩 조옮김이 되었을 때는 계속 말로 들렸으며, 음절이 뒤섞여 제시되었을 때도 계속 말로 들렸다. (Deutsch, Henthorn & Lapidis, 2011)

실험에서 또 다른 11명의 참가자를 대상으로 전체 문장을 들려준 다음 그 구절을 '단 한 번만' 들려주고 따라 해보도록 하였다. 반복해서 구절을 들었던 집단과는 대조적으로, 이 참가자들은 마지막 구절을 말처럼 재현했고, 상당히 낮은 음역에서 다양한 타이밍과 억양으로 재현했다. 이 그룹의 참가자들이 노래를 못하는 사람이 아니라는 것을 보장하기 위해 간단한 테스트를 해보았는데, 그 구절을 수백 번 들었던 나의 공동연구자, 레이첼이 노래로 불러 녹음한 것을 단 한 번 들려줬을 때도 매우 정확하게 그 노래를 따라 했다. 이 일련의 실험과정에서 녹음된 참가자들의 목소리를 들어보면 연구를 좀 더 잘 이해할 수 있을 것이다.

반복된 말소리를 듣고 따라하기

우리는 녹음된 목소리를 가지고 추가분석을 진행했는데, 놀랍게도 실험참가자들은 구어를 10번 반복해서 들은 후에는 원래 음원의 구어의 음높이 패턴보다 〈그림 10.1〉 악보의 멜로디의 음높이 패턴에 가깝게 노래했다. 사실 이런 멜로디는 실제로 들려준 적이 없었음에도 말이다. 말하자면 참가자들은 이와 같은 착청 현상을 경험할 때, 자기 마음속에서 만든 간단한 조성적 선율에 맞추기 위해 마음에서 음높이를 왜곡시켰던 것이다![30]

놀랍게도 이렇게 지각이 변화되는 현상은 음악 훈련을 받은 성인들에게만 일어나는 것이 아니다. 나는 위스콘신의 앳워터 학교의 음악 선생님 월트 보이어(Walt Boyer)와 이에 대해 논의했다. 호기심에 사로잡힌 그는 초등학교 5학년(10~11세) 학생들에게 무슨 소리를 듣게 될지 말해주지 않은 상태에서 '말이 노래로 변하는 착청'을 들려주고 난 후 반복해서 그 구어를 들려주었다. 반복재생이 계속되자 아이들이 눈을 반짝이고 흥미를 보이기 시작했다. 그때 보이어 선생님이 "자, 따라 해볼까요?"라고 말하자, 아이들은 그 어구를 따라 '노래'했다. 처음엔 망설이는 듯했으나, 이내 열정적으로 곡조에 맞추어 노래를 불렀다! 보이어 선생님은 이 상황을 비디오로 녹화했고, 이는 링크를 통해 확인할 수 있다. 우리는 반복재생이 계속되면서 아이들이 흥미를 갖게 되고, 웃고, 심지어 몇

10. 말과 노래, 그 경계는 무엇으로 구분되는가?

'말이 노래로 변하는 착청'에
대한 어린이들의 반응

몇은 춤 동작까지 한다는 걸 확인할 수 있었다.

그렇다면 우리는 어떤 신호들을 사용해서 특정 구절이 노래인지 말인지를 결정하는 걸까? 일반적으로 말과 노래를 구별하는 물리적인 특징들은 많다. 가령 노래는 대체로 평평한 음과 상대적으로 안정된 음높이로 구성되는 경향이 있는 반면 말소리는 오르내리는 음높이로 구성된다. 그리고 모음이 지속되는 시간이 말에 비해 노래에서 더 긴 경향이 있다. 하지만 '말이 노래로 변하는 착청' 현상에서는 사운드의 음향이나 물리적 특징은 변하지 않고 정확히 그대로 반복된다. 그러므로 이 경우에는 '반복'이라는 특성이 말이 노래로 판단되는 강한 단서로 작용하는 것이다. 그리고 실제로 반복은 음악의 매우 강력한 특성이며, 알려진 모든 음악 문화에서 나타난다.

일상적인 말은 현저한 대조를 보인다. 일반적으로 대화에서 여러 번 연달아 되풀이해서 말하는 것은 매우 이상한 행동이어서 말하는 사람이 장난을 치거나 비꼬는 것이라고 생각하게 만든다. 대화에서 반복의 부적절성에 관해 작곡가 마이클 A. 레빈은 내가 만든 CD에 관해 논의하던 중, 내게 이렇게 회신했다.

CD를 듣기 시작했는데, 전반적으로 잘 재생이 되었습니다. 하지만 때론 매우 이상하게 들립니다(sometimes behave so strangely). 때론 매우 이상하게 들립니다. 때론 매우 이상하게 들립니다. 때

306

론 매우 이상하게 들립니다. 때론 매우 이상하게 들립니다. 때론 매우 이상하게 들립니다. 때론 매우 이상하게 들립니다….[31]

왜 말과 노래는 반복성에 있어 차이가 있는 걸까? 이를 이해하는 것은 어렵지 않은데, 대화의 주된 목적은 세상에 대한 '정보를 전달'하는 것이고, 말은 사물과 사건을 나타내는 데에는 유용하지만, 소리 자체로는 그다지 유용한 정보가 없다. 사실 불필요한 반복이 포함된 대화는 정보 전달을 늦추기 때문에 역효과를 낳는다.

말의 근본적인 목적을 고려할 때, 우리는 대화하면서 자기가 했던 말을 돌이키면서 단어의 정확한 순서를 기억하는 데 놀라울 정도로 서툴다는 것을 알 수 있다. 대신 우리는 했던 말의 요지, 즉 일반적인 의미를 기억한다. 반면, 음악과 노래를 들을 때는 이를 요약하거나 다른 것으로 대체하는 것은 말이 되지 않는다. 왜냐하면 음악은 의미론적인 의미를 전달한다기보다는 소리와 소리 패턴 자체가 의미이기 때문이다. 따라서 대화 중의 말이 아니라 음악이 상당한 양의 반복을 포함해야 한다는 것은 타당한 결론이다.

말에서 어구의 반복은 일상 대화에서는 드물지만, 웅변이나 시와 같은 다른 형태의 말에서는 두드러진 효과를 내기 위해 사용한다. 셰익스피어의 『줄리어스 시저』는 브루투스가 시저의 암살을 정당화하기 위해

10. 말과 노래, 그 경계는 무엇으로 구분되는가?

군중을 설득하기 위한 장치로 반복을 사용한다.

이 중 누가 노예가 될 만큼 비천하단 말이오?

'만약 있다면 말하시오. 그 사람에게는 내가 잘못한 것이니.'

이 중 누가 로마인이 될 수 없을 정도로 야만스럽단 말이오?

'만약 있다면 말하시오. 그 사람에게는 내가 잘못한 것이니.'

이 중 누가 자신의 나라를 사랑하지 않을 만큼 비도덕적이란 말이오?

'만약 있다면 말하시오. 그 사람에게는 내가 잘못한 것이니.'

여러분의 대답을 듣기 위해 잠시 멈추겠소.[32]

반복을 포함하는 말

20세기 영국의 총리, 윈스턴 처칠은 웅변술로 유명했다. 특히 제2차 세계대전 당시 영국 총리로서 덩케르크 철수 작전 이후 1940년 6월 4일 영국 하원에서 한 연설에서 처칠은 희망과 애국심을 고취하기 위해 많은 반복을 사용했다.

우리는 프랑스에서 싸울 것이며,

우리는 바다와 대양에서 싸울 것이며, …

우리는 해변에서 싸울 것이며,

우리는 상륙지에서 싸울 것이며,

우리는 들판에서 싸울 것이며,

길 위에서 싸울 것이며, 언덕 위에서 싸울 것입니다.

우리는 절대 항복하지 않을 것입니다….[33]

미국의 시민 평등권 운동의 지도자, 마틴 루터 킹은 뛰어난 웅변가로서 청중을 선동하기 위해 어구의 반복을 빈번하게 사용했다. 1965년 3월 25일 앨라배마주 몽고메리의 국회의사당에서 행한 연설에서 그는 정의가 승리하는 데 얼마나 오랜 시간이 걸릴지 질문하고, 답하면서 다음과 같이 선언했다.

'얼마나 오래 걸릴까요? 얼마 남지 않았습니다.'

거짓말은 영원하지 않으니까요.

'얼마나 오래 걸릴까요? 얼마 남지 않았습니다.'

뿌린 대로 거둘 것이니까요.

'얼마나 오래 걸릴까요? 얼마 남지 않았습니다….'[34]

수많은 사람들이 함께 단어나 어구를 반복해서 구호를 외치는 것은 정치적 상황에서 놀라울 정도로 효과적이다. 멕시코 농장 노동자들은 임금 인상과 생활 여건 개선을 위한 투쟁에서 '파업'을 뜻하는 '휄가 휄가 휄가(Heulga, heulga, huelga)'라는 구호를 계속해서 외치면서 행진하고, 피켓을 들고 시위했다.[35] 농장 노동자들은 시위의 구호로 '시 세 푸에데(Si, se puede)'를 채택했는데, 이는 번역하면 '네, 우린 할 수 있습니다'로, 버락 오바마가 2008년 대선 유세에서 반복해서 함께 이 구호를 외치면서 눈부신 효과를 만들어냈다. 오바마는 2008년 1월 8일, 뉴햄프셔의 내슈아에서 한 유명한 연설에서 이렇게 선언했다.

> '네, 우린 할 수 있습니다.' 정의와 평등을 위해.
>
> '네, 우린 할 수 있습니다.' 기회와 번영을 위해.
>
> '네, 우린 할 수 있습니다.' 이 나라의 치유를.
>
> '네, 우린 할 수 있습니다.' 이 세상을 올바르게.
>
> '네, 우린 할 수 있습니다.'[36]

이 연설에서 반복되는 단어나 어구가 설득력을 가지는 이유는, 반복이 의미 부여를 위해 필요해서라기보다는 반복하는 소리가 마음을 사로잡고 사람들을 함께 연결하는 유대감을 공고히 하고 강화시키는 역할을 하기 때문이다.

반복은 시에서도 광범위하게 사용되는데, 이는 의미를 확실히 하기 위해서가 아니라 마음을 사로잡는 효과를 자아내기 위해서이다. 로버트 프로스트(Robert Frost)의 〈눈 내리는 저녁 숲가에 서서〉의 후반부를 소개한다.

> 숲은 아름답고 어둡고 깊다.
>
> 그렇지만 내겐 지켜야 할 약속이 있고,
>
> 자기 전에 몇 마일을 가야 한다,
>
> 자기 전에 몇 마일을 가야 한다.[37]

말에서도 반복이 사용되는 예외가 있기는 하지만, 여전히 반복은 말보다 음악에서 더욱 흔하게 나타난다. 엄마가 아기에게 자장가를 불러줄 때 음정 패턴과 리듬이 자주 반복되면 아기는 음악에 익숙해져서 안정감을 느낀다. (한국의 전통적인 자장가를 떠올려보면 바로 공감할 수 있을 텐데, 자장가는 가장 단순하고 반복적인 노래 중 하나다._옮긴이) 〈Skip to My Lou(나의 사랑에게 뛰어가요)〉와 〈London Bridge Is Falling Down(런던 다리가 무너져요)〉 같은 동요를 생각해보면 악구와 가사가 상당히 반복된다. 찬송가와 다른 종교적 노래들은 전형적으로 같은 선율에 다른 가사를 갖는 절들로 구성된다. 성가, 행진곡, 왈츠 모두 회중들이 음악에 익숙해지도록 하는 목적성을 갖는데, 참여자들이 함께 노래하고, 춤추고, 행진하고, 발 구르고, 손뼉을 치게 하기 위해 음악은 반복적으로 연주될 필요가 있다.

말에서 노래로의 지각적 변화와 관련된 요소로, 반복성 외에 또 다른 효과를 생각해볼 수 있다. 사실 인간의 목소리로 내는 모음 소리는 풍부한 배음렬로 구성되어 있기 때문에 음높이의 지각을 발생시킨다.[38] 하지만 모음이 노래로 불렸을 때는 음높이가 분명히 들리면서 선율이 생성되지만, 말에서 모음의 음고는 훨씬 불명확해지고 옅어진다. 이는 우리가 말의 정상적인 흐름을 들을 때 음고 지각에 관여된 신경 회로가 어느 정도 억제되어, 의미를 전달하는 데 필수적인 말의 다른 특성들, 즉 자음과 모음에 더 주의를 집중할 수 있게 하기 때문인 것으로 보인다. 말소리의 반복재생은 이 회로를 억제하지 못하게 하여 결과적으로 음높이의 지각이 더 두드러지면서 더욱 노래처럼 지각되는 것으로 추측할 수 있다.

하나의 모음을 반복적으로 듣게 되면, 곧 모음과 같은 특성이 사라지고 분명한 음높이를 가진 흐른 소리처럼 들리는 현상을 경험할 수 있다. 나는 '말에서 노래로' 변하는 착청 현상을 발견하기 몇 해 전 이 효과의 강력함을 깨닫게 되었다. 1980년 당시, 나는 친구이자 공동 연구자인 리 레이(Lee Ray)와 함께 모음의 평균 음고를 알아내는 소프트웨어를 개발하고 있었다. 내가 모음을 컴퓨터에 녹음하면, 리는 자음을 없애고 모음만 남도록 앞뒤 자음들을 잘라냈다. 가령 내가 'Mike'를 녹음하면 리는 'm'과 'k' 소리를 잘랐다. 그러고 나서 소프트웨어를 사용해서 모음의 평균 음고를 계산하고, 그 모음을 반복 재생하여 음고를 분명히 들을 수 있게 하였다. 이를 확인하기 위해 컴퓨터에서 반복되는 모음의 음고를 신시사이저에서 누른 음과 일치시켜 보았다.

우리는 모음 소리를 녹음하고, 반복해서 재생하고, 음높이를 결정한 뒤, 신시사이저의 음과 판단을 비교 검토하는 작업을 몇 시간 동안 계속했다. 그런데 말과 노래 사이의 경계에서 오랫동안 작업을 하다 보니, 어느 순간부터 그 소리는 말소리라기보다는 음악적 음으로 들렸고, 그로 인해 말하는 것이 어려워지기 시작했다! 놀란 나는 리를 향해 힘겹게 "말하는 데 문제가 생겼어요. 우리 그만할까요?"라고 말했고, 리는 "저도 같은 문제가 생겼어요"라고 대답했다. 우리는 다른 말은 하지 않고, 장비를 챙겨서 나갔다. 이후 우린 다시는 그렇게 긴 시간 동안 일하지 않았다.

말이 노래로 변하는 착청 현상은 음악 훈련 여부와 상관없이 일어난다.[39] 영어 외에도 독일어, 카탈로니아어, 포르투갈어, 프랑스어, 크로아티아어, 힌디어, 아일랜드어, 이탈리아어, 중국어, 심지어는 성조 언어인 북경어와 태국어 등 여러 언어에서 일어난다. 발음하기 더 어려운 비성조 언어로 말할 경우 더 강한 착청과 연결되고, 성조 언어에서 이 효과는 더 약해진다.[40~42]

아담 티어니(Adam Tierney)와 프레드(Fred Dick), 마티(Marty Sereno) 그리고 나는 새로운 연구팀을 꾸려 '음높이의 명확성'이 말이 노래로 변하는 착청과 관련된다는 가설을 뒷받침하는 실험을 수행했다.[43] 아담 티어니는 수많은 오디오북을 광범위하게 검색하여 반복해서 들으면 노래로 들리는 구절들을 더 많이 찾아 첫 번째 세트를 구성했고, 반대로 반복해서 듣더라도 여전히 말하는 것으로 들리는 구절들을 모아 두 번째 세트를 만들었다. 엄밀한 실험을 위해 이 두 세트가 다른 특성에서는 비슷한 조건이 되도록 만들었다. 실험참가자들에게 두 세트를 반복 재생해서 들려주면서, 이들의 뇌를 fMRI로 스캔하였다.

실험 결과, 참가자들이 반복해도 말로 들리는 구절을 들을 때에 비해 노래로 들리는 구절들을 들을 때, 음높이의 명확성, 음고 패턴 지각, 그리고 음고 기억과 관련된 측두엽과 두정엽의 뇌 영역 네트워크가 더 강하게 반응한다는 것을 발견했다. 반면에 참가자들이 노래보다는 말로 들리는 구절들을 들을 때 더 강하게 반응하는 뇌 영역은 없었다. 정리하면, 가사 있는 노래는 '선율 없는 말'보다 더 많은 뇌 회로가 관여된다.

노래를 부를 때는 말만 처리하는 것이 아니라, 말과 음악을 모두 처리해야 한다는 사실을 생각하면 이는 놀라운 일이 아니다.[44]

이러한 지각적 변화를 유발하는 또 다른 요인은 다음과 같이 추론해 볼 수 있다. 작사가들이 음악에 가사를 붙일 때는 가상의 운율적 특징과 선율을 결합해서 음악의 강박에 강세가 있는 음절이 나타나도록 리듬을 고려하여 만든다. 음원에서 등장하는 "Sometimes behave so strangely"의 음고 윤곽뿐만 아니라 언어적 리듬 둘 다 유사한 음악적 패턴을 가지며 이 유사성은 청취자의 지각이 말에서 노래로 자연스럽게 변환되는 이유를 어느 정도는 설명할 수 있다.

'기억' 또한 중요한 요인으로 관여할 수 있다. 만약 반복 구절의 소리들이 이전에 알던 멜로디로 만들어지면 익숙함으로 인해 말보다는 노래로 들릴 수 있다. 반복 구절의 시간적·리듬적 패턴도 마찬가지인데, 음의 순서와 시간적 패턴 둘 다 익숙한 선율의 패턴과 일치하는 경우, 훨씬 더 말보다 노래로 지각하게 만들 수 있다.

유독 "Sometimes behave so strangely"라는 구절이 강한 착청을 유발하는 이유에 관해서는 다음과 같은 설명이 가장 그럴듯하다고 생각한다. 녹음된 이 구절을 구성하는 기본적 음고 패턴은 유명한 웨스트민스터 차임에 등장하는 구절과 매우 유사하며, 이 구절의 리듬은 〈루돌프 사슴코〉 노래의 리듬과 본질적으로 동일하다. 우리의 뇌에는 잘 저장된 선율 패턴과 리듬 패턴의 데이터베이스가 각각 따로 존재하며, 노래를 들을 때 각각의 데이터베이스를 참조해서 인식한다고 가정하면, 'Sometimes behave so strangely'를 들을 때, 선율은 선율 패턴 데이터베이스에 존재하는 웨스트민스터 차임을 인식한 것이고, 리듬은 리듬 패턴 데이터베이스 중 〈루돌프 사슴코〉를 인식한 것이라 할 수 있다. 이 두 노래가 반복적으로 제시되는 신호들과 관련되어 지금 듣고 있는 소리가 말보다는 노래에 가깝다고 결론짓게 만들고, 노래를 분석하는 뇌의 메커니즘이 작동하게 되는 것이다.

　　다음 장에서는 한 사람의 언어나 방언이 음악 지각에 미치는 영향과 반대로 음악적 경험이 언어 지각에 미치는 영향을 중점적으로 다루면서 음악과 언어의 관계에 관해 살펴본다. 이 두 가지 형태의 의사소통에서 밝혀진 강한 관계들은 인류의 진화 역사 속에서 오늘날의 말과 음악이 어떻게 발생했는지 질문하도록 이끈다.

언어가 먼저 생겼을까,
음악이 먼저 생겼을까?

11
chapter

우리가 '노래'만의 특징이라고 여기는 것들은 단지 감정적인 말소리의 특성이 강화되고 체계화된 것에 불과하다. … 성악 음악은 본래 감정적인 말에서부터 점진적으로, 눈치 채지 못하게 파생된 것이다.

허버트 스펜서,『음악의 기원과 기능에 관하여』[1]

지동설로 유명한 갈릴레오의 아버지이자 16세기 음악 이론가·작곡가였던 빈센초 갈릴레이는 음악이 표현의 완전한 깊이에 도달하기 위해서는, 아주 강한 정서를 경험하는 사람의 말소리 특징을 가져야 한다고 주장했다. 이 주장은 작곡가인 클라우디오 몬테베르디에게 큰 영향을 미쳤는데, 몬테베르디는 〈오르페오(L'Orfeo)〉와 같이 감정이 매우 사실적으로 표현되는 자신의 오페라에 말소리와 노래 사이의 중간 형태의 악구들을 포함시켰다.

18세기 언어학자 조슈아 스틸(Joshua Steele)은 음악과 말소리의 관계를 자세히 탐구했다. 그의 논문 "고유한 기호를 사용하여 말소리의 선율과 마디를 표현하고 기록하는 방식에 관한 연구"[2]에서 스틸은 말소리의 운율을 포착하기 위해 음악 기보법을 수정한 형태의 기록 시스템을 제안했고, 이러한 도식이 당시 말소리의 음고, 타이밍, 강세 값을 결정하는 기록을 미래 세대들에게 제공할 것이라고 언급했다. 또한 스틸은 말소리와 음악 간에 차이가 존재한다는 것을 인정하면서, 반음보다 작은 단계로 쪼갠 확장된 보표에 말의 음높이를 표시하였다. 또한 전형적인 음악에서는 음높이 측면에서 불연속적인 음을 사용하는 반면 말소리는 주로 연속적으로 미끄러지듯 변하는 음으로 구성되어 있다는 점을 지적했다.

스틸은 말소리에서 들은 음고를 기록하기 위해 당시의 악기인 '베이스 비올'의 지판 측면에 부착한 종이에 음높이의 값을 4분의 1음 단위로 표시했다. 이후 자기 음성의 음높이에 일치하는 곳에 손가락을 짚어서

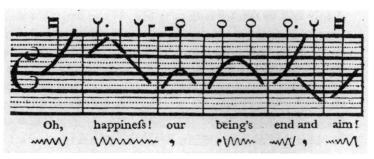

〈그림 11.1〉　조슈아 스틸의 말소리 기보. (Steele, 1779/1923, p. 13)

<그림 11.2>   찰스 다윈

활로 현을 켠 후 눈금에 그가 들은 음높이를 지정하였다. 그다음엔 이 정보를 수정된 보표에 음고들과 그 궤적을 표시하는 곡선으로 옮겨 적었다. <그림 11.1>은 스틸의 준 음악적 기보법(quasi-musical notation)에서 말소리 한 구절을 기보한 예를 보여준다.

　19세기, 찰스 다윈은 음악과 말소리가 유사하다는 주장을 넘어 최초의 원시언어(protolanguage)가 음악적이었고 주로 구애를 위해 사용되었을 거라는 가설을 내놓았다. 그는 주요 저서인 『인간의 유래와 성선택』[3]에서 다음과 같이 기록하였다.

남성이든 여성이든 인간의 조상들이 조음 언어(분명한 발음의 말)를 사용해 서로의 사랑을 표현하는 힘을 습득하기 전에는 음악적 음과 리듬으로 서로를 매혹시키려 노력했을 것으로 보인다. (p.639)

자신의 주장을 뒷받침하기 위해 다윈은 새의 노래를 비교하였는데, 그에 따르면 수컷 새는 번식기에 가장 많이 지저귄다. 그는 이렇게 썼다.

대부분의 새들은 주로 번식기에 노랫소리와 여러 신기한 울음소리를 내는데, 이는 상대 성별에게 매력을 어필하고 유혹하기 위함이다. (p.417)

만약 암컷이 이러한 소리를 듣고 흥분하거나 매료되지 않는다면, 수컷의 끈질긴 노력과 노래를 부르기 위한 복잡한 구조들은 쓸모없는 것이므로, 수컷의 노래가 구애의 목적이 아니라고 생각하기는 쉽지 않다. (pp. 635~636)

다윈은 인간의 음악에 관해서도 유사한 논지를 펼쳤다. 그는 음악이 모든 문화권에서 발생하고, 아이들에게서 자발적으로 발달하며, 강한 감정을 불러일으킨다고 언급한다.

만약 인류의 조상, 즉 반(半)인간들이 구애기 동안 음악적 음과 리듬을 사용했다고 가정한다면, 격앙된 말소리나 음악에 관련된 이러한 모든 사실들을 어느 정도 납득할 수 있게 된다. (p.638)

다윈의 『인간의 유래와 성선택』에 이어 허버트 스펜서는 자신의 에세이 『음악의 기원과 기능』의 후기에서 다윈의 주장, 즉 '음악이 구애의 맥락에서 처음 생겨났다'는 견해에 대해 음악의 기원을 너무 좁게 해석한 것이라고 주장했다. 스펜서는 음악이 성적 흥분뿐만 아니라 기쁨, 승리, 우울, 슬픔, 분노와 같은 모든 범위의 정서 상태에서 만들어진 발성으로부터 발전했다고 주장했다.

다윈처럼 스펜서 또한 새소리를 논하면서 자신의 주장을 뒷받침했는데, 새는 구애뿐만 아니라 다른 상황에서도 지저귄다고 주장했다. 아울러 스펜서는 의식, 노동요, 애가, 합창 등 구애와 무관한 장소에서 발생하는 인간의 '원시음악'의 예를 들었다. 하지만 그는 말소리와 음악 모두 공통의 '원시언어'에 뿌리를 두고 있다는 다윈의 주장에 동의했다.

20세기 초 덴마크의 언어학자 오토 예스페르센(Otto Jespersen)은 『언어: 본질, 발달, 그리고 기원』에서 노래와 말은 두 요소를 모두 가지고 있는 '원시적 형태의 의사소통'에서 발생했을 것이라 제안했다. 이러한 맥락에서 그는 성조 언어가 현대의 비성조 언어보다 더 먼저 발생했을 거라 주장한다.

> '말은 노래로부터 파생되었다'라는 주장을 좀 더 풀어보면, '단조로운 톤의 말'과 '멜로딕한 성악 음악'은 '원시적 발화'로부터

파생되었고, 여기서 원시적 발화는 후자, 즉 음악적 성격에 가까웠을 거라는 의미를 내포하는 것으로 생각해볼 수 있다.[4]

예스페르센은 초기 형태의 구어는 분리할 수 없는 긴 발화로 구성되었고, 시간이 지남에 따라 점차적으로 더 작은 단위로 나뉘어 오늘날 우리가 사용하는 단어로 이어진 것이라고 주장했다.

최근 엘리슨 레이(Alison Wray)는 원시언어가 전체론적 언어이며 특정한 기능을 하는 의미를 가지고 있지만 내부 구조는 결여된 긴 발화로 구성되었다고 상세히 제안했다.[5] 그녀가 지적했듯이 우리는 여전히 특정한 상황에서 그러한 발화를 사용한다. 예를 들어 '하우두유두(haudjudu)'는 '우리가 처음 만난 사이라는 것을 정중히 인정한다'는 뜻이고, '스티커라운(stikaroun)'은 '친절하게 주변에 남아 있다'는 뜻이다.

하지만 만약 이렇게 특정한 의미를 가진 긴 발화만 가능하다면, 상세한 정보를 전달하려는 시도는 우리의 기억이 수용할 수 있는 수준을 넘어서 과부하를 가할 것이다. 반대로 짧은 단어들의 어휘집과 이 단어를 조합할 수 있는 규칙을 통해 만들어진 현대 언어는 우리가 복잡한 정보를 훨씬 더 쉽게 전달할 수 있게 해준다.

말과 음악은 모두 통사(syntax; 문법)를 가지고 있는데, 통사는 상대적으로 작은 기본요소들의 집합이 특정 규칙에 따라 선택되고 조직되어 계층구조를 만든다. 언어의 통사에서는 단어들이 결합하여 구(句)를 형성하고, 구들이 모여 더 긴 구를 형성하며, 이런 방식으로 결합하여 최종적으로는 문장을 형성한다. 음악에서는 음들이 결합하여 모티브를 형성하고, 모티브들이 연결되어 악구(樂句)를 형성하고, 악구들이 모여 더 긴 악구를 형성하는 방식으로 계속된다. 계층적 형태의 조직은 말과 음악에 있어서 모두 중요한데, 이는 적은 수의 요소들이 무궁무진한 방식으로 결합해 창의적이고 독창적인 생각을 표현할 수 있게 하기 때문이다.

그러나 언어의 통사와 음악의 통사 사이에는 결정적인 차이가 있다. 언어는 관습적으로 짝지어진 '소리'와 '의미' 쌍을 근간으로 한다. 예를 들어, '고양이'라는 단어를 들으면 고양이의 개념이 떠오르는데, 우리는 경험을 통해 특정 소리를 특정 개념에 연결시키는 법을 배웠기 때문이다. 그래서 우리는 단어의 어휘집과 단어들이 나타내는 개념들을 함께 뇌에 저장해야 하고, 더불어 단어들을 결합하는 규칙들의 집합도 저장해서 개념들 사이의 관계를 추론할 수 있어야 한다.

단어는 개념을 나타내며, 개념들은 '품사'라 일컫는 범주들로 그룹화된다. 간략히 말해, '명사'는 사물을, '동사'는 행동을 나타내며, 이러한 단어들이 함께 연결되는 규칙은 관련된 언어 범주에 맞춰져야 한다. 반면에 음악에는 소리와 개념, 소리와 품사와 같은 관계가 없다. 또한 언어로 된 진술은 진릿값을 가질 수 있다. 만약 누군가가 '방 안을 걸어가는 코끼리가 있다'라고 진술했다면, 우리는 그 진술의 참과 거짓을 판단할 수 있다. 거짓말이거나 환각을 본 것이라면 거짓이 된다.

하지만 음악에는 진릿값에 해당하는 것이 없다. 마찬가지로 음악에는 '부정문'에 해당하는 요소 또한 없다. 예를 들면, '그 사람은 도착하지 않았다'처럼 부정 표현에 해당하는 음악적 요소가 없는 것이다.

마찬가지로 음악의 통사에 있는 기본 속성들이 언어에 없는 경우도 있다. "부록"에서 볼 수 있듯이, 서양 조성음악은 [C, C#, D, D#, E, F, F#, G, G#, A, A#, B]와 같은 12개의 가능한 '음고류'가 있고, 이는 옥타브 간격으로 반복된다. 이 음들의 부분집합인 '음계'는 더 높은 계층으로 존재한다. 음악의 계층구조를 예를 들어보면, C장조 음계는 [C, D, E, F, G, A, B]로 구성된다. 더 높은 수준에서는 음계에서 가져온 음들의 부분집합을 구성할 수 있다. 예를 들어 C장조 음계에서 C음 위로 쌓은 3화음[C, E, G]이 그러한 부분집합이다. 서양 조성음악의 많은 악구들은 이러한 다른 위계에 해당하는 계층구조로 배열된 음들로 구성된다.

⤳

현대 영어 화법에서 음악과 가장 밀접한 관련이 있는 것은 운율(韻律)이다. 운율은 말의 소리 패턴을 설명하기 위해 사용되는 용어로, 음높이, 템포, 시간적 패턴, 음량, 음질의 변화를 통해 구의 구조를 강조하고, 감정적 톤을 전달하는 역할도 한다.[6] 통사 구조처럼 운율의 구조도 계층적인데, 음절이 결합하여 음보(feet)를 형성하고, 음보들이 결합하여 단어를 형성하고, 단어들이 합쳐져 구를 이룬다.

운율은 우리가 말의 흐름을 해독하고 이해할 수 있게 도와준다. 가령 영국식 영어에서 의문문은 대개 음높이를 올리면서 끝나는 반면, 평서문은 내리면서 끝난다. 또한 구들 사이의 경계는 일반적으로 쉼으로 표현되며, 구의 끝에 있는 단어는 더 긴 음 길이를 특징으로 가지며 주로 더 낮은 음높이로 말하는 경향이 있다.

전체적인 구절을 생각해보면, 운율은 의미에도 기여할 수 있다. 문장에서 중요한 단어는 강세가 붙는 경향이 있고, 문장의 전체적 윤곽은 평서문인지, 의문문인지, 감탄문인지에 따라 달라질 수 있다. 내가 옥스퍼드 학부생이었던 당시, 위대한 철학자 오스틴(J. L. Austin)의 강의를 들은 적이 있다. 한 강의에서 그는 한 문장에서 한 단어를 강조하는 것이 전체 의미를 어떻게 변화시킬 수 있는지를 보여주었다. "정원 바닥에 울부짖는 해오라기 한 마리가 있습니다"[7]라는 문장을 예시로 들면서, 강세의 위치에 따라 의미가 다음과 같이 달라진다는 점을 설명했다.

정원 바닥에 **울부짖는** 해오라기 한 마리가 있습니다.
정원 바닥에 울부짖는 **해오라기** 한 마리가 있습니다.
정원 **바닥**에 울부짖는 해오라기 한 마리가 있습니다.
정원 바닥에 울부짖는 해오라기 한 마리가 있습니다.

문장의 윤곽은 의도된 의미에 대한 정보를 제공할 뿐 아니라 말하는 언어나 방언에 따라서도 달라진다. 같은 영어라도 영국 남부 영어는 일반적으로 의문문에서 끝을 올리는 반면, 평서문에서는 일반적으로 끝을 낮춘다. 하지만 이는 모든 영어 방언에 해당하지는 않는데, 내가 가르치는 남부 캘리포니아의 젊은 여학생들은 종종 이렇게 말한다. "도이치 교수님, 제 이름은 멜리사 존스입니다? 저는 음악 지각에 대한 논문을 쓰고 있습니다?"

그러나 이 학생들의 의도는 의문문이 아니라 평서문이다. 학자들은 이렇게 평서문의 문미를 올려 말하는 형태를 '업토크(uptalk)'라고 부른다. 다른 말로 '밸리 걸 말투(Valley Girl Speak)'라고도 부르기도 한다. 내가 UCSD에서 학생들에게 이러한 말투에 대해 설명했을 때, 업토크를 모방하는 나의 말투를 재미있어 했다. 하지만 영국에서 대개 연설할 때 하듯 끝을 내리는 방식으로 말을 하자 불편해하는 기색이 역력했다. 아마도 끝을 내리는 형태의 억양은 상대를 깔보거나, 아랫사람을 대하는 것처럼 보였을 것이다.

억양 패턴은 영국 내에서도 태어나고 자란 지역과 사회 계층에 따라 매우 다양하게 나타난다. 극작가 조지 버나드 쇼(George Bernard Shaw)는 억양 패턴에 강한 흥미를 느꼈다. 쇼의 시대에는 몇몇 직업에 고용되기 위해선 상류층(혹은 적어도 중류층)의 억양을 사용해야 했다. 쇼의 희곡 〈피그말리온〉에서 음성학자 헨리 히긴스(Henry Higgins)는 꽃 파는 소녀를 얕보면서 다음과 같이 말한다.

> 여러분은 이 소녀가 사용하는 하류층 영어로 이 사람을 판단합니다. 이런 영어는 그녀를 죽을 때까지 시궁창에 가둘 거예요. 뭐, 저라면 3개월 뒤에 있을 대사님의 정원 파티에서 이 소녀가 공작부인 행세를 하도록 만들 수 있지요.[8]

강박과 약박이 동일한 시간 간격으로 교대되며 형성되는 박자는 음악에서 발생하며, 말에서는 그 정도가 덜하다. 두 경우 모두 박자는 층위들의 계층구조로 설명될 수 있는데, 비트가 강할수록 계층의 상위에 가깝다. 〈그림 부록.6〉에서 볼 수 있듯이, 박절적 위계는 종종 기호의 수평적 열들을 포함하는 격자로 표현되며 사건(언어에서는 음절, 음악에서는 음)이 두드러질수록 더 높은 곳에서 표현된다.

박절적 구조는 일반적으로 음악에서 매우 중요하고, 시에서도 중요한 반면, 대화체 언어에서는 다소 느슨하게 존재한다. 이는 음악과 말 사이의 음높이 구조 차이와도 유사한데, 대부분 음악에서 연주되는 음고는 악보에서 음표의 패턴에 제약을 받는다. 그러나 말에서의 음고 패턴은 구어(적어도 영어와 같은 비성조 언어에서)에 의해 제약을 덜 받는다. 그리고 음악에서의 시간적 패턴은 매우 엄격하지만, 대화체에서는 더 느슨하다.

운율은 정서 소통에서도 중요한 역할을 한다. 말과 음악의 발성 패턴에 대한 메타분석에서 심리학자 패트릭 유슬린(Patrick Juslin)과 페트리 라우카(Petri Laukka)는 행복, 슬픔, 부드러움, 공포를 전달하는 방식에서 말과 음악이 놀라운 유사성을 보인다는 것을 발견했다.[9] 예컨대 음악과 말 모두, 행복은 빠른 템포와 중간 음량부터 큰 음량, 고음역이나 상행하는 음높이로 신호를 보내는 반면, 슬픔은 낮은 템포와 작은 음량, 저음역이나 하행하는 음높이로 신호를 보내는 경향이 있다. 그리하여 이들은 허버트 스펜서의 견해를 지지하면서 음악이 특정 정서를 가진 화자의 발화 특성을 모방한 것이라고 주장하였다. 더 나아가 우리는 음악에 대한 정서 반응과 관련된 신경회로가 음악과 언어의 요소를 모두 가진 원시 언어의 맥락에서 진화했다고 추측할 수 있다.

수많은 연구들이 말과 음악 사이에 밀접한 관련이 있음을 밝혀왔다. 아이들은 태어날 때쯤 이미 엄마 말소리의 선율에 익숙해져 있다. 분만 초기, 자궁 내에서 녹음된 소리는 엄마의 말소리가 크게 들릴 수 있다는 것을 보여주었다.[10] 하지만 자궁 내에서 듣는 소리는 신체 기관들을 통해 걸러져, 단어의 의미를 식별하는 데 중요한 높은 주파수는 약해진 반면, 말소리의 음악적(혹은 운율적) 특성인 음고 윤곽, 음량의 변화, 리듬 패턴 및 템포는 잘 보존되어 전달된다. 아울러 임신 말기에는 자궁 속에서 엄마의 말소리를 들으면, 태아의 심박수가 느려지는 것으로 반응한다.[11] 이는 세상에 태어나기 전에도 엄마의 말소리가 아기에게 중요하다는 것을 의미한다.

신생아들은 다른 여성의 목소리보다 자기 엄마의 목소리를 선호한다.[12] 또한 다른 여성의 목소리보다 낮은 주파수로 걸러진 엄마의 목소리를 선호한다. 그리고 매우 어린 아기들은 외국어보다는 모국어 말소리를 선호한다. 정리하면 아기들은 자신의 엄마 말소리를 가장 선호하고, 다음으로 모국어로 말하는 다른 여성의 말소리를 선호하며, 외국어 말소리를 가장 좋아하지 않았다. 엄마 말소리의 음악에 대한 아기의 선호는 엄마와 아기 사이의 유대관계를 형성하는 데 크게 기여한다. 이러한 유대감은 영아의 생존에 중요하다.

엄마 말소리의 음높이 윤곽에 대한 신생아의 친숙함은 아기들의 발성에서도 잘 드러난다. 신생아의 울음소리는 처음에는 높아졌다가 낮아지는 경향이 있다. 프랑스어나 독일어를 쓰는 가정에서 태어난 신생아의 울음소리를 녹음해서 보니, 프랑스어 가정 아기들의 울음소리는 주로 상승하는 부분으로 구성된 반면, 독일어 가정 아기들의 울음소리에서는 하강하는 부분들이 더 두드러지게 나타났다.

사실 상승 음고는 프랑스 말소리에서 더 흔하게 나타나는 반면, 독일 말소리에서는 하강 음고가 더 흔하게 나타난다. 신생아의 울음소리는 태어나기 전 노출된 말소리의 음악적 특성 중 일부를 포함하고 있는 것으로 보인다.[15]

말소리의 선율적 요소는 엄마와 유아의 의사소통에서 또 다른 방식으로도 나타난다. 부모가 아기에게 말하는 소리는 일반적인 어른과의 대화의 말소리와는 현저한 차이가 있다. 아이에게 하는 말은 짧은 구절, 높은 음높이, 넓은 음역, 느린 템포, 긴 휴지, 많은 반복이 사용된다. 이러한 과장된 언어 패턴은 '모성어(motherese)'라 불리며, 전 세계의 많은 언어에서 나타난다. 엄마들은 칭얼대는 아기들을 진정시킬 때 하강 음고 윤곽을 사용하고, 아기의 관심을 끌기 위해서는 상승 윤곽을 사용한다. '승인'한다는 것을 표현하기 위해 '잘~했어!'(Go-o-d girl!)처럼 가파르게 상승했다가 하강하는 음고 윤곽을 사용한다. 자주 표현하진 않지만, 안 된다는 것을 표현을 할 때는 엄마들은 낮고 짧은 목소리를 사용하여 '안 돼!'(Don't do that!)처럼 말한다. 아기들은 비록 그 말들의 의미는 이해하지 못하지만 적절하게 반응하여, '승인'을 들을 때는 미소를 짓고, '금지'를 들으면 가라앉거나 운다.

스탠퍼드 대학의 앤 퍼낼드(Ann Fernald)은 기발한 실험을 만들었는데,

영어를 사용하는 가정의 생후 5개월 된 유아에게 '승인'과 '금지'에 대한 모성어를 영어, 독일어, 이탈리아어, 그리고 발음은 영어지만 실제로는 영어에 없는 단어로 들려주었다. 그 결과, 아기들은 모든 언어의 발화에 대해 적절한 정서로 반응했다. 다시 말해 이 월령의 아기들은 단어의 의미는 이해하지 못하더라도 말소리의 선율만으로도 말의 의도를 이해할 수 있었던 것이다.[16]

나는 두 아이가 있는데, 아이들이 아기였을 당시엔 본능적으로 모성어로 아기들에게 이야기하곤 했다. 어느 날 내가 책을 읽다가 '모성어'에 대해 알게 되었을 때, 나는 실제로 아기들이 이런 형태의 말소리에 강하게 반응하는지 궁금해졌다. 어느 날 슈퍼마켓에서 쇼핑을 하다 유모차에 탄 아기를 본 나는 아기에게 다가가 최선을 다해 가파르게 올라갔다 내려가는 모성어로 '안~녀어엉~!'(He-l-o-o~!)이라고 말했다. 놀랍게도 나는 아기의 커다란 미소로 보답받았고, 아기는 한참 동안 나를 계속 쳐다보았으며, 내가 떠나갈 때 내게서 눈을 떼지 못했다! (다행히 아기 엄마가 내가 말을 건 것에 대해 싫어하지 않았다.)

모성어의 느리고 과장된 패턴은 유아들이 말을 배우는 첫걸음을 떼는 데 도움을 준다. 느린 템포, 단어와 구 사이의 휴지, 중요한 단어의 강조, 음높이 패턴의 과장 등은 모국어의 통사적 구조를 쉽게 해석할 수 있게 한다. 한 연구에서는 생후 7개월 즈음의 아기들에게, 실제로는 말이 안 되는 문장들을 한번은 일반적인 어른의 말투로, 한번은 모성어로 들려주었다. 즉, 두 경우 모두, 단어 사이를 구분할 수 있게 하는 유일한 단서는 통계적인 말의 구조뿐이었다. 비록 실험에서 들려준 말소리가 의미는 없었지만, 아기들은 모성어 문장에서 삽입된 단어들을 감지하였고, 일반적인 말소리로 된 문장에서는 그렇지 못했다.[17]

기본적으로 사람들은 날 때부터 말의 선율을 감지하고 반응하는 경향이 있지만, 이 능력은 음악 훈련을 통해 향상될 수 있다. 한 실험에서, 음악 훈련을 받지 않은 8세 아동들을 두 집단으로 나누어, 한 집단은 6개월 동안 음악 수업을 받도록 하였고, 한 집단은 미술 수업을 받도록 하였다. 6개월의 수업 전과 후에 테스트를 진행했는데, 아이들에게 녹음된 문장을 들려주고, 이 중 어색하게 변형된 문장들을 식별하도록 하는 것이다. 문장들을 자연스럽게 녹음 한 뒤, 이 중 일부 녹음은 마지막 단어의 음높이를 살짝 높이는 방식으로 변형해서 문장 내의 다른 단어들과는 약간 어울리지 않도록 만들었다. 그 결과, 처음에는 두 집단 사이에는 차이가 없었지만, 6개월간의 수업 이후, 음악 수업을 받은 아이들이 미술 수업을 받은 집단을 앞질렀다. 이러한 발견은 음악 훈련이 아동으로 하여금 구어의 운율, 즉 의도된 의미를 이해하는 데 도움을 줄 수 있다는 것을 보여준다.[18]

운율이 정서전달에 관여한다는 사실은, 말에서 정서를 인식하는 능력을 음악 훈련으로 발달시킬 수 있다는 가정으로 이어진다. 토론토 대학의 윌리엄 톰슨(William Thompson) 연구팀은[19] 6세 아동들에게 1년 동안 피아노 레슨을 받도록 하였고, 구어 문장에서 표현된 정서를 감지하도록 하였다. 문장들이 공포를 표현하는지 분노를 표현하는지를 식별하는 테스트에서 피아노 레슨을 받은 아동들은 같은 기간 동안 레슨을 받지 않은 아동들에 비해 더 높은 수행도를 보였고, 심지어 낯선 언어로 말한 문장들에서도 같은 결과를 보였다.

　성인들을 대상으로 한 연구에서도 유사한 결과가 나왔다. 한 연구에서는 프랑스 음악가와 비음악가들에게 포르투갈어로 문장을 들려주었다. 그 문장들 중 일부 문장의 경우, 마지막 단어들의 음높이가 부적절하게 만들어졌는데, 음악가들이 비음악가에 비해 부적절한 문장을 더 잘 감지해냈다.[20] 또 다른 연구에서는 포르투갈어 구사자들에게 여섯 가지 정서(공포, 분노, 혐오, 슬픔, 행복, 놀람)를 표현하는 짧은 문장들을 들려주었을 때, 음악 훈련을 받은 사람들이 훈련 받지 않은 사람들에 비해 정서 인식을 더 잘했다고 보고했다.[21] 또한 관련 연구에서는 선천적 실음악증인 사람들은 운율적 신호로 전달되는 정서를 감지하는 능력이 대조군에 비해 유의미하게 떨어지는 것으로 나타났다.[22]

　신경생리학 연구들은 음악적으로 훈련된 사람들이 어휘적 성조(lexical tones)를 습득하는 데 이점이 있다는 점을 지적했다. 노스웨스턴 대학의 신경과학자 패트릭 웡(Patrick Wong)과 니나 크라우스(Nina Kraus)는 동료들과 함께 중국어(북경어) 말소리에 대한 영어 구사자들의 청각 뇌간(brainstem) 반응을 연구했다. 그 결과, 음악적으로 훈련된 사람들의 반응이 훨씬 강했고, 음악 훈련을 더 이른 시기에 시작했을수록, 그리고 훈련 기간이 길수록 뇌간 반응이 더 강하게 나타났다.[23]

　한편, 어린 시절 음악 훈련과 성인의 말소리 지각 능력 사이의 관계에 관해서는 여전히 논란이 있다. 애초에 선천적으로 음악적 소질이 뛰어난 아이들이 음악 교육을 받기 시작하거나 훈련을 지속해왔을 가능성이 있으며, 이런 논리에 따르면 선천적인 음악적 재능을 가진 아이들이 선천적으로 뛰어난 말소리의 처리능력을 가진 것일 수도 있다. 그런 점에서 음악 훈련과 말소리 지각 능력 사이의 관계를 논의할 때는 선천적 요인의 역할을 신중하게 고려해볼 필요가 있다.[24]

음악이 우리의 말소리 지각에 영향을 미치는 것처럼, 우리가 듣는 말도 음악 지각에 영향을 미친다. 이 책의 제5장에서 다룬 착청 현상, '반옥타브 역설'은 놀라운 사례를 보여준다. 이 착청은 음이름(C, C#, D 등)은 명확하지만 옥타브의 위치는 불분명한, 컴퓨터로 생성된 음들로 만들어진다. 옥타브를 정확히 절반으로 나누는 음정(증4도) 관계의 두 음을 이어서 들려준 뒤, 청자는 이 패턴이 상행으로 들리는지 하행으로 들리는지 판단한다.

제5장에서 상세하게 설명했듯, 이 지각적 판단은 특히 청자의 어린 시절 노출된 언어나 방언에 따라 달라진다. 예를 들어 같은 영어를 모국어로 사용하는 사람이라도, 캘리포니아에서 자란 사람과 영국 남부에서 자란 사람은 거의 정반대의 지각적 패턴으로 이 착청을 듣는 경향이 있다. 대체로 캘리포니아 출신의 사람들이 상행으로 들었던 소리를, 영국 남부 출신의 사람들은 하행으로 들었고, 반대로 캘리포니아 사람들이 하행으로 들은 소리는 영국 남부 사람들은 상행으로 들었다.

또 다른 연구에서 나와 동료들은 베트남에서 태어나 미국으로 이민온 사람들은 부모님과 자신 모두 캘리포니아 출신인 영어 원어민과는 상당히 다르게 반옥타브 역설을 듣는다는 것을 발견했다. 반옥타브 역설에 대한 지각은 '말하는 목소리의 음역대'와 관련되며 이는 결국 사용하는 언어나 방언에 따라 달라진다. 따라서 이 착청 현상은 사람들의 '말하는 방식'과 '음악적 패턴을 듣는 방식' 사이의 직접적인 연관성을 반영한다고 할 수 있다.

언어가 음악 지각에 미치는 또 다른 영향은 절대음감과 관련된다. 절대음감이란, 기준음 없이 음이름(C, C#, D 등)을 명명할 수 있는 능력이다. 제6장에서 설명한 것처럼, 우리 연구팀은 여러 국가의 음악원의 학생들 사이에서 절대음감 발생률이 영어 같은 비성조 언어 구사자보다 중국어(북경어와 광동어), 베트남어와 같은 성조 언어를 사용하는 사람들 사이에서 훨씬 더 높다는 것을 발견했다. 또 다른 연구에서 우리는 성조 언어 구사자들이 단어들을 모국어로 발음할 때, 음높이가 놀라울 정도로 일관적이라는 것을 발견했다. 이러한 결과들은 그들이 성조 언어를 사용하면서 단어를 지각하고 발음하기 위한 미세한 음높이 템플릿을 확립했다는 것을 나타낸다.

성조 언어 구사자들은 비성조 언어 구사자들에 비해 음악적 음높이들을 더 잘 처리한다. 그들은 영어와 같은 비성조 언어 구사자들에 비해 더 정확하게 음의 음높이를 모방하고 음들의 높이 변화를 감지하며, 음정 간격을 더 잘 식별할 수 있다. 이러한 성조 언어의 이점은 심지어 어린 아이들에게도 나타나는데, 중국어(북경어)를 구사하는 3~5세 아동들은 영어를 사용하는 또래에 비해 음높이 윤곽을 더 잘 식별한다.[25]

성조 언어 사용자가 음높이 처리에 유리하다는 것은 전기생리학 연구에서도 밝혀졌다. 한 연구에서는 중국어(북경어) 단어들에 대한 청각 뇌간 반응을 관찰했는데, 그 결과 중국어 구사자들이 영어 구사자들보다 더 강한 음높이 표상이 나타난다는 것을 발견했다.[26] 또 다른 연구에서는 '중국어(광동어)를 사용하는 비음악가'와 '영어를 사용하는 음악가'들이, 다양한 청각 수행과제뿐만 아니라 단기 기억과 일반 지능을 포함하는 일반적 인지 수행과제에서도 '영어를 사용하는 비음악가'집단의 성취도를 능가했다.[27] 이러한 연구 결과는 청각기능과 일반적인 인지능력에 음악 훈련뿐 아니라 성조 언어 또한 영향을 줄 수 있다는 것을 보여준다.

우리가 사용하는 언어에 따라 음악을 들을 때 시간성을 지각하는 방식이 달라진다. 핀란드어에서는 단어의 음절 길이에 따라 단어의 의미가 달라질 수 있다. 예를 들어 핀란드어 '실카(silka)'는 '돼지'를 의미하나 '시-일카(siilka)'는 '흰 물고기'를 의미한다. 결과적으로 핀란드어 구사자들은, 음의 길이가 다른 음악적 소리를 구별하는 것에서 프랑스어 구사자들을 능가한다.[28]

시간성 측면에서 말과 음악 사이의 관계를 폭넓게 고려할 때, 음악가들은 수백 년간 기악음악이 작곡가의 모국어 운율을 반영할지 모른다고 추측해왔다. 애니루드 파텔과 조지프 다니엘(Joseph Daniele)은 이러한 가설을 바탕으로 두 나라의 말소리와 음악에서 구성요소들(음절, 음)의 지속시간을 비교하는 연구를 진행했다.[29] 요소들 간의 지속시간 차이가 비교적 크게 나타나는 영국 영어와 상대적으로 작은 차이를 보이는 표준 프랑스어를 비교했다. 그들은 녹음된 말소리를 분석해서 말에서 음절 길이의 변화무쌍한 정도를 분석했으며, 그런 다음 바로우와 모르겐슈테른

(Barlow & Morgenstern)이 지은『음악 주제 사전(Dictionary of Musical Themes)』을 사용하여 19세기 후반과 20세기 초에 활동하던 영국 작곡가와 프랑스 작곡가들의 클래식 기악음악 주제들을 분석했다.

그 결과, 음악에서 음길이의 변화무쌍한 정도가 프랑스 작곡가들의 음악보다 영국 작곡가들의 음악에서 더 컸으며, 말에서 음절 길이의 변화무쌍한 정도 역시 표준 프랑스어보다 영국 영어에서 컸다. 다시 말해 각 국가별로 음악에서 음길이의 변화폭이 말에서의 음절 길이의 변화폭과 비슷한 경향을 보인 것이다. 이 연구는 작곡가들이 음악을 만들 때, 어린 시절부터 들어왔던 말의 시간적 패턴을 무의식적으로 가져온다는 것을 보여준다.[30]

이와 관련된 연구에서 존 아이버슨(John Iverson) 연구팀은 일본어와 영어 사용자들에게 '장-단' 유형과 '단-장' 유형의 반복을 포함하는 음의 패턴을 제시했다. 그 결과, 자신이 사용하는 언어에 따라 선호하는 패턴이 달라졌는데, 일본어 사용자들은 '장-단' 패턴을 선호하는 반면, 영어 사용자들은 '단-장' 패턴을 선호하는 것으로 나타났다.[31]

영어 같은 비성조 언어에서 운율이 특히 중요하다면, 음높이는 단어의 뜻을 음높이로 구분하는 성조 언어에서 훨씬 더 중요하다. 성조 언어는 적어도 15억 명의 사람들이 사용한다. 중국어(북경어, 광동어), 베트남어, 태국어와 같은 성조 언어에서는 같은 단어라도 발음하는 음고(혹은 음고

들)에 따라 의미가 전혀 다르다. 예를 들어 영어에서는 단어 '개(dog)'를 발음할 때, 본질적인 뜻은 동일한 채로 여러 음높이로 말할 수 있다. 하지만 성조 언어에서는 음고와 음고 윤곽에 따라 같은 단어의 의미가 달라진다.

성조 언어를 발음할 때, 만약 단어와 음절의 음조를 신경 쓰지 않으면, 심각한 오해를 받을 위험이 있다. 예전에 중국 광저우(칸톤)에서 나를 찾아온 학생, 잉시 셴(Yingxi Shen)은 북경어에서 성조를 실수하면 벌어지는 예를 들려 주었다. 만약 '당신에게 질문이 있어요(I want to ask you)'라는 말을 하고 싶을 때, 북경어로 하면 '워 시앙 원 니(wo xiang wen ni)'이다. 그런데 만약 '원(wen)'을 잘못된 어조로 발음하면, '당신과 키스하고 싶어요(I want to kiss you)'라는 뜻이 되어 당황스러운 상황이 벌어질 수 있다는 이야기였다.

영국인 선교사 존 F. 캐링턴(John F. Carrington)은 또 다른 당황스러운 예에 관해 이야기했다. 켈레(Kele) 부족의 드럼 언어(drum language, 아프리카 자이르의 언어)는 고음과 저음, 두 개의 성조를 가지고 있으며, 각 음절에 어떤 성조를 사용하는지 주의해야 한다. 가령 '알람바카 보일리(alambaka boili)'에서 성조를 바꾸면 '그는 강둑을 지켜보았다'에서 '그는 장모를 끓였다'로 의미가 바뀔 수 있다!

성조 언어에서 단어를 발음할 때, 음높이가 얼마나 중요한지 보여주는 사례를 소개한다. UCSD에 있는 실험실에 방문했던 잉시와 내가 진행했던 비공식적인 실험이었는데, 먼저 잉시는 중국어(광동어)로 단어 몇 개를 녹음해서, 음높이를 분석하여 대략적인 그녀의 광동어 음역을 추정해 보았다. 그리고 '판(faan)'이라는 단어를 선택해서 음높이를 변조시켜볼 계획이었다. '판'을 선택한 이유는, 높고 평음으로 발음하면 '두 배'라는 뜻이 되고, 중간 높이의 평음으로는 '퍼지다', 낮은 평음으로는 '죄수'라는 뜻이 되기 때문이다.

이제 컴퓨터로 '판' 녹음을 음높이만 바꿔서 9개의 음원을 생성했다. 이때, 단어의 타이밍 같은 시간적 속성들은 그대로 유지했다. 각 음원의 음높이는 잉시의 목소리 음역 내에서 반음 간격으로 즉, A3(220Hz)부터 C#3(139Hz) 사이의 9개의 음원을 만들었다. 이제 나는 이 음원을 잉시에게 하나씩 들려주면서 어떤 뜻으로 들리는지 물었다. (참고로 이 음높이를 음악의 음고로 설명해보면, 가장 높은 음인 A3는 가온C에서 3반음 아래 음이고, 가장 낮은 음 C#3는 가온C에서 약 1옥타브 아래의 음이다.)

'판(faan)'의 음높이에 따른 잉시의 응답

A3:   "두 배"라고 말하고 있네요.

G#3:   또 "두 배"

G3:   이번엔 "퍼지다"라고 말하고 있어요.

F#3:   또 "퍼지다"

F3:   또 "퍼지다"

E3:   "퍼지다"

D#3:   이젠 "죄수"라 말하네요.

D3:   또 "죄수"

C#3:   또 "죄수"

단어의 음높이가 의미에 중요한 역할을 할 수 있다는 개념은 영어를 사용하는 사람들에겐 다소 이상하게 보이지만, 성조 언어를 사용하는 사람들에게는 자연스러운 일이다. 북경어나 광동어(중국어의 방언) 그리고 베트남어의 모든 단음절 단어들이 모든 성조에서 다른 의미를 가지는 것은 아니다. 특정 성조에서는 다른 의미가 될 수도 있지만, 다른 성조에서는 의미가 없을 수도 있다. 이는 영어에서 모음을 사용하는 방식과 유사한데, 'B*T'로 예를 들면, 가운데 자리에 어떤 모음이 들어가는지에 따라 'BAT', 'BATE', 'BEAT', 'BIT', 'BITE', 'BUT', 'BOUGHT', 'BOAT', 'BET', 'BOOT' 등으로 많은 다른 의미를 가지게 된다. 하지만 비교를 위해 P*G라 할 때, 'PEG', 'PIG', 'PUG'는 의미가 존재하지만, 'PAG', 'PAIG', 'PEEG', 'PIGE', 'POG', 'POAG', 'POOG'는 뜻이 없는 단어다.

중국의 북경어 같은 성조 언어는 동일한 성조의 동음이의어를 포함해서 많은 동음이의어(둘 이상의 의미를 가진 단어)를 가지고 있기 때문에 신기한 현상이 만들어지기도 한다. 저명한 언어학자이며 시인이자 작곡가인 자오 위앤런(Yuen Ren Chao)은 대표적인 진기한 사례를 만들었다. 위앤런은 고대 북경어로 이야기를 쓰면서 '시(shi)' 발음의 단어를 100번가량 사용했는데, 여기에는 여러 성조가 적용되고 많은 동음이의어가 사용되었다. 작품의 제목은 "동굴 속에서 사자를 먹는 시인"으로, 내용은 좀 기이하지만 말은 된다. 다음은 핀인(Pinyin; 한자의 북경어 발음을 라틴 문자로 표기하기 위한 표준 음성 체계)과 한문으로 표기된 그 이야기이다.[*]

---

[*] 유튜브에 "The Story of Mr Shi Eating Lions, recited in Mandarin Chinese" 제목을 검색하면 성조와 함께 발음을 들어볼 수 있다_옮긴이

≪shī shì shí shī shǐ≫

shí shì shī shì shī shì, shì shī, shì shí shí shī.

shì shí shí shì shì shì shī.

shí shí, shì shí shī shì shì.

shì shí, shì shī shì shì shì.

shì shì shì shí shī, shì shí shǐ shì, shǐ shì shí shī shì shì.

shì shí shì shí shī shī, shì shíshì.

shí shì shī, shì shǐ shì shì shíshì.

shíshì shì, shì shì shǐ shì shí shì shí shī.

shí shí, shǐ shí shì shí shī shī, shí shí shí shī shī.

shì shì shì shì.

≪施氏食獅史≫

石室詩士施氏, 嗜獅, 誓食十獅,

氏時時適市視獅,

十時, 適十獅適市,

是時, 適施氏適市,

氏視十獅, 恃矢勢,

使是十獅逝世,

氏拾是十獅屍,

適石室, 石室濕, 氏拭室,

氏始試食十獅屍,

食時, 始識是十獅屍,

實是十石獅屍, 試釋是事。

이를 번역하면 다음과 같다.

«동굴 속에서 사자를 먹는 시인»

동굴에는 사자에 중독된 시 씨라는 시인이 있었는데, 그는 사자 열 마리를 먹기로 결심했다.

그는 종종 사자를 찾으러 시장에 갔다.

열 시에 사자 열 마리가 시장에 막 도착했다.

그때, 시는 시장에 막 도착했다.

그는 그 열 마리의 사자를 보았고, 자신의 믿음직한 화살로 열 마리의 사자를 죽였다.

그는 열 마리 사자의 사체를 동굴로 가져왔다.

동굴은 축축했다. 그는 하인들에게 그것을 닦도록 했다.

동굴을 닦은 후에 열 마리의 사자를 먹으려 했다.

그가 먹을 때 열 마리의 사자가 사실 돌 사자 사체라는 것을 깨달았다.

이 문제에 대해 설명해 보시오.

동음이의어의 수가 많기 때문에, 북경어와 광동어에서 많은 단음절 단어들은 한 음절만 독립적으로 말하면 그 뜻이 모호해져 다른 단어와 함께할 때만 의미를 갖는 경우도 많다. 따라서 단어의 의미를 명확히 하기 위해서는 종종 맥락을 추가해야 한다. 영어에도 동음이의어가 있고 이와 유사한 장난을 할 수 있지만, 이보단 덜 정교하다. 다음 문장은 영어로 만든 예시인데, 7번 반복되는 한 단어로 구성된 문장이며, 그 의미가 있긴 하나 이해하는 데 몇 분 정도 걸릴 수 있다.

Police police police police police police police.

우선, 'police'라는 단어는 '경찰'이란 의미의 명사로도 쓰이고, '감시하다'라는 동사로 쓰이기도 한다. 이 문장을 말이 되도록 이해하려면, 'Police police'를 '경찰감시단' 같은 의미의 단체명이라고 생각하면서, 이렇게 끊어 읽어보자. "Police police" (who) police 'police' police "police police." 그러면 이런 뜻이 된다. "경찰을 감시하는 경찰감시대가 경찰감시대를 감시한다."[34]

성조 언어와 음악 사이의 연관성은 매우 강하기 때문에 자연스러운 성조 언어의 말소리 특성이 악기로 전달될 수 있다. 두 줄로 된 중국의 고대 현악기 '얼후(Erhu)'는 이런 현상을 잘 보여준다. 이 악기는 한국의 전통악기인 '해금'처럼 연주하는 악기로, 음색은 비올라 소리와 유사하다. 이따금 중국의 연주자들이 얼후로 한 두 구절을 '연주'하면 청중들은 즐거워하며 의도된 '말의 의미'를 이해한다. 중국어(북경어)로 '안녕하세요'를 의미하는 '니 하오'는 매우 효과가 좋다.

나는 상하이 음악원 연구소장을 맡고 있는 친구인 리 샤오누오(Li

Xiaonuo) 교수에게 얼후로 이런 효과를 보여줄 수 있는 예들을 부탁했다. 그녀는 지웬 첸(Ziwen Chen)이라는 학생에게 북경어로 '안녕하세요', '말할 수 있어요', '당신을 사랑해요', 심지어는 '좋은 날씨네요! 화창하고 푸르네요'까지도 악기로 '연주'하도록 했다. 북경어 구사자들은 이 연주를 듣고 언어적 의미를 이해했다. 비성조 언어를 구사하는 연주자들 또한 유사한 방식으로 비성조 언어의 억양 패턴을 모방하기도 한다. 지미 헨드릭스는 기타로 두 개의 글리산도를 연주해서 청중들에게 'thank you(감사합니다)'라고 말한 것으로 유명하다.[35]

지금까지 우리는 '말'과 '노래'를 분리된 뇌 모듈의 기능으로 간주해야 하는지, 혹은 둘 다 한 덩어리의 전체적인 시스템으로 간주해야 하는지에 관해 탐구했다. 이러한 극단적 견해 중 어느 것도 옳지 않다는 것은 분명하다. 말과 음악은 둘 다 우리 신경계의 음성·청각 채널을 포함하며, 또한 둘 다 음고의 구조, 시간성, 템포, 박절적 구조, 음색, 음량의 처리를 포함한다. 그리고 둘 다 계층적·위계적으로 구조화 되어 있어서 수많은 개별 요소들(단어나 음)이 무한한 방법으로 결합하여 구절의 형태로 더 큰 구조를 만들어낼 수 있다. 그리고 둘 다 주의, 기억, 정서, 운동 조절과 같은 일반적 체계를 가지고 있다는 유사성을 갖고 있다.

그러나 말과 음악은 중요한 측면에서 다르다. 말은 명제적 의미를 전달한다. 즉, 말은 세상의 상태에 대해 알려준다. 이는 어휘가 개념을 가지기에 가능해진다. 각 단어들은 사물이나 사건들을 지시한다. 예를 들어 '개'라는 단어는 개를 나타내고, '달리다'라는 단어는 달리는 사건을 나타낸다. 흔히 '문법'이나 '통사론'으로 일컫는 '규칙들의 집합'은 이러한 단어들을 결합하여 보다 복잡한 생각들을 표현할 수 있도록 해준다. 음악에서도 음들은 일련의 규칙에 따라 결합되지만 이 규칙의 특성은 언어의 규칙과는 완전히 다르다. 이에 대해 더 자세한 내용이 궁금하다면 부록을 참조하길 바란다.

또한 음악은 많은 음고 구조, 리듬, 박자를 내포하는 반면, 말은 일부 예외를 제외하고는 음악의 특징인 '규칙적인 시간적 구조'를 가지고 있지 않다. 그리고 중요한 차이점으로는 '반복'이 음악에 있어 필수적 요소인 반면, 말에서는 시와 웅변과 같은 일부 예외를 제외하면 반복은 그리 중요하지 않다.

말과 음악은 그 목적이나 기능적 측면에서도 상당히 다르다. 말은 주로 듣는 사람에게 세상에 대한 정보를 전달하는 반면, 음악은 감정과 정서를 조절하기 위해 여러 방식으로 사용된다. 엄마들은 아기를 달래고 기분 좋게 하기 위해 노래를 부른다. 노래와 기악음악은 집단 구성원의 화합을 촉진하는 역할을 한다. 음악은 종교 의식, 의례, 정치 집회에서 사용되고, 전투에 나선 병사에게 용기를 고취하는데, 음악에서의 리듬적 구조는 사람들이 육체노동에 더 힘쓰도록 고무시킨다. 사랑 노래는 수많은 대중가요 가사에서도 나타나듯 구애와 유혹을 위해 사용된다.

마지막으로, 말과 음악이 어떻게 진화했는지를 다시 짚어보자. 둘의 유사성을 고려할 때, 말과 음악이 개별적으로 병행하여 진화했을 거라는 견해는 무시할 수 있다. 진화생물학자 테쿰세 피치의 주장대로, 말과 음악은 '음악적 원시언어'라 불리는 음성 생성 시스템으로부터 기원했을지도 모른다. 이 체계 안에서 개별적으론 뜻이 없는 소리요소(음소)들이 작은 집합으로 결합되고, 또 합쳐져 더 큰 구조들을 만들어낼 수 있으며, 이런 방식으로 무수히 많은 형태의 소리 조합을 생성해낼 수 있다. 즉, 기본 단위로부터 더 큰 단위들이 형성될 수 있고, 이런 방식으로 계속해서 더 큰 단위들이 형성될 수 있다. 이러한 계층적인 생성 과정을 통해 기본 단위로부터 음절과 단어, 구절이 형성된다.

오늘날 이러한 계층적 시스템은 언어에서 사용되지만, 사실 말과 언어에서는 이런 통사론(문법)뿐만 아니라 의미론도 매우 중요하다. 반면, 음악의 생성 시스템은 말과는 다소 다른 측면이 있는데, 음악의 기본 요소들(대부분 음)을 점점 더 큰 악구들(phrases)로 계층적으로 결합시킴으로써, 뜻이 없는 구조의 무한한 집합을 산출해낼 수 있는 생성 시스템으로 기능한다. 이를 종합하여 추측해보자면, 말에 '의미'가 포함되기 이전부터 음운 시스템(음운론)에서 생성적 형태가 생겨났을지도 모른다.

찰스 다윈은 우리의 정교한 의사소통 시스템이 어떻게 음악과 같은 소리에서 진화했을까에 대해 깊이 고찰했다. 물론 완벽하게 만족스러운 답변을 내놓았다고 말할 수는 없지만, 그의 견해는 다음과 같다.

인간만의 고유한 특성은 단순히 발성과 조음이 가능하다는 능력으로 정의될 수 없다. 이런 능력은 앵무새나 다른 새들 또한 갖고 있으니 말이다. 또한 특정 소리와 특정 개념을 연결하는 능력 또한 인간의 특질로 정의할 수 없다. 말하는 법을 배운 일부 앵무새는 단어와 사물을 정확하게 연결하고 사람과 사건을 연결할 수 있는 것이 자명하기 때문이다. 인간을 하등 동물로부터 구분하는 점은 바로 무수히 다양한 소리와 개념을 함께 결합시킬 수 있는 무한한 능력에 있다. 그리고 이는 분명히 고도로 발달한 인간 정신력에 의해 결정된다.[36]

이후 다윈은 초기 인류가 자연의 소리와 동물의 소리 그리고 인류의 목소리를 음성적으로 모방했다고 주장했으며, 언어 능력은 뇌의 역량이 더 발달하면서 생겨났다고 추측했다. 하지만 언어가 의미를 내포하기 시작한 기원에 대한 의문은 여전히 논쟁이 끝나지 않았다.

20세기의 학자들은 '음악적 원시언어'라는 개념으로 말과 음악의 진화를 설명하기도 했는데, 스티븐 미슨(Steven Mithen)은 저서 『노래하는 네안데르탈인』에서 음악적 원시언어의 특징을 '전체적, 조작적, 멀티-모달적, 음악적'이라고 설명했다. 그리고 이 특징들을 줄여서 'Hmmmm'(Holistic, manipulative, multi-modal, musical)이라고 표현했다.[37] 이런 견해의 또 다른 지지자인 스티븐 브라운(Steven Brown)은 이를 설명하기 위해 '음악언어모델(musilanguage model)'이라는 용어를 만들었다.[38] 그는 언어학자 예스페르센이 지적한 것처럼 실제로 오늘날 세계의 대다수 언어가 성조 언어라는 점을 인용하면서, 초기 인류가 성조 언어를 사용했을 거라고 주장했다. 음높이가 정보 전달에 특히 유용하기 때문에 이 제안은 꽤나 타당해 보인다. 그리고 전 세계 대다수의 사람들이 성조 언어를 사용하고 있다는 점 또한 주목할 만하다.

현재까지도 말과 음악의 관계에 대해 결론짓지 못한 상반된 주장들이 많이 남아있다. 특히 분자적, 유전학적 근거를 고려할 때 풀리지 않은 의문들이 많이 남아있으나, 지금까지 진전된 실험과 연구 결과를 생각해보면 앞으로 인류가 말과 음악의 관계를 규명하는 데 상당한 진전이 있을 것으로 보인다.

마무리하며

이 책에서 우리는 소리의 지각과 기억에 대한 여러 가지 특징들을 살펴보았는데, 특히 착청 현상에 초점을 맞추었다. 과거에는 소리 지각에 대한 착각이 재미있는 이례적 현상으로 치부되는 경향이 있었지만 이 책에서 살펴본 것처럼 착청 현상은 미처 깨닫지 못한 청각 메커니즘의 중요한 특성을 드러낸다.

지금까지 살펴본 착청은 사람들이 음악을 지각하는 방식에 현저한 차이가 있음을 보여준다. 이러한 불일치성의 일부는 오른손잡이와 왼손잡이가 착청을 지각하는 방식이 다르게 나타나는 것처럼 뇌의 구조적 차이와 관련된다. 반옥타브 역설과 같은 또 다른 착청의 경우 지각적 차이는 사용하는 언어나 방언과 관련이 있다. 종합해보면 착청은 선천적 뇌 구조와 환경적 요인 둘 다 청취에 강한 영향을 미친다는 것을 보여준다.

착청 현상을 통해 알게 된 청각 체계의 방식 중 하나는 착각적 결합과 관련된다. 음악적 음을 들을 때 우리는 음고, 음량, 음색의 속성을 파악하고, 공간 상의 특정 위치로부터 그 음이 들린다고 느낀다. 그래서 각 음을 속성 값의 묶음으로 인식한다. 일반적으로 이러한 묶음은 발생된 소리의 특성과 위치를 반영한다고 추측한다. 그러나 착청 현상을 통해 일련의 여러 음들이 다른 공간에서 동시에 발생할 때 속성 값들이 실제와 다르게 분할되고 재결합되어 인식된다는 것을 알 수 있다.

유령어 착청 현상도 착각적 결합의 산물이다. 유령어 착청은 하나의 공간적 위치에서 발생한 한 음절의 구성 요소가 또 다른 위치에서 발생한 다른 음절의 요소와 지각적으로 연결되어 생긴다. 그 결과 우리는 전혀 다른 음절이 한 장소 혹은 다른 장소에서 발생하는 것처럼 듣게 된다. 음악적 환청도 착각적 결합을 수반한다. 이 경우에는 음악의 단편이 소리의 특정 속성을 제외하곤 정확하게 '들릴' 수 있다. 예컨대 그 단편이 다른 음역으로 들린다든가 다른 템포, 음량, 음색으로 들릴 수 있다.

착각적 결합은 우리가 청각 체계의 전체적 조직을 이해하는 데 중요한 의미를 가진다. 착각적 결합은 정상적 방식의 소리 분석 과정에서 소리의 특정 속성을 분석하도록 구성된 개별 특정 신경 모듈의 작동이, 통합된 지각을 위해 각 모듈의 연산결과(출력)를 결합하여 결론짓게 한다. 이러한 과정은 보통 우리가 소리를 정확하게 지각하도록 이끌지만 특정 상황에서는 올바르게 작동하지 않는다. 특히 옥타브 착청 현상에서 뚜렷하게 나타나는데, 우리가 듣는 음고를 결정하는 모듈의 출력이 음이 발생한 장소를 결정하는 모듈의 출력과 잘못 결합된다. 이러한 결합 과정이 어떻게 작동하는가에 대한 질문은 후대 연구자들에게 중요한 문제의식을 제공할 것이다.

이 책을 관통하는 또 다른 맥락은 수 세기 동안 논란이 되어온 말과 음악과의 관계이다. 최근 일부 연구자들은 이 두 가지 형태의 의사소통이 각각 소리의 다른 물리적 성질과 관련되며, 기능이 서로 다르고, 신경

해부학적 기질이 다르다고 주장했다. 반대로 다른 연구자들은 두 가지 형태의 의사소통이 뇌에 널리 분포된 일반적 체계에 의해 수행된다고 주장했다. 이들은 음악과 말이 이 체계 안에서 서로 상호작용하기 때문에, 우리가 듣는 말이 음악의 질적 특성에 의해 영향을 받고, 우리가 음악을 듣는 방식이 언어나 방언에 의해 영향을 받는다고 말한다. 말이 노래로 변하는 착청 현상은 이 두 관점을 재고하게 한다. 이 현상에서 말로 된 구절은 물리적 성질의 변화 없이 단순히 계속 반복함으로써 노래로 들린다. 이 착청 현상을 통해, 나는 말과 음악을 처리하는 것은 둘 다 (음악에서는 멜로디나 리듬, 언어에서는 의미나 구문과 같은 보조 기능을 하는) '특성화된 모듈'과 '일반적 요인'을 함께 포함한다고 결론지었다. 소리 패턴이 제시될 때, 뇌의 중앙 관리자는 소리 자체의 물리적 특성과 함께, 반복, 맥락, 기억 등과 같은 여러 신호에 기초하여, 그것이 말로 분석되어야 하는지 음악으로 분석되어야 하는지를 결정하고, 분석될 정보를 적절한 모듈로 전송한다. 또 다른 관점에서 귀벌레와 음악 환청은 우리가 듣는 것을 결정하는 데 있어서 우리의 음악적 마음의 내부 작용이 하는 중요한 역할을 강조한다.

무의식적 추론(또는 하향식 처리)이 소리 지각에 미치는 영향에 대해서도 자세히 다루었다. 책에서 소개된 착청 현상들에서 보았듯이 무의식적 추론은 말과 음악을 듣는 방식에 매우 중요한 역할을 한다. 가령 서론에서 말한 '신기한 멜로디'가 어떤 노래인지 파악할 수 있지만, 이는 그 노래가 무엇인지 이미 알고 있을 때만 가능하다.

또 다른 예로, 음계 착청과 그 변형들은 어느 정도는 연속적인 소리에 대한 우리의 지식과 예측에 기반하고 있다. 음계 착청을 들을 때 실제로는 다른 두 근원에서 각각 큰 폭으로 움직이는 음고의 연속이 출력되고 있지만 우리의 뇌는 이러한 개연성이 적은 해석은 거부한다. 그 대신 두 근원의 소리들을 적절히 조합하여 다른 음역(높은 음역·낮은 음역)에 있는 두 선적인 멜로디의 착청 현상을 만들어낸다. 또한 대부분의 사람들은 연속적 소리에 대한 지식과 경험을 토대로 높은 멜로디가 한곳에서 나오고, 낮은 멜로디는 다른 곳에서 나오는 것으로 듣는다. 반옥타브 역설도 하향식 처리의 사례인데, 이는 진행하는 방향을 모호하게 만든 증4도(반옥타브)를 우리가 사용하는 언어나 방언 또는 소리에 대한 우리의 지식과 기대에 따라 상향하거나 하향하는 음정으로 듣기 때문이다. 유령어 착청은 말소리 지각에서 무의식적 추론이 강하게 영향을 미치고 있음을 보여준다. 말하자면 모호한 단어나 구절을 들을 때 우리는 말과 언어에 대한 지식에 근거하여 듣고, 우리가 듣는 단어들은 또한 우리의 심리 상태와 기억, 예측에 영향을 받는다는 것을 보여준다.

극단의 음악적 능력들도 다루었다. 이것들은 선천적 요인뿐 아니라 어떤 환경에서 자랐는지에 의해서도 영향을 받는 것으로 보인다. 환경적 영향의 한 예로, 절대음감의 발생률은 영어 사용자보다 성조 언어인 북경어 사용자에게서 훨씬 더 높게 나타난다. 반대의 극단에는 음치인 사람들이 소수 있는데, 여기에는 유전적 요인이 관련된다.

지금까지 사람들이 단순한 음악적 패턴을 듣는 방식에서 나타나는 착청, 지각적 난제, 엄청난 개인차에 대해 살펴보았다. 결론적으로 이 기이한 현상들을 통해, 청각 메커니즘은 일관적이고 통합적인 하나의 전체가 아니라, 각기 다른 처리를 하는 신경들이 서로 연결된 메커니즘의 집합의 형태로 발달해 가는 것으로 이해할 수 있다. 아직 알아야 할 것들이 많이 남아 있지만 향후 20년에는 이 놀랍고 성능이 뛰어난 청각 체계의 메커니즘을 밝히게 되리라 기대한다.

기초지식이 필요한 독자를 위하여

음악과 말을 구성하는 소리들

음악과 말의 연속적 소리 패턴은 어떤 면에서는 유사하지만 다른 면에서는 다른 방식들로 구성된다. 여기서는 서양 조성 음악에서 음과 음 사이의 관계를 지각하는 몇 가지 방식을 설명하고, 언어에서 단어 패턴을 표상하는 방식과 간략히 비교하려 한다.

1. 진동에서 음고를 거쳐 음정으로

악기와 사람의 목소리는 복합음을 발생시킨다. 복합음은 부분음이라고 하는 수많은 순음(사인파)들의 조합으로 구성된다. 여러 악기들과 사람의 목소리가 만들어내는 음들은 정수배의 배음을 갖는 복합음이다. 즉 부분음들의 주파수가 최저 주파수의 정수배로 이루어진다. 가령 최저 주파수가 100Hz라면, 정수배의 복합음은 200Hz, 300Hz, 400Hz, 500Hz, 600Hz 등의 주파수의 음들을 포함한다.

정수배 배음을 가진 복합음이 울릴 때 들리는 음고는 기본 수파수의 음과 일치한다. 놀랍게도, 이는 기본 주파수가 누락되었을 때에도 유지된다. 예를 들어 200Hz, 300Hz, 400Hz, 500Hz, 600Hz의 배음을 갖는 음은 100Hz의 음고로 지각된다는 것이다. 이는 실제적으로 중요한 결과를 가져온다. 예를 들어 유선 전화를 통한 소리의 전송에서 300Hz 미만의 주파수는 존재하지 않는다. 하지만 사람 목소리의 모음의 음고는, 특히 남성의 경우엔, 일반적으로 300Hz 이하이기 때문에, 이러한 음고들 대부분이 전화선을 통해 전달되지 않을 것이라 생각할 수도 있다. 그러나 300Hz를 초과하는 충분한 수의 배음들이 모음에 존재하기 때문에 이로부터 기본 주파수를 유추하고 어려움 없이 전달된 모음의 음고를 듣게 된다.[1]

알려진 모든 문화에서 나타나는 음악의 특징 중 하나는 옥타브 동질성(octave equivalence)이라는 개념이다. 〈그림 부록.1〉처럼 피아노 건반 중 C를 친 후 한 옥타브 위의 C를 치면 이 두 음이 어느 정도 지각적으로 유사하다는 것을 알 수 있다. C를 친 후 한 옥타브 아래의 C를 쳐도 마찬가지이다. 이런 강한 지각적 유사성 때문에 옥타브 관계에 있는 음들은 C, C#, D, D# 등과 같은 동일한 이름이 붙는데, 음악 이론가들은 옥타브 관계에 있는 음들을 동일 음고류에 있다고 설명한다. 〈그림 부록.1〉에서 볼 수 있듯이, 우리는 음고류가 하나의 원을 이룬다고 생각할 수 있다. 따라서 음고는 두 차원을 가지게 되는데, 하나는 음고의 높낮이 차원이며, 다른 하나는 음고류의 순환적 차원이다.

옥타브 관계에 있는 음들은 주파수 비율이 2대 1이다. 평균율이라는 전통적 음계에서 옥타브는 로그(log)에 의해 12개의 동일한 간격으로 나

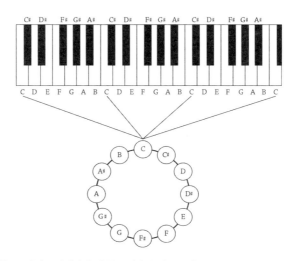

<그림 부록.1>　　　피아노 건반과 음이름들. 서양 음계는 옥타브로 나뉘며, 각 옥타브는 12개(C, C#, D, D#, E, F, F#, G, G#, A, A#, B)의 반음으로 구성된다. 옥타브 관계에 있는 음들은 동일한 음이름이 부여되며, 동일 음고류에 있는 것으로 설명된다.

뉘며, 이를 반음이라 부른다.* 그래서 C에서 시작해서 반음씩 한 단계 올라가면 C#이 되고, 한 단계 더 위로 이동하면 D가 된다. 또한 동일한 음이름의 연속이 옥타브마다 계속된다. 주파수 측면에서는 연속적으로 한 단계의 음이 올라갈 때 아래 음보다 약 6퍼센트씩 높아진다.[2]

　　두 쌍의 음들이 같은 수의 반음 간격을 가지면, 음정이라고 불리는 같은 관계를 형성하는 것으로 지각된다. 그래서 C#-D 또는 G-G#과 같이 반음 떨어진 음들은 동일한 음정을 형성하는 것으로 지각된다. 마찬

---

* 반음의 간격은 조율 방식에 따라 달라지는데, 모든 반음의 간격을 동일하게 조율하는 것이 '평균율'이며, 이외의 조율 시스템으로는 순정률, 가온음률, 피타고라스 음률, 그리고 동양에서는 삼분손익법이 있으며, 이 경우에는 반음 간격이 일정하지 않았다.̲옮긴이

〈표 부록.1〉　서양 조성음악의 기초 음정들

반음수	음정 이름
0	동음(유니즌)
1	단2도
2	장2도
3	단3도
4	장3도
5	완전4도
6	증4도, 감5도, 삼온음(=옥타브의 절반)
7	완전5도
8	단6도
9	장6도
10	단7도
11	장7도
12	옥타브

주: 옥타브는 로그에 의해 12개의 같은 간격으로 나뉜다. 반음은 C-C#과 같은 두 개의 인접한 음 사이의 거리이다.

가지로 C-E, F-A 등과 같이 4개의 반음 떨어진 음들도 동일하게 지각된다. 〈표 부록.1〉은 두 음 사이의 반음 개수에 상응하는 옥타브 내의 12개의 음정을 보여준다.

　동일한 음정을 형성하는 음의 쌍 사이의 지각적 유사성으로 인해, 하나의 멜로디를 다른 음역으로 옮길 수 있게 되는데, 이를 이조(移調)라한다. 연속하는 음들 사이의 간격이 동일하면, 각 음들이 본래 음과 다

〈그림 부록.2〉 〈떴다 떴다 비행기〉 (a) C장조, (b) G장조

르더라도 같은 멜로디로 지각된다. 따라서 E-D-C-D-E-E-E(미레도레미미미)와 B-A-G-A-B-B-B(시라솔라시시시)는 한 옥타브 내에서 연주될 경우에 둘 다 〈떴다 떴다 비행기〉의 멜로디가 된다(〈그림 부록.2 (a)와 (b)〉 참조). 시각적 형태가 한 장소에서 다른 장소로 이동되었을 때도 동일하게 지각되는 것처럼, 멜로디도 다른 음역으로 이조되어도 본질적 음악 형태는 유지된다. (제5장에서 살펴본 반옥타브 역설은 이러한 규칙의 놀랄 만한 예외이다.)

2. 음악의 문법과 언어의 문법(통사)

악곡 패시지의 통사는 본질적으로 계층적이지만, 언어에서 적용되는 계층 유형과는 다르다. 언어에서 문법은 뇌에서 표상되는 바와 같이 단어들의 어휘집과 그것들이 의미하는 개념을 포함하며, 적절한 개념을 전달하기 위해 단어를 조합하는 규칙이 포함된다. 더 구체적으로 말하면 한 문장의 구절 구조에 대한 문법은 수상(樹相) 구조로 표현될 수 있다. 예를 들어 '성난 개는 그 사람을 물었다'(The angry dog bit the man)는 명사구(NP)와 동사구(VP)로 구성된다. 그리고 명사구('성난 개는(The angry dog)')

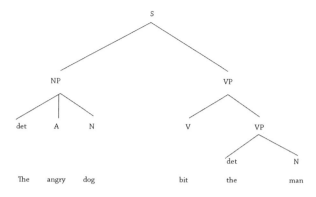

〈그림 부록.3〉 수상 구조(tree structure)로 표현된 문장

은 관사(the)와 형용사(angry), 그리고 명사(dog)로 구성된다. 동사구는 동사
(bit)와, 관사(the), 명사(man)으로 구성된 또 다른 명사구로 구성된다. 이는
〈그림 부록.3〉의 수상 구조로 표현된다.[3]

　　음악은 어휘적 의미가 없기 때문에 명사, 형용사, 동사 등에 해당하는
범주가 없다. 대신에 어떤 음이든 패시지에서 다른 음과의 관계에 따라,
음악적 계층 구조 내에서 원칙적으로 어떤 위치에든 존재할 수 있다.

　　나는 수학자 존 페로(John Feroe)와 함께 우리가 음고들을 계층적으로
표상하는 모형을 제안했다.[4] 이 모형은 본질적으로 계층적 네트워크로
특징지을 수 있으며 구조 단위의 각 수준은 조직화된 요소들의 집합으
로 표현된다. 어떤 수준에 있는 요소들은 그보다 낮은 수준에서 가장 낮
은 수준에 도달할 때까지 구조적 단위들을 형성하면서 추가적 요소들에
의해 정교화된다. 또한 이 모형은 근접성, 좋은 연속성과 같은 게슈탈트
의 지각적 조직화의 원리가 각 계층적 수준에서 조직화에 기여한다고

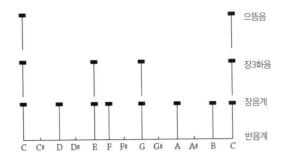

가정한다.

이 모형에서 계층적 표상은 〈그림 부록.4〉와 같이 알파벳 음들의 기본 층위를 사용한다. 고전적 서양 조성 음악에서는 가장 낮은 층은 반음계 음들(C, C#, D, D#, E, F, F#, G, G#, A, A#, B, C)로 구성된다. 이러한 기본 알파벳으로부터 더 높은 수준의 알파벳이 파생된다. 다음 상위 층은 반음계 음들의 부분집합으로 구성되며, 장음계나 단음계를 형성한다. 따라서 만약 패시지가 C장조라면, 두 번째 층은 C, D, E, F, G, A, B, C로 구성된다. 그리고 이 음들은 반음계의 나머지 음들(C#, D#, F#, G#, A#)보다 더 두드러지게 들리는 경향이 있다. 그 다음 높은 수준의 부분집합은 일반적으로 3화음들이 된다. 음계의 첫 음(으뜸음)에서 쌓은 3화음이 가장 두드러진다. 예를 들어 C장조의 으뜸음에서 쌓은 3화음은 C, E, G, C이며, 이는 특히 두드러지게 들린다. 가장 높은 수준은 으뜸음으로만 구성되며, 이 경우엔 C음이 된다.

이 모형의 한 예로 〈그림 부록.5(b)〉에서 나타난 패시지를 생각해볼

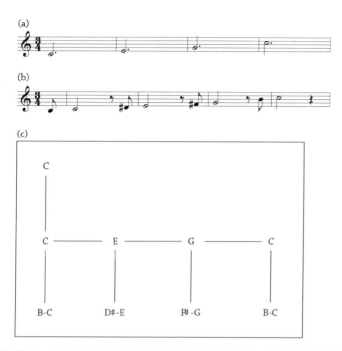

〈그림 부록.5〉 두 개의 계층 수준에서의 음고열. (a) 높은 수준에서는 음들이 C장3화음의 알 파벳 음이름을 따라 단계적으로 움직인다. (b) 낮은 수준에서는 장3화음의 각 음들 앞에 반음 아래 음이 선행한다. (c) 이 패턴은 수상 구조로 표현된다. (Deutsch & Feroe,1981)

수 있다. 이 패시지의 원리를 반음 간격들로 표현할 수도 있다. 반음계 로 한 단계 상행하는 두 음이 연속적으로 4번 제시된다. 두 번째 것은 첫 번째로부터 4단계 위에 있으며, 세 번째 것은 두 번째 것보다 3단계 위이며, 네 번째 것은 세 번째 것보다 5단계 위이다. 하지만 이 분석은 다양한 음들을 음악적으로 의미 있는 방식으로 서로 연관시키지는 못 한다.

이와는 대조적으로, 이 패시지의 음악적인 분석은 두 개의 계층 수준으로 설명하는 것이다. 두 계층 수준에서 높은 수준의 연속은 낮은 수준의 연속에 의해 정교화된다. 〈그림 부록.5ⓐ〉에 나타난 높은 수준의 음들은 C장3화음을 따라 단계적으로 상행(C-E-G-C)한다. 〈그림 부록.5ⓑ〉에 나타난 낮은 수준에서는 각 음이 반음계적으로 한 단계 낮은 음이 선행되는 두 음 패턴을 형성한다. 〈그림 부록.5ⓒ〉는 이러한 구조를 다이어그램 형태로 보여준다.

이 패시지에서 나타나는 바와 같이 이 모형은 지각 및 인지 처리에 많은 이점을 가진다. 첫째, 근접성의 원리가 다음과 같이 전반에 걸쳐 적용된다. 높은 수준에서 음들은 C장3화음(C-E-G-C)을 따라 단계적으로 움직인다. 낮은 수준에서 각 하위 연속은 반음계의 한 단계 상승(B-C, D#-E, F#-G, B-C)으로 구성된다. 또한 낮은 수준에서는 동일한 패턴이 반복적으로 제시되어, 청자가 패시지를 파악해서 기억이 용이하도록 만든다.[4-6]

3. 리듬이 구조화 되는 원리: 그룹화와 탁투스

지금까지 우리는 패시지의 음들에 의해 형성된 음고 관계를 살펴보았다. 하지만 리듬 또한 악구의 중요한 특징이 된다. 만약 〈생일축하노래〉처럼 익숙한 멜로디의 리듬을 두드리면, 사람들은 리듬만으로도 그 패시지를 알아챌 것이다. 리듬은 박자와 그룹화라는 두 가지 측면이 있다. 박자는 패시지를 특징짓는 강박과 약박의 규칙적 순환을 말한다. 예를 들어 행진할 때에 강박이 두 박마다(하나, 둘, 하나, 둘) 혹은 네 박마다(하나,

둘, 셋, 넷, **하나**, 둘, 셋, 넷) **나타난다**(《양키 두들(Yankee Doodle)》을 떠올려 보라). 왈츠에서는 강박이 3박에 한 번씩(하나, 둘, 셋, 하나, 둘, 셋) **나타난다**(《아름답고 푸른 다뉴브강》을 떠올려 보라). 박자 위에 얹히는 것이 음들의 그룹화로 정의되는 리듬 패턴이다.

박자와 그룹화가 반드시 일치하는 것은 아니다. 예를 들어 찬송가 〈나 같은 죄인 살리신(Amazing Grace)〉에서는 강박이 3박마다 나오지만, '나 같은 죄(Amazing grace)'와 '인 살리신(how sweet the sound)'에 해당하는 두 개의 리듬적 악구 사이의 경계는 박자에 의해 정의되는 강박과 약박의 패턴을 가로 지른다. 음악 이론가 저스틴 런던(Justin London)의 저서 『시간적 듣기(Hearing in Time)』[7]는 음악의 시간성 지각과 관련된 복잡성에 대해 상세히 설명한다.

좀 더 구체적으로 말하자면, 청자는 음악에서 강박과 약박의 패턴을 추론하며, 각 박은 같은 시간적 간격으로 구분된다. 박은 박절적 계층 구조 내에서 배열된다. 그래서 어떤 박이 한 수준에서 강박이면 그 위의 수준에도 박이 되며, 이는 계층이 올라가면서 마찬가지 방식으로 된다. 모든 구조 수준에서 박들은 동일한 시간 간격으로 배치된다.

〈그림 부록.6〉은 4분의 4박자의 박 패턴을 세 개의 구조적 수준에서

박	1	2	3	4	1	2	3	4	1	
	×				×				×	수준 1
	×		×		×		×		×	수준 2
	×	×	×	×	×	×	×	×	×	수준 3

〈그림 부록.6〉　　4분의 4박자에서의 세 수준의 박절적 계층. (Lerdahl & Jackendoff, 1983)

나타내는 박절적 눈금[8]을 보여준다. 수준3에는 네 박 모두 나타난다. 첫 박과 셋째 박은 둘째 박과 넷째 박보다 강하며, 이는 수준2에 나타난다. 반복하는 첫 박이 가장 강하게 들리기 때문에 수준1에서 나타난다. 청자는 탁투스(tactus)라고 불리는, 박절적 계층구조의 한두 개의 중간 수준에서의 박에 우선적으로 집중하는 경향이 있다.

우리가 악곡 패시지를 통사적 구조로 조직한다는 것을 감안하면, 우리의 지각 체계가 한 어구가 말이 아니라 노래라고 결정할 때, 악구의 통사적 표상을 생성하고 유지하는 신경 체계가 적용된다. 그리고 노래의 어구(가사)를 형성하는 단어들은 언어와는 다른 통사적 구조를 지니기 때문에 우리의 청각 메커니즘이 노래의 어구를 전체적으로 이해하게 위해서는 두 개의 다른 통사 구조를 처리해야 한다.

미주

음악과 언어, 그리고 뇌의 세계로 들어가는 길

1. 아리스토텔레스의 『자연학 소론집(Parva Naturalia; 4th Century B.C)』 중 착각의 논의를 참고.

2. Donald Macleod (사적 대화), Andrew Oxenham (사적 대화).

3. Deutsch, 1969.

4. Deutsch, 1972b.

5. Fitch, 2010, p.6

6. 소리와 음악 연구에 대한 과학적 접근에 관한 역사적 설명을 위해서는, Hunt, 1978; Cohen, 1984; Deutsch, 1984; Heller, 2013을 참고.

7. Boethius, De Institutione Musica, sixth century A.D., trans Calvin Bower, p. 57.

제1장

1. Strauss, 1949, p.44.

2. Shakespeare, W. The Tempest, Act IV, Scene I.

3. 1802년 샤를 빌러(Charles Villers)가 조르주 퀴비에(Georges Cuvier)에게 쓴 편지(출처: M. J. P. Flourens in Phrenology Examined, 1846, p. 102)

4. Oldfield, 1971.

5. Varney & Benton, 1975.

6. Luria, 1969.

7. Mebert & Michel, 1980.

8. 1956년 10월 12일, 에서가 브루노 에른스트(Bruno Ernst)에게 쓴 편지(출처: Ernst, 2018, p.21.)

9. 매카트니(McCartney)와 헨드릭스(Jimi Hendrix)의 독특한 관행은 마이클 레빈

(Michael A. Levine)에 의해 묘사되었다(사적 대화).

10. 이 이야기는 헝가리 바이올린주자 야노스 네쥐에시(János Négyesy)에게 전해 들음.

11. Strauss, 1949, p. 44.

12. Oldfield, 1971.

13. Deutsch, 1970b.

14. 이 실험을 위해 우세손 검사(the Handedness Inventory in Oldfield, 1971) 사용.

15. Deutsch, 1978.

16. Deutsch, 1980a.

제2장

1. Deutsch, 1974a, 1974b, 1975a.

2. Deutsch, 1983b.

3. Deutsch 1975a, 1981, 1983a, Deutsch & Roll, 1976. 옥타브 착청의 '무엇'과 '어디' 요소의 신경학적 근거에 관한 연구를 위해서는 Lamminmaki & Hari, 2000, Lamminmaki et al., 2012. 을 참고.

4. Treisman & Gelade, 1980.

5. Necker, 1832, p. 336.

6. Escher woodcut: Regular Division of the Plane III, 1957.

7. Wallach et al., 1949.

8. Franssen, 1960; 1962; see also Hartmann & Rakert, 1989.

9. 2018년 5월 21일, 에릭 헬러(Eric J. Heller)는 이 착청 현상에 관해 나에게 메일로 설명했다.

10. Deouell & Soroker, 2000.

11. Rauschecker & Tian, 2000

12. Deutsch, 1974c; 1975a, 1975c; 1983a, 1987; 1995.

13. 이 영상에서 보여주는 차이코프스키의 6번 교향곡(비창)의 마지막 악장의 첫 패시지는 PBS를 위한 WGBH 보스턴에서 제작한 NOVA의 에피소드 "음악이란 무엇인가?"를 위해 영상화된 것이며, 1989년에 배포되었다. 차이코프스키와 니키쉬 간의 교류를 알려주신 데이비드 버틀러(David Butler)에게 감사한다.

14. Butler, 1979.

15. 음계 착청 현상에 대한 신경학적 기초 연구에 관해서는 Kuniki et al. (2013)를 참고.

16. Sloboda, 1985.

17. Deutsch, 1995.

18. Deutsch, 2003.

19. Hall et al., 2000.

20. Deutsch, 1970a, 1972a.

21. Thompson et al., 2001.

22. Helmholtz, 1954.

23. Deutsch et al., 2007; Deutsch, 1995.

24. Mudd, 1963.

25. Deutsch, 1983a, 1985, 1987.

26. Machlis, 1977, Deutsch, 1987.

27. Robert Boynton, 사적 대화.

제3장

1. 루빈의 꽃병 착시는 2015년경 에드가 루빈(Edgar Rubin)에 의해 만들어졌다. 초기 형태는 18세기 프랑스 판화에 등장하는데, 그것은 서로 마주 보는 초상화 안에 꽃병의 윤곽이 나타난다.

2. Ellis, 1938.

3. Deutsch, 1975a.

4. Bregman, 1990.

5. 로버트 옐딩엔(Robert Gjerdingen, 1994)은 시각과 음악에 모두 적용되는 지각적 조직화의 게슈탈트 원리의 유사점을 중요하게 지적했다.

6. Miller & Heise, 1950.

7. Bregman & Campbell, 1971.

8. Van Noorden, 1975.

9. Dowling, 1973; Bey and McAdams, 2003.

10. Bower & Springston, 1970.

11. Deutsch, 1980b.

12. 음악의 음색 지각에 대한 상세한 설명을 위해서는 McAdams(2013)를 참고.

13. Wessel, 1979.

14. Warren et al., 1969.

15. 카니자(Kanizsa)의 삼각형은 이탈리아 심리학자 가에타노 카니자(Gaetano Kanizsa)에 의해 1955년에 처음 발표되었다.

16. Miller & Licklider, 1950.

17. Dannenbring, 1976.

18. Warren et al., 1972.

19. Sasaki, 1980.

20. Ball, 2010. p. 162.

21. Shakespeare, W. 〈안토니와 클레오파트라〉 4막 14장.

제4장

1. "귀로 감상하는 에셔(Escher for the Ear)"라는 용어는 Yam, 1996, p. 14.에서 차용.

2. Hofstatadter, 1979.

3. 에셔(M. C. Escher)의 석판화 〈올라가기와 내려가기〉(1960). 제1장, 〈그림 1.6〉의 에셔의 석판화 〈그리는 손〉은 또 다른 이상한 고리라 할 수 있다.

4. 〈펜로즈의 계단〉(출처: Penrose & Penrose, 1958)

5. Shepard, 1964.

6. Drobisch (1855) 이후로 다양한 음고의 나선형 표상이 제안되어 왔다(Ruckmick, 1929; Bachem, 1950; Revesz, 1954; Pickler, 1966; Shepard, 1964, 1965, 1982).

7. 배음으로 구성된 복합음들의 지각된 음고는, 그 배음들이 서로 가깝게 배열되어 있을 때에는, 기본주파수의 음고로 들린다(자세한 내용은 부록 참고). 셰퍼드 톤은 단지 옥타브 관계의 배음들만을 포함하기 때문에 음고가 기본주파수의 음고로 지각되지 않고, 높이도 모호하게 지각된다.

8. Risset, 1971.

9. 스콧 킴(Scott Kim)은 보통 피아노로 셰퍼드 음계를 연주하고, 동요 "Frere Jacques(안녕)"의 두 성부를 허밍과 휘파람으로 동시에 부를 수 있다! (유튜브에서 'Scott Kim-Musical Illusion'을 찾아서 보면 4분 30초 정도에 이 연주를 들을 수 있다_옮긴이)

10. Burns, 1981; Teranishi, 1982; Nakajima et al., 1988.

11. Braus, 1995.

12. Los Angeles Times, 2009년 2월 4일. 여기서 사운드 디자이너 리처드 킹(Richard King)은 영화 〈다크 나이트(The Dark Knight)〉에서 셰퍼드 음계를 사용한 것에 대해 설명한다.

13. Guerrasio(2017)은 크리스토퍼 놀란(Christopher Nolan)의 영화 〈덩케르크〉를 위해 작곡된 한스 짐머(Hans Zimmer)의 악보가 셰퍼드 톤에 근거한 효과를 어떻게 활용하였는지에 대해 설명한다.

14. Benade, 1976.

15. Deutsch et al., 2008.

16. Deutsch, 2010.

제5장

1. 삼온음(tritone)은 두 음의 간격이 3개의 온음이나 6개의 반음 혹은 옥타브의 반인 음정이다. 삼온음 간격의 예로, 〈웨스트사이드 스토리〉의 노래 "마리아(Maria)"에서 조가 바뀌는 부분의 '마'와 '리' 사이의 간격이 3온음이다. (3온음이 주되게 사용된 음악의 예로 〈죽음의 무도〉를 들 수 있다_옮긴이)

2. 이 음들은 오디오 소프트웨어 전문가 리처드 무어(F. Richard Moore)와 마크 돌슨(Mark Dolson)이 제작하였다. 각 음은 옥타브 간격의 6개의 주파수로 구성되고, 종 모양의 스펙트럴 엔벨로프(spectral envelope)가 되도록 제작되었다. 두 음에 대해, 쌍이 되는 두 음의 스펙트럴 엔벨로프의 위치는 동일하다. 보다 자세한 내용은 Deutsch et al. (1987)을 참고.

3. Deutsch et al., 1987.

4. Deutsch et al., 1990.

5. Deutsch, 1991.

6. Giangrande, 1998.

7. Dawe et al., 1998.

8. Ragozzine & Deutsch, 1994.

9. Deutsch, 2007.

10. Deutsch et al., 2004a. 반옥타브 역설의 지각과 함께, 말하는 목소리의 음역에 영향을 준다고 제안하는 템플릿은 단순히 음높이가 아니라, 음고류 중 하나이다. 다시 말해서 그것은 낮은 음부터 높은 음까지의 연속되는 것에서의 위치가 아니라, 옥타브 내의 한 음의

위치(혹은 모음의 음고)와 관련이 있다는 것이다. 남성과 여성이 함께 노래 부르면 일반적으로 옥타브 관계가 된다. 또한 한 언어 공동체 내의 남성과 여성은 대략 옥타브 관계의 음역으로 말하고 동일한 음고류 영역으로 말한다.

11. 리뷰에 대해서는 Dolson(1994)을 참고. 이 가설은 제6장 절대음감의 신비에서도 상세히 논의된다.

12. Majewski et al., 1972.

13. Deutsch, Le, et al., 2009.

14. Fitch, 2010.

15. Kim, 1989. p. 29.

16. Deutsch, 1992.

제6장

1. Deutsch, 1990, p. 21.

2. Profita & Bidder, 1988.

3. Geschwind & Fusillo, 1966.

4. Terhardt & Seewann, 1983.

5. Levitin, 1994. 관련 연구는 Halpern (1989) 참고.

6. Schellenberg & Trehub, 2003.

7. Smith & Schmuckler, 2008.

8. Van Hedger et al., 2016.

9. Saffran & Griepentrog, 2001.

10. Rubenstein, 1973, p. 14.

11. Baharloo et al., 1998.

12. Brady, 1970.

13. 절대음감 습득은 이조 악기, 즉 악보에 표기된 음고와 실제 소리 나는 음고가 다른 악기를 배우는 아동들에게 특별한 문제를 일으킨다. 예를 들어 Bb 클라리넷 악보의 C음은 악기로 불면 Bb 소리가 난다. 나의 친구이자 동료인 트레버 헨손은 5학년 때 학교에서 Bb 트럼펫을 처음에 어떻게 배웠는지에 대해 설명했다. 음악선생님은 Bb음을 연주한 후 'C'라고 이름 붙인 후 그 아래에 오선에 C음을 그렸다. 이어서 C음을 연주한 후 'D'라고 이름 붙이는 방식으로 나머지도 가르쳤다. 후에 플루트를 배우는 아이가 와서 함께 했는데, 트레버는 '트럼펫 C'가 '플루트 C'와 같지 않다는 것을 알게 되었다. 그가 이조악

기에 대해 정식으로 배우게 된 것은 그 이후였다.

14. Deutsch et al., 2006; Deutsch, Dooley et al., 2009.

15. Lennenberg, 1967.

16. Chechik et al., 1998.

17. Curtiss, 1977.

18. Lane, 1976.

19. 이타르(Itard)가 빅토르(Victor)를 교육하기 위해 시도한 것들을 기록한 것이 프랑수아 트뤼포(François Truffaut)의 영화 〈와일드 차일드〉의 기초가 되었다.

20. Bates, 1992; Dennis & Whitaker, 1976; Duchowny et al., 1996; Vargha-Khadem et al., 1997; Woods, 1983.

21. Newport, 1990.

22. 위의 글

23. Pousada, 1994.

24. Deutsch et al., 2004a.

25. Glanz, 1999.

26. Deutsch et al., 2006.

27. Miyazaki et al., 2012.

28. Deutsch, Dooley, et al., 2009.

29. Gervain et al., 2013.

30. Schlaug et al., 1995.

31. Loui et al., 2010.

32. Deutsch & Dooley, 2013.

33. Miyazaki, 1990.

34. Deutsch et al., 2013.

35. Takeuchi & Hulse, 1991.

36. 바로우와 모르겐슈테른의 『음악 주제 사전(Electronic Dictionary of Musical Themes)』에서 각 음고류의 출현 빈도를 정리해 준 데이비드 휴런(David Huron)에게 감사한다.

37. Lee & Lee, 2010.

38. Sergeant, 1969.

39. Hedger et al., 2013.

40. Deutsch et al., 2017. 우리가 사용한 알고리즘은 절대음감이 없는 참가자들을 포함한 이전 연구를 따랐다(Deutsch, 1970a).

41. Dooley & Deutsch, 2010.

42. Dooley & Deutsch, 2011.

43. Vernon, 1977.

44. Monsaingeon, 2001, p. 140.

45. Braun & Chaloupka, 2005.

46. Hamilton et al., 2004.

47. Pascual-Leone et al., 2005.

48. Mottron et al., 2009; Heaton et al., 2008.

49. Rojas et al., 2002.

제7장

1. Bolivar, Missouri News, Oct 11, 2008.

2. Oceanside APB news, April 12, 2008.

3. 음향 스펙트럼은 주파수의 함수로서, 음원에 대한 에너지 분포로 정의될 수 있다.

4. 스티븐 핑커는 그의 저서 『언어 본능』에서 몬더그린들(Monegreens)과 관련된 오청들(mishearings)에 관해 논의한다. 마지막 두 오청은 마이클 레빈(Michael A. Levine)이 사적 대화에서 설명했던 것이다.

5. Gombrich, 1986. pp. 77-78. 조 뱅크스(Joe Banks)는 그의 저서 『로르샤흐 오디오』(2012)에서 곰브리치의 메모와 관련된 사건에 대해 논의한다.

6. 벤 버트(Ben Burtt)는 뱀들이 스르륵 미끄러지듯 나아가는 인상을 주기 위해 치즈 캐서롤을 사용했다고 설명했다. (https://www.youtube.com/watch?v=dYdFiYGLr-s)

7. Deutsch, 1995, 2003.

8. Carlson, 1996.

9. 로르샤흐 검사는 20세기 초 스위스 심리학자 헤르만 로르샤흐(Hermann Rorschach)에 의해 만들어졌다. 대칭적 잉크 얼룩을 가진 카드들이 한 세트이며, 이를 실험참가자에게 제시하여 무엇을 보았는지를 보고하는 방식으로 검사가 진행된다. 실험참가자의 응답은 자신의 인지, 성격, 동기와 관련된 단서로 해석된다.

10. Hernandez, 2018.

11. Banks, 2012.

12. Grimby, 1993.

13. Shermer, 2009.

14. "신의 눈(The Eye of God)", 공식적으로는 NGC 7293으로 알려진 나선 성운(Helix Nebula)은 물병자리에 위치한 거대한 행성 모양의 성운이다. 이 그림은 허블 우주 망원경을 이용하여 촬영된 것이다.

15. Sung Ti(Gombrich, 1960, p. 18에서 인용)

16. Leonardo da Vinci, 1956. (Gombrich 'Art and Illusion', p. 188에서 인용)

17. Merkelbach & Van den Ven, 2001.

18. Warren, 1983.

19. 백워드 마스킹(라는 용어는 심리음향학에서 짧고 부드러운 소리에 바로 뒤이어 큰 소리가 나면, 첫 번째 소리가 지각적으로 억제되는 효과를 말한다.

20. Vokey & Read, 1985.

21. Remez et al., 1981.

22. Heller, 2013. 이 책과 연계되는 웹사이트는 다음과 같다.
    http://whyyouhearwhatyouhear.com

22. McGurk & MacDonald, 1976.

23. Wright, 1969, p. 26.

24. 스푸너는 1844년부터 1930년까지 살았다. 유명한 스푸너리즘 중 많은 것들이 다른 사람들에 의해 만들어졌지만 몇몇은 스푸너 자신이 만든 것으로 여겨진다.

25. Baars et al., 1975.

26. Erard, 2007.

제8장

1. Kellaris, 2003.

2. Williamson et al., 2012.

3. Kraemer et al., 2005.

4. fMRI(기능적 자기공명영상)은 뇌 영역의 혈류의 변화를 보여주는 뇌영상 기법으로, 특정 뇌 영역의 혈류의 변화는 그 영역의 혈중 산소 수준을 변하게 한다. 그래서 이 장치는 뇌 구조의 신경 활동의 변화를 감지한다. 널리 사용되는 또 다른 뇌 지도 기술은

MEG(뇌자도, magnetoencephalography)로, 이 장치는 매우 민감한 장치들로 뇌의 자기장을 기록한다. 이 기술들은 지각과 인지에 대한 기초적 연구뿐 아니라 병리학적 뇌 영역을 찾아내는 데 사용된다.

5. 파이프다운(Pipedown): 배경음악(piped music)으로부터의 자유를 추구하는 캠페인. Pipedown News, July 16, 2017.

6. Barenboim, 2006.

7. "음악 없는 날? 침묵을 즐겨라…" The Guardian, November 21, 2007.

8. O'Malley, 1920, p. 242.

9. Berlin, 1916, p. 695.

10. Margulis, 2014.

11. Zajonc, 1968.

12. Winkelman et al., 2003.

13. Pereira et al., 2011.

14. Nunes et al., 2015.

15. Sacks, 2008.

16. Twain, 1876.

17. Burnt Toast Podcast, March 9, 2017

18. 마이클 레빈과의 사적 대화.

제9장

1. 주세페 타르티니(Guiseppe Tartini)의 "악마의 트릴 소나타"에 관해 전해진 이야기는 〈그림 9.2〉루이 레오폴 발리(Louis Léopold Boilly)의 〈타르티니의 꿈〉(Bibliothèque Nationale de France, 1824)에 묘사되어 있다.

2. Esquirol, 1845.

3. Baillarger, 1846.

4. Griesinger, 1867.

5. Hughlings Jackson, 1884.

6. Charles Bonnet, 1760.

7. de Morsier, 1967.

8. Meadows & Munro, 1977; Gersztenkorn & Lee, 2015.

9. Penfield & Perot, 1963.

10. 매쉬업이라는 용어는 대중음악에서 사용되는 기법으로, 여러 노래의 트랙을 결합하고 동기화 하여 하나의 녹음을 생성해 내는 것이다.

11. White, 1964, p. 134-135.

12. Bleich & Moskowits, 2000.

13. Geiger, 2009; Shermer, 2011.

14. Simpson, 1988.

15. Sacks, 2012.

16. Lindbergh, 1953. Suedfeld & Mocellin, 1987도 참고.

17. Cellini, 1558/1956.

18. Marco Polo, 2008, (원본 c. 1300).

19. Grimby, 1993.

20. Rosenhan, 1973.

21. Sidgwick et al.,1894.

22. Tien, 1991.

23. McCarthy-Jones, 2012.

24 McCarthy-Jones, 2012; Lurhmann, 2012.

25. Daverio, 1997.

26. Bartos, 1955, p. 149.

27. Monsaingeon, 2001, pp. 140, 142.

28. Budiansky, 2014.

29. 마이클 A. 레빈, 피터 버크홀더(Peter Burkholder)과 스티븐 부디안스키(Stephen Budiansky)와의 사적 대화.

30. Budiansky, 2014, p. 31.

제10장

1. 무소르그스키가 림스키-코르사코프에게 보낸 편지, 1868년, 7월. In Leyda & Bertensson, 1947.

2. 말과 음악의 모듈식 처리에 관한 논의에 관해서는 다음의 논문들을 참고. Liberman & Mattingly, 1989; Liberman, & Whalen, 2000; Peretz, & Morais, 1989; Peretz &

Coltheart, 2003; Zatorre et al., 2002.

3. 일반적인 모듈성 개념에 대한 논의에 관해서는 다음의 논문을 참고. Fodor, 1983, 2001.

4. Spencer, 1857.

5. 무소르그스키가 림스키-코르사코프에게 보낸 편지, 1868년 7월. In Leyda & Bertensson. 1947.

6. 무소르그스키가 세스타코바에게 보낸 편지, 1868년 7월. 위의 문헌.

7. Jonathan & Secora, 2006.

8. Luria et al., 1965.

9. Basso & Capitani, 1985.

10. Mazzuchi et al., 1982.

11. Piccarilli et al., 2000.

12. Darwin, 1958, pp. 20, 21.

13. Allen, 1878.

14. Peretz et al., 2007.

15. Peretz et al., 2002.

16. Loui et al., 2009.

17. 렉스의 놀라운 음악적 능력은 2003년, 2005년, 그리고 2008년에 방영된 CBS, 〈60분〉에서 레슬리 스탈(Leslie Stahl)과 한 TV 인터뷰에서 드러난다.

18. 제8장의 주석 4를 참고.

19. Koelsch et al., 2002.

20. Patel, 2008.

21. Norman-Haignere et al., 2015.

22. Deutsch, 1970b.

23. Deutsch, 1975b; 2013c.

24. Semal & Demany, 1991; Demany & Semal, 2008.

25. Starr & Pitt, 1997; Mercer & McKeown, 2010.

26. Pinker, 1997. p. 30.

27. Simon, 1962.

28. Fitch, 2010. pp. 17-18.

29. Deutsch et al., 2011.

30. Vanden Bosch der Nederlanden et al. (2015b)은 실험참가자들이 처음과 마지막

반복 사이를 구별하라는 요청을 받았을 때, 서양 조성 음악의 음고 구조에 부합되는 음고 변화보다는 위반되는 음고 변화를 더 잘 감지한다는 것을 발견했다. 이러한 발견은 참가자들이 그 구절을 말이 아닌 음악으로 들었을 때 나타날 수 있는 결과이다.

31. Michael A. Levine, 사적 대화.

32. 셰익스피어, 『줄리어스 시저』 3막, 2장.

33. 윈스턴 처칠이 제2차 세계대전 초반인 1940년 6월 4일에 하원에서 했던 연설.

34. 마틴 루터 킹 주니어가 1965년 3월 25일 앨라배마주 몽고메리에 있는 주 의사당 계단에서 했던 연설.

35. 농장 일꾼들의 구호를 외치는 영상.

36. 버락 오바마(Barack Obama)가 2008년 1월 8일 뉴햄프셔주 내슈아에서 대통령 선거운동 기간 동안 한 연설.

37. Robert Frost, 〈눈 내리는 밤 숲가에 서서(Stopping by the Woods on a Snowy Evening)〉(Frost, 1969).

38. 배음렬에 대한 설명은 부록을 참고.

39. Vanden Bosch et al (2015a)

40. Falk et al., 2014.

41. Margulis et al., 2015.

42. Jaisin et al., 2016.

43. Tierney et al., 2013. '음고의 명확성'이라는 용어는 음고가 소리의 속성으로 얼마나 두드러지게 지각되는지를 나타낸다.

44. 말이 노래로 변하는 착청 현상에 대한 신경학적 근거에 대한 추가 연구로, Hymers et al. (2015)을 참고.

제11장

1. Spencer, 1857.

2. Steele, 1779.

3. Darwin, 1879.

4. Jespersen, 1922.

5. Wray, 1998.

6. 언어의 운율과 음악적 구조 사이의 관계에 대한 자세한 논의는 Heffner & Slevc(2015)

을 참고.

7. 해오라기는 왜가리과에 속하는 섭금류의 새이다. 해오라기는 비밀스럽고 보기 어렵지만, 포그혼(foghorn)처럼 매우 크고 낮고 쿵쾅거리는 소리를 낸다.

8. Shaw, 1913, 1막.

9. Juslin & Laukka, 2003.

10. Querleu et al., 1988.

11. DeCaspar et al., 1994.

12. DeCaspar & Fifer, 1980.

13. Spence & Freeman, 1996.

14. Moon et al., 1993.

15. Mampe et al., 2009.

16. Fernald, 1993.

17. Thiessen et al., 2005.

18. Moreno et al., 2009.

19. Thompson et al., 2004.

20. Marques et al., 2007.

21. Lima & Castro, 2011.

22. Thompson et al., 2012.

23. Wong et al., 2007.

24. Schellenberg, 2015.

25. Giuliano et al., 2011; Pfordresher & Brown, 2009; Creel et al., 2018.

26. Krishnan et al., 2005.

27. Bidelman et al., 2013.

28. Marie et al., 2012.

29. Patel & Daniele, 2003.

30. Huron & Ollen(2003)은 상당히 확장된 주제의 샘플들을 사용하여, Patel 과 Daniele 의 연구 결과를 반복하여 시행했고, 그 결과 음들 간의 길이에 대한 대비가 프랑스 음악보다 영국 음악에서 더 크다는 것을 발견했다.

31. Iversen et al., 2008.

32. 다른 북경어 성조에 대한 설명은 제6장을 참조.

33. https://chinesepod.com/blog/2014/10/25/how-to-read-a-chinese-poem-with-

only-one-sound/

34. 이 문장의 기원은 불분명하지만, 언어학자 로버트 버윅(Robert Berwick)에게서 1972년 11세 때 이 문장을 들은 적 있다고 들었다. 또한 감사하게도 스티븐 핑커는 이에 관해 논의하였으며, 그의 저서 『언어 본능』은 유사한 문장 "Buffalo buffalo Buffalo buffalo buffalo buffalo Buffalo buffalo"(pp. 209~210)을 제시했다.

34. Michael A. Levine, 사적 대화.

35. Darwin, 1871, p. 55.

36. Mithen, 2006.

37. Brown, 2000.

부록

1. 배음렬에 대한 자세한 설명은 다음을 참고. Oxenham, 2013; Hartmann, 2005; Sundberg, 2013; Rossing et al., 2002; and Heller, 2013와 수반된 웹사이트 http://whyyouhearwhatyouhear.com.

2. 피아노의 검은 건반에 해당되는 음은 샵(#)이나 플랫(b)으로 명명되며, 흰 건반보다 반음이 높거나 반음이 낮은 것을 나타낸다. 그래서 C음 바로 위의 검은 건반은 C#이나 Db으로 표기될 수 있다.

3. Pinker, 1994. Pinker (1997)도 참고.

4. Deutsch & Feroe, 1981; Deutsch, 1999.

5. 음악 이론가 Fred Lerdahl(2001)은 Deutsch와 Feroe의 알파벳의 계층구조를 표현하는 '기본 공간'을 제안했다. Lerdahl의 음고 공간은 화음과 조를 포함하도록 정교하게 만들어졌다.

6. 음악에서의 음의 구조에 대한 더 많은 논의는 다음을 참고. Schenker, 1956; Meyer, 1956; Deutsch, 2013b, Gjerdingen, 1988; Krumhansl, 1990; Narmour, 1990, 1992; Temperley, 2007; Thompson, 2013; Thomson, 1999.

7. London, 2004; Honing (2013)도 참고.

8. Lerdahl & Jackendoff, 1983.

참고문헌

Allen, C. (1878). Note-deafness, *Mind*, 3, 157-167.

Aristotle. (1955). *Parva naturalia* (W. D. Ross, Ed.). Oxford: Clarendon Press.

Baars, B. J., Motley, M. T., & MacKay, D. G. (1975). Output editing for lexical status in artificially elicited slips of the tongue. *Journal of Verbal Learning and Verbal Behavior*, 14, 382-391.

Bachem, A. (1950). Tone height and tone chroma as two different pitch qualities. *Acta Psychologica*, 7, 80-88.

Baharloo, S., Johnston, P. A., Service, S. K., Gitschier, J., & Freimer, N. B. (1998). Absolute pitch: An approach for identification of genetic and nongenetic components, *American Journal of Human Genetics*, 62, 224-231.

Baillarger, M. J. (1846). Des hallucinations. *Memoires l'Academie Royale de Medicine*, 12, 273-475.

Ball, P. (2010). *The music instinct: How music works and why we can't do without it*. New York: Oxford University Press.

Banks, J. (2012). *Rorschach audio: Art & illusion for sound*. London: Strange Attractor Press.

Barenboim, D. (2006). *In the beginning was sound*. Reith Lecture.

Bartos, F. (1955). *Bedřich Smetana: Letters and reminiscences* (D. Rusbridge, Trans.). Prague: Artia.

Basso, A., & Capitani, E. (1985). Spared musical abilities in a conductor with global aphasia and ideomotor apraxia. *Journal of Neurology, Neurosurgery and Psychiatry*, 48, 407-412.

Bates, E. (1992). Language development. *Current Opinion in Neurobiology*, 2, 180-185.

Benade, A. H. (1976). *Fundamentals of musical acoustics*. New York: Oxford University Press.

Bey, C., & McAdams, S. (2003). Postrecognition of interleaved melodies as an indirect measure of auditory stream formation. *Journal of Experimental Psychology: Human Perception and Performance*, 29, 267-279.

Berlin, I. (1916). Love-interest as a commodity. *Green Book Magazine*, 15, 695-698.

Bidelman, G. M., Hutka, S., & Moreno, S. (2013). Tone language speakers and musicians share enhanced perceptual and cognitive abilities for musical pitch: Evidence for bidirectionality between the domains of language and music. *PLoS ONE*, 8, e60676.

Bleich, A., & Moskowits, L. (2000). Post traumatic stress disorder with psychotic features. *Croatian Medical Journal*, 41, 442-445.

Boethius, A. M. S. (ca. 500-507). *De institutione musica*. (Calvin Bower, Trans., 1966).

Bonnet, C. (1760). *Essai analytique sur les faculties de l'ame*. Copenhagen: Philbert.

Bower, G. H., & Springston, (1970). Pauses as recoding points in letter series. *Journal of Experimental Psychology*, 83, 421-430.

Brady, P. T. (1970). Fixed scale mechanism of absolute pitch. *Journal of the Acoustical Society of America*, 48, 883-887.

Braun, M., & Chaloupka, V. (2005). Carbamazepine induced pitch shift and octave space representation. *Hearing Research*, 210, 85-92.

Braus, I. (1995). Retracing one's steps: An overview of pitch circularity and Shepard tones in European music, 1550-1990. *Music Perception*, 12, 323-351.

Bregman, A. S. (1990). *Auditory scene analysis: The perceptual organization of sound*. Cambridge, MA: MIT Press.

Bregman, A. S., & Campbell, J. (1971). Primary auditory stream segregation and perception of order in rapid sequences of tones. *Journal of Experimental Psychology*, 89, 244-249.

Brown, S. (2000). The "Musilanguage" model of music evolution. In N. L. Wallin, B. Merker, & S. Brown (Eds.), *The origins of music* (pp. 271-300). Cambridge, MA: MIT Press.

Budiansky, S. (2014). *Mad music: Charles Ives, the nostalgic rebel*. Lebanon, NH: University Press of New England.

Burns, E. (1981). Circularity in relative pitch judgments for inharmonic complex tones: The Shepard demonstration revisited, again. *Perception & Psychophysics*, 30, 467-472.

Butler, D. (1979). A further study of melodic channeling. *Perception & Psychophysics*,

25, 264-268.

Carlson, S. (1996, December). Dissecting the brain with sound. *Scientific American*, 112-115.

Cellini, B. (1956). *Autobiography* (G. Bull, Trans.). London: Penguin Books. (Original work published ca. 1558)

Chechik, G., Meilijson, I., & Ruppin, E. (1998). Synaptic pruning in development: A computational account. *Neural Computation*, 10, 1759-1777.

Chen Yung-chi, quoted from H. A. Giles, *An introduction to the history of Chinese pictorial art* (Shanghai and Leiden, 1905), p. 100.

Creel, S. C., Weng, M., Fu, G., Heyman, G. D., & Lee, K. (2018). Speaking a tone language enhances musical pitch perception in 3-5-year-olds. *Developmental Science*, 21, e12503.

Curtiss, S. (1977). *Genie: A psycholinguistic study of a modern day "wild child."* New York: Academic Press.

Dannenbring, G. L. (1976). Perceived auditory continuity with alternately rising and falling frequency transitions. *Canadian Journal of Psychology*, 30, 99-114.

Darwin, C. R. (1958). *The Autobiography of Charles Darwin, and Selected Letters* (F. Darwin, Ed.). New York: Dover. (Originally published in 1892.)

Darwin, C. R. (2004). *The Descent of Man, and Selection in Relation to Sex*. 2nd ed. London: Penguin Books. (Originally published 1879 by J. Murray, London.)

Daverio, J. (1997). *Robert Schumann: Herald of a "new poetic age."* New York: Oxford University Press.

Dawe, L. A., Platt, J. R., & Welsh, E. (1998). Spectral-motion aftereffects and the tritone paradox among Canadian subjects. *Perception & Psychophysics*, 60, 209-220.

DeCaspar, A. J., & Fifer, W. P. (1980). Of human bonding: Newborns prefer their mothers' voice. *Science*, 208, 1174-1176.

DeCaspar, A. J., Lecanuet, J.-P., Busnel, M.-C., Granier-Deferre, C., & Maugeais, R. (1994). Fetal reactions to recurrent maternal speech. *Infant Behavior and Development*, 17, 159-164.

Deouell, L. Y., & Soroker, N. (2000). What is extinguished in auditory extinction? *NeuroReport*, 2000, 11, 3059-3062.

Demany, L., & Semal, C. (2008). The role of memory in auditory perception. In W. A. Yost, A. N. Popper, & R. R. Fay (Eds.), *Auditory perception of sound sources* (pp. 77-113). New York: Springer.

Dennis, M., & Whitaker, H. A. (1976). Language acquisition following hemidecortication: linguistic superiority of the left over the right hemisphere. *Brain and Language*, 3, 404-433.

de Morsier, G. (1967). Le syndrome de Charles Bonnet: hallucinations visuelles des vieillards sans deficience mentale [Charles Bonnet syndrome: visual hallucinations of the elderly without mental impairment]. *Ann Med Psychol* (in French), 125, 677-701.

Deutsch, D. (1969). Music recognition. *Psychological Review*, 76, 300-309.

Deutsch, D. (1970a). Dislocation of tones in a musical sequence: A memory illusion. *Nature*, 226, 286.

Deutsch, D. (1970b). Tones and numbers: Specificity of interference in immediate memory. *Science*, 168, 1604-1605

Deutsch, D. (1972a). Effect of repetition of standard and comparison tones on recognition memory for pitch. *Journal of Experimental Psychology*, 93, 156-162.

Deutsch, D. (1972b) Octave generalization and tune recognition. *Perception & Psychophysics*, 11, 411-412.

Deutsch, D. (1974a). An auditory illusion. *Journal of the Acoustical Society of America*, 55, s18-s19.

Deutsch, D. (1974b). An auditory illusion. *Nature*, 251, 307-309.

Deutsch, D. (1974c). An illusion with musical scales. *Journal of the Acoustical Society of America*, 56, s25.

Deutsch, D. (1975a). Musical illusions. *Scientific American*, 233, 92-104.

Deutsch, D. (1975b). The organization of short term memory for a single acoustic attribute. In D. Deutsch & J. A. Deutsch (Eds.). *Short term memory* (pp. 107-151). New York: Academic Press.

Deutsch, D. (1975c). Two-channel listening to musical scales. *Journal of the Acoustical Society of America*, 57, 1156-1160.

Deutsch, D. (1978). Pitch memory: An advantage for the lefthanded. *Science*, 199, 559-560.

Deutsch, D. (1980a). Handedness and memory for tonal pitch. In J. Herron (Ed.), *Neuropsychology of lefthandedness* (pp. 263-271). New York: Academic Press.

Deutsch, D. (1980b). The processing of structured and unstructured tonal sequences. *Perception & Psychophysics*, 28, 381-389.

Deutsch, D. (1980c). Music perception. *The Musical Quarterly*, 66, 165-179.

Deutsch, D. (1981). The octave illusion and auditory perceptual integration. In J. V. Tobias & E. D. Schubert (Eds.), *Hearing research and theory* (Vol. I, pp. 99-142). New York: Academic Press.

Deutsch, D. (1983a). Auditory illusions, handedness, and the spatial environment. *Journal of the Audio Engineering Society*, 31, 607-618.

Deutsch, D. (1983b). The octave illusion in relation to handedness and familial handedness background. *Neuropsychologia*, 21, 289-293.

Deutsch, D. (1984). Psychology and music. In M.H. Bornstein (Ed.). *Psychology and its allied disciplines*, 1984, 155-194, Hillsdale: Erlbaum.

Deutsch, D. (1985). Dichotic listening to melodic patterns and its relationship to hemispheric specialization of function. *Music Perception*, 3, 127-154.

Deutsch, D. (1986a). An auditory paradox. *Journal of the Acoustical Society of America*, 80, s93.

Deutsch, D. (1986b). A musical paradox. *Music Perception*, 3, 275-280.

Deutsch, D. (1987). Illusions for stereo headphones. *Audio Magazine*, 36-48.

Deutsch, D. (1991). The tritone paradox: An influence of language on music perception. *Music Perception*, 8, 335-347.

Deutsch, D. (1992). Paradoxes of musical pitch. *Scientific American*, 267, 88-95.

Deutsch, D. (1995). *Musical illusions and paradoxes* [Compact disc and booklet]. La Jolla, CA: Philomel Records.

Deutsch, D. (1996). The perception of auditory patterns. In W. Prinz and B. Bridgeman (Eds.), *Handbook of perception and action* (Vol. 1, pp. 253-296). Orlando, FL: Academic Press.

Deutsch, D. (1997). The tritone paradox: A link between music and speech. *Current Directions in Psychological Science*, 6, 174-180.

Deutsch, D. (Ed.). (1999). The processing of pitch combinations. In D. Deutsch (Ed.), *The Psychology of music* (2nd ed. pp. 349-412). San Diego, CA: Elsevier.

Deutsch, D. (2003). *Phantom words, and other curiosities* (Audio CD and booklet). La Jolla, CA: Philomel Records.

Deutsch, D. (2007). Mothers and their offspring perceive the tritone paradox in closely similar ways. *Archives of Acoustics*, 32, 3-14.

Deutsch, D. (2010, July 8-15). The paradox of pitch circularity. *Acoustics Today*, 8-14.

Deutsch, D. (2013a). Grouping mechanisms in music. In D. Deutsch (Ed.), *The psychology of music* (3rd ed., pp. 183-248). San Diego, CA: Elsevier.

Deutsch, D. (Ed.). (2013b). *The psychology of music* (3rd ed.). San Diego, CA: Elsevier.

Deutsch, D. (2013c). The processing of pitch combinations. In D. Deutsch (Ed.) *The psychology of music* (3rd ed., pp. 249-324). San Diego, CA: Elsevier.

Deutsch, D., & Dooley, K. (2013). Absolute pitch is associated with a large auditory digit span: A clue to its genesis. *Journal of the Acoustical Society of America*, 133, 1859-1861,

Deutsch, D., Dooley, K., & Henthorn, T. (2008). Pitch circularity from tones comprising full harmonic series. *Journal of the Acoustical Society of America*, 124, 589-597.

Deutsch, D., Dooley, K., Henthorn, T., & Head, B. (2009). Absolute pitch among students in an American music conservatory: Association with tone language fluency. *Journal of the Acoustical Society of America*, 125, 2398-2403.

Deutsch, D., Edelstein, M., & Henthorn, T. (2017). Absolute pitch is disrupted by an auditory illusion. *Journal of the Acoustical Society of America*, 141, 3800.

Deutsch, D., & Feroe, J. (1981). The internal representation of pitch sequences in tonal music. *Psychological Review*, 88, 503-522.

Deutsch, D., Henthorn, T., Marvin, E., & Xu, H.-S. (2006). Absolute pitch among American and Chinese conservatory students: Prevalence differences, and evidence for a speech-related critical period. *Journal of the Acoustical Society of America*, 119, 719-722.

Deutsch, D., Hamaoui, K., & Henthorn, T. (2007). The glissando illusion and handedness. *Neuropsychologia*, 45, 2981-2988.

Deutsch, D., Henthorn, T., & Dolson, M. (2004a). Absolute pitch, speech, and tone language: Some experiments and a proposed framework. *Music Perception*, 21, 339-356.

Deutsch, D., Henthorn, T., & Dolson, M. (2004b). Speech patterns heard early in life influence later perception of the tritone paradox. *Music Perception*, 21, 357-372.

Deutsch, D., Henthorn, T., & Lapidis, R. (2011). Illusory transformation from speech to song. *Journal of the Acoustical Society of America*, 129, 2245-2252.

Deutsch, D., Kuyper, W. L., & Fisher, Y. (1987). The tritone paradox: Its presence and form of distribution in a general population. *Music Perception*, 5, 79-92.

Deutsch, D., Li, X., & Shen, J. (2013). Absolute pitch among students at the Shanghai Conservatory of Music: A large-scale direct-test study. *Journal of the Acoustical Society of America*, 134, 3853-3859.

Deutsch, D., Le, J., Shen, J., & Henthorn, T. (2009). The pitch levels of female speech in two Chinese villages. *Journal of the Acoustical Society Express Letters*, 125, EL208-EL213.

Deutsch, D., North, T. & Ray, L. (1990). The tritone paradox: Correlate with the listener's vocal range for speech. *Music Perception*, 7, 371-384.

Deutsch, D. & Roll, P. L. (1976). Separate "what" and "where" mechanisms in processing a dichotic tonal sequence. *Journal of Experimental Psychology: Human Perception and Performance*, 2, 23-29.

Deutsch, E. O., (1990). *Mozart: A documentary biography* (3rd. ed.). New York: Simon & Schuster.

Dolson, M. (1994). The pitch of speech as a function of linguistic community. *Music Perception*, 11, 321-331.

Dooley, K., & Deutsch, D. (2010). Absolute pitch correlates with high performance on musical dictation. *Journal of the Acoustical Society of America*, 128, 890-893.

Dooley, K., & Deutsch, D. (2011). Absolute pitch correlates with high performance on interval naming tasks. *Journal of the Acoustical Society of America*, 130, 4097-4104.

Dowling, W. J. (1973). The perception of interleaved melodies. *Cognitive Psychology*, 5, 322-337.

Dowling, W. J., & Harwood, D. L. (1986). *Music cognition*. Orlando, FL: Academic Press.

Drobisch, M. W. (1855). Uber musikalische Tonbestimmung und Temperatur. In *Abhandlungen der Königlich sachsischen Gesellschaft der Wissenschaften zu Leipzig*, 4, 3-121. Leipzig: Hirzel.

Duchowny, M., Jayakar, P., Harvey, A. S., Resnick, T., Alvarez, L., Dean, P., & Levin, B. (1996). Language cortex representation: effects of developmental versus acquired pathology. *Annals of Neurology*, 40, 31-38.

Ellis, W. D. (1938). *A source book of Gestalt psychology*. London: Routledge and Kegan Paul.

Erard, M. (2007). *Um ... Slips, stumbles, and verbal blunders, and what they mean*. New York: Random House.

Ernst, B. (1976). *The magic mirror of M. C. Escher*. New York: Random House.

Esquirol, E. (1845). *Mental maladies: A treatise on insanity* (E. K. Hunt, Trans.). Philadelphia: Lea & Blanchard. (Original French edition 1838)

Falk, S., Rathke, T., & Dalla Bella, S. (2014). When speech sounds like music. *Journal of Experimental Psychology, Human Perception and Performance*, 40, 1491-1506.

Fernald, A. (1993). Approval and disapproval: Infant responsiveness to vocal affect in familiar and unfamiliar languages. *Child Development*, 64, 657-674.

Fitch, W. T. (2010). *The evolution of language*. Cambridge, UK: Cambridge University Press.

Flourens, M. J. P. (1846). *Phrenology Examined* (Trans. C. de L. Meigs). Philadelphia, PA: Hogan & Thompson.

Fodor, J. A. (1983). *The modularity of mind: An essay on faculty psychology*. Cambridge, MA: MIT Press.

Fodor, J. A. (2001). *The mind doesn't work that way: The scope and limits of computational psychology*. Cambridge, MA: MIT Press.

Franssen, N. V. (1960). *Some considerations on the mechanism of directional hearing*. (Doctoral dissertation). Techniche Hogeschool, Delft, the Netherlands.

Franssen, N. V. (1962). *Stereophony*. Eindhoven, the Netherlands: Philips Technical Library. (English Translation 1964)

Frost, R. (1969). *The poetry of Robert Frost* (E. C. Lathem, Ed.). New York: Henry Holt.

Geiger, J. (2009). *The third man factor: The secret of survival in extreme environments*. New York: Penguin.

Gersztenkorn, D., & Lee, A. G. (2015). Palinopsia revamped: A systematic review of the literature. *Survey of Ophthalmology*, 60, 1-35.

Gervain, J., Vines, B. W., Chen, L. M., Seo, R. J., Hensch, T. K., Werker, J. F., & Young, A. H. (2013). Valproate reopens critical-period learning of absolute pitch, *Frontiers in Systems Neuroscience*, 7, 102.

Geschwind, N., & Fusillo, M. (1966). Color-naming defects in association with alexia. *Archives of Neurology*, 15, 137-146.

Giangrande, J. (1998). The tritone paradox: Effects of pitch class and position of the spectral envelope. *Music Perception*, 15, 253-264.

Giles, H. A. (1905). *An introduction to the history of Chinese pictorial art*. London: Bernard Quaritch.

Giuliano, R. J., Pfordresher, P. Q., Stanley, E. M., Narayana, S., & Wicha, N. Y. (2011). Native experience with a tone language enhances pitch discrimination and the timing of neural responses to pitch change. *Frontiers in Psychology*, 2, 146.

Gjerdingen, R. O. (1988). *A classic turn of phrase: Music and the psychology of convention*. Philadelphia: University of Pennsylvania Press.

Gjerdingen, R. O. (1994). Apparent motion in music? *Music Perception* 11, 335-370.

Glanz, J. (1999, November 5). Study links perfect pitch to tonal language. *New York Times*. Retrieved from https:// www.nytimes.com/ 1999/ 11/ 05/ us/ study-links-perfect-pitch-totonal-language.html

Gombrich, E. H. (1986). Some axioms, musings, and hints on hearing. In O. Renier & V. Rubenstein, *Assigned to listen: The Evesham experience, 1939–43* (pp. 77-78). London: BBC External Services.

Gombrich, E. H. (2000). A*rt and illusion: A study in the psychology of pictorial representation*. Princeton, NJ: Princeton University Press, eleventh printing.

Griesinger, W. (1867). *Mental pathology and therapeutics* (C. L. Robertson & J. Rutherford, Trans.) London: New Sydenham Society.

Grimby, A. (1993). Bereavement among elderly people: Grief reactions, post-bereavement hallucinations and quality of life. *Acta Psychiatrica Scandinavica*, 87, 72-80.

Guerrasio, J. (2017, July 24). Christopher Nolan explains the "audio illusion" that created the unique music in "Dunkirk." *Entertainment— Business Insider*. Retrieved from https:// www.businessinsider.com/ dunkirk-music-christopher-nolan-hans-zimmer-2017-7

Halpern, A. R. (1989). Memory for the absolute pitch of familiar songs. *Memory and Cognition*, 17, 572-581.

Hartmann, W. M. (2005). *Signals, sound, and sensation*. New York: Springer.

Hartmann, W. M., & Rakert, B. (1989). Localization of sound in rooms IV: The Franssen effect. *Journal of the Acoustical Society of America*, 86, 1366-1373.

Hall, M. D., Pastore, R. E., Acker, B. E., & Huang, W. (2000). Evidence for auditory feature integration with spatially distributed items. *Perception & Psychophysics*, 62, 1243-1257.

Hamilton, R. H., Pascual-Leone, A., & Schlaug, G. (2004). Absolute pitch in blind musicians. *NeuroReport*, 15, 803-806.

Hartmann, W. M. (2005). Signals, sound, and sensation. New York: Springer.

Heaton, P., Davis, R. E., & Happe, F. G. (2008). Research note: Exceptional absolute pitch perception for spoken words in an able adult with autism. *Neuropsychologia* 46, 2095-2098.

Hedger, S. C. Van, Heald, S. L. M., & Nusbaum, H. C. (2013). Absolute pitch may not be so absolute. *Psychological Science*, 24, 1496-1502.

Hedger, S. C., Van, Heald, S. L. M. & Nusbaum, H. C. (2016). What the [bleep]? Enhanced pitch memory for a 1000Hz sine tone. Cognition, 154, 139-150.

Heffner, C. C., & Slevc, L. R. (2015). Prosodic structure as a parallel to musical structure. *Frontiers in Psychology*, 6, 1962.

Heller, E. J. (2013). *Why you hear what you hear: An experiential approach to sound, music, and psychoacoustics*. Princeton, NJ and Oxford, UK: Princeton University Press.

Helmholtz, H. von. (1954). *On the sensations of tone as a physiological basis for the theory of music* (2nd English ed.). New York: Dover. (Original work published 1877)

Hernandez, D. (2018, May 17). Yanny or Laurel? Your brain hears what it wants to. *Wall Street Journal*. Retrieved from https://www.wsj.com/articles/yanny-or-laurel-your-brain-hears-what-it-wants-to-1526581025

Hofstadter, D. R. (1979). *Gödel, Escher, Bach: An eternal golden braid*. New York: Basic Books.

Honing, H. (2013). Structure and interpretation of rhythm in music. In D. Deutsch (Ed.), *The psychology of music* (3rd ed., pp. 369-404). San Diego, CA: Elsevier.

Hunt, F. V. (1978) *Origins in acoustics: The science of sound from antiquity to the age of Newton*. London: Yale University Press, Ltd.

Huron, D., & Ollen, J. (2003). Agogic contrast in French and English themes: Further support for Patel and Daniele. (2003). *Music Perception*, 21, 267-271.

Hymers, M., Prendergast, G., Liu, C., Schulze, A., Young, M. L., Wastling, S. J., Millman, R. E. (2015). Neural mechanisms underlying song and speech perception can be differentiated using an illusory percept. *NeuroImage*, 108, 225-233.

Iversen, J. R., Patel, A. D., & Ohgushi, K. (2008). Perception of rhythmic grouping depends on auditory experience. *The Journal of the Acoustical Society of America*, 124, 2263-2271.

Jackson, J. H. (1884). The Croonian Lectures on the evolution and dissolution of the nervous system. *British Medical Journal*, 1, 591-593.

Jaisin, K., Suphanchaimat, R., Candia, M. A. F., & Warren, J. D. (2016). The speech-to-song illusion is reduced in speakers of tonal (vs. non-tonal) languages. *Frontiers of Psychology*, 7, 662.

Jespersen, O. (1922). *Language: Its nature, development and origin.* London: Allen & Unwin Ltd.

Jonathan, G. & Secora, P. (2006). Eavesdropping with a master: Leos Janacek and the music of speech. *Empirical Musicology Review*, 1, 131-165.

Juslin, P.N. & Laukka, P. (2003). Communication of emotions in vocal expression and music performance: different channels, same code? *Psychological Bulletin*, 129, 770-814.

Kanizsa, G. (1955). Margini quasi-percettivi in campi con stimolazione omogenea. *Revista di Psicologia*, 49, 7-30.

Kellaris, J. (2003, February 22). *Dissecting earworms: Further evidence on the "song-stuck-in your-head phenomenon."* Paper presented to the Society for Consumer Psychology, New Orleans, LA.

Kim, S. (1989). *Inversions.* New York: W. H. Freeman.

King, R. (2009, February 4) "The Dark Knight" sound effects. *Los Angeles Times*.

Koelsch, S., Gunter, T. C., Cramon, D. Y., Zysset, S., Lohmann, G., & Friederici, A. D. (2002). Bach speaks: A cortical "language-network" serves the processing of music. *NeuroImage*, 17, 956-966.

Kraemer, D. J. M., Macrae, C. N., Green, A. E., & Kelley, W. M. (2005). Sound of silence activates auditory cortex. *Nature*, 434, 158.

Krishnan, A., Xu, Y., Gandour, J., & Cariani, P. (2005). Encoding of pitch in the human brainstem is sensitive to language experience. *Cognitive Brain Research*, 25, 161-168.

Krumhansl, C. L. (1990). *Cognitive foundations of musical pitch.* New York: Oxford University Press.

Kuniki, S., Yokosawa, K., & Takahashi, M. (2013). Neural representation of the scale illusion: Magnetoencephalographic study on the auditory illusion induced by distinctive tone sequences in the two ears. *PLoS ONE* 8(9): e7599.

Lamminmaki, S., & Hari, R. (2000). Auditory cortex activation associated with the octave illusion. *Neuroreport*, 11, 1469-1472.

Lamminmaki, S., Mandel, A., Parkkonen, L., & Hari, R. (2012). Binaural interaction and the octave illusion. *Journal of the Acoustical Society of America*, 132, 1747-1753.

Lane, H. (1976). *The wild boy of Aveyron*, Cambridge, MA: Harvard University Press.

Lee, C.-Y., & Lee, Y.-F. (2010). Perception of musical pitch and lexical tones by Mandarin speaking musicians. *Journal of the Acoustical Society of America*, 127, 481-490.

Lennenberg, E. H. (1967) *Biological foundations of language*. New York: Wiley.

Leonardo da Vinci (1956). *Treatise on Painting* (A. P. McMahon, Ed.). Princeton, NJ: Princeton University Press.

Lerdahl, F. (2001). *Tonal pitch space*. Oxford, UK: Oxford University Press.

Lerdahl, F., & Jackendoff, R. (1983). *A generative theory of tonal music*. Cambridge, MA: MIT Press.

Leyda, J. & Bertensson, S. (1947) The Musorgsky reader: A life of Modeste Petrovich Musorgsky in letters and documents (Eds. & Trans.) New York: Norton.

Levitin, D. J. (1994). Absolute memory for musical pitch: Evidence from the production of learned melodies. *Perception & Psychophysics*, 56, 414-423.

Liberman, A. M., & Mattingly, I. G. (1989). A specialization for speech perception. *Science*, 243, 489-493.

Liberman, A. M., & Whalen, D. H. (2000). On the relation of speech to language. *Trends in Cognitive Sciences*, 4, 187-196.

Lima, C. F., & Castro, S. L. (2011). Speaking to the trained ear: Musical expertise enhances the recognition of emotions in speech prosody. *Emotion*, 11, 1021-1031.

Lindbergh, C. A. (1953). *The Spirit of St. Louis*. New York: Scribner.

London, J. (2004). *Hearing in time: Psychological aspects of musical meter*. New York: Oxford University Press.

Loui, P., Alsop, D., & Schlaug, G. (2009). Tone deafness: A new disconnection syndrome? *The Journal of Neuroscience*, 29, 10215-10220.

Loui, P., Li, H. C., Hohmann, A., & Schlaug, G. (2010). Enhanced cortical connectivity in absolute pitch musicians: A model for local hyperconnectivity. *Journal of Cognitive Neuroscience*, 23, 1015-1026.

Lurhmann, T. (2012). *When God talks back: Understanding the American evangelical relationship with God*. New York: Vintage.

Luria, A. R. (1969). *Traumatic aphasia*. The Hague: Mouton.

Luria, A. R., Tsvetkova, L. S., & Futer, D. S. (1965). Aphasia in a composer. *Journal of the Neurological Sciences*, 2, 288-292.

Machlis, J. (1977). *The enjoyment of music* (4th ed.). New York: Norton.

Majewski, W., Hollien, H., & Zalewski, J. (1972). Speaking fundamental frequency of Polish adult males. *Phonetica*, 25, 119-125.

Mampe, B., Friederici, A. D., Christophe, A., & Wermke, K. (2009). Newborns' cry melody is shaped by their native language. *Current Biology*, 19, 1994-1997.

Margulis, E. H. (2014). *On repeat: How music plays the mind*. New York: Oxford University Press.

Margulis, E. H., Simchy-Gross, R., & Black, J. L. (2015). Pronunciation difficulty, temporal regularity, and the speech to song illusion. *Frontiers in Psychology*, 6, 48.

Marie, C., Kujala, T., & Besson, M. (2012). Musical and linguistic expertise influence preattentive and attentive processing of non-speech sounds. *Cortex*, 48, 447-457.

Marques, C., Moreno, S., Castro, S., & Besson, M. (2007). Musicians detect pitch violation in a foreign language better than nonmusicians: Behavioral and electrophysiological evidence. *Journal of Cognitive Neuroscience*, 19, 1453-1463.

Mazzucchi, A., Marchini, C., Budai, R., & Parma, M. (1982). A case of receptive amusia with prominent timbre perception deficit. *Journal of Neurology, Neurosurgery and Psychiatry*, 45, 644-647.

McAdams, S. (2013). Musical timbre perception. In D. Deutsch (Ed.), *The psychology of music* (3rd ed., pp. 35-68). San Diego, CA: Elsevier.

McCarthy-Jones, S. (2012). *Hearing voices: The histories, causes and meanings of auditory verbal hallucinations*. New York: Cambridge University Press.

McGurk, H., & MacDonald, J. (1976). Hearing lips and seeing voices, *Nature*, 264, 746-748.

Meadows, J. C., & Munro, S. S. F. (1977). Palinopsia. *Journal of Neurosurgery and Psychiatry*, 40, 5-8.

Mebert, C. J., & Michel, G. F. (1980). Handedness in artists. In J. Herron (Ed.), *Neuropsychology of left-handedness* (pp. 273-280). New York: Academic Press

Mercer, T., & McKeown, D. (2010). Updating and feature overwriting in short-term memory for timbre. *Attention, Perception, & Psychophysics*, 72, 2289-2303.

Merkelbach, H., & van den Ven, V. (2001). Another white Christmas: Fantasy proneness and reports of "hallucinatory experiences" in undergraduate students. *Journal of Behavior Therapy and Experimental Psychiatry*, 32, 137-144.

Meyer, L. B. (1956). *Emotion and meaning in music*. Chicago, IL: University of Chicago Press.

Miller, G. A., & Heise, G. A. (1950). The trill threshold. *Journal of the Acoustical Society of America*, 22, 637-638.

Miller, G. A., & Licklider, J. C. R. (1950). The intelligibility of interrupted speech. *Journal of the Acoustical Society of America*, 22, 167-173.

Mithen, S. (2006). *The singing Neanderthals: The origins of music, language, mind, and body*. Cambridge, MA: Harvard University Press.

Miyazaki, K. (1990). The speed of musical pitch identification by absolute pitch possessors. *Music Perception*, 8, 177-188.

Miyazaki, K., Makomaska, S., & Rakowski, A. (2012). Prevalence of absolute pitch: A comparison between Japanese and Polish music students. *Journal of the Acoustical Society of America*, 132, 3484-3493.

Monsaingeon, B. (2001). *Sviatoslav Richter: Notebooks and conversations* (S. Spencer, Trans.). Princeton, NJ: Princeton University Press.

Moon, C., Cooper, R. P., & Fifer, W. P. (1993). Two-day-olds prefer their native language. *Infant Behavior and Development*, 16, 495-500.

Moreno, S., Marques, C., Santos, A., Santos, M., Castro, S. L., & Besson, M. (2009). Musical training influences linguistic abilities in 8-year-old children: More evidence for brain plasticity. *Cerebral Cortex*, 19, 712-723.

Mottron, L., Dawson, M., & Soulieres, I. (2009). Enhanced perception in savant syndrome: Patterns, structure and creativity. *Philosophical Transactions of the Royal Society of London, B., Biological Sciences*, 364, 1385-1391.

Mudd, S. A. (1963). Spatial stereotypes of four dimensions of pure tone. *Journal of Experimental Psychology*, 66, 347-352.

Nakajima, Y., Tsumura, T., Matsuura, S., Minami, H., & Teranishi, R. (1988). Dynamic pitch perception for complex tones derived from major triads. *Music Perception*, 6, 1-20.

Narmour, E. (1990). *The analysis and cognition of basic melodic structures: The implicationrealization model*. Chicago: University of Chicago Press.

Necker, L. A. (1832). Observations on some remarkable phaenomena seen in Switzerland: and on an optical phaenomenon which occurs on viewing a crystal or geometrical solid. *The London and Edinburgh Philosophical Magazine and Journal of Science*, 1, 329-337.

Newport, E. L. (1990). Maturational constraints on language learning. *Cognitive Science*, 14, 11-28.

Norman-Haignere, S., Kanwisher, N. G., & McDermott, J. H. (2015). Distinct cortical pathways for music and speech revealed by hypothesis-free voxel decomposition. *Neuron*, 88, 1281-1296.

Nunes, J. C., Ordanini, A., & Valsesia, F. (2015). The power of repetition: Repetitive lyrics in a song increase processing fluency and drive market success, *Journal of Consumer Psychology*, 25, 187-199.

Oldfield, R. C. (1971). The assessment and analysis of handedness: The Edinburgh Inventory. *Neuropsychologia*, 9, 97-113.

O'Malley, F. W. (1920, October). Irving Berlin gives nine rules for writing popular songs. *American Magazine*.

Oxenham, A. J. (2013). The perception of musical tones, In D. Deutsch (Ed.), *The psychology of music* (3rd ed., pp. 1-34). San Diego, CA: Elsevier.

Pascual-Leone, A., Amedi, A., Fregni, F., & Merabet, L. B. (2005). The plastic human brain cortex. *Annual Review of Neuroscience*, 28, 377-401.

Patel, A. D. (2008). *Music, language, and the brain*. New York: Oxford University Press.

Patel, A. D., & Daniele, J. R. (2003). An empirical comparison of rhythm in language and music. *Cognition*, 87, B35-B45.

Penfield, W., & Perot, P. (1963). The brain's record of auditory and visual experience, *Brain*, 86, 595-696.

Penrose, L. S., & Penrose, R. (1958). Impossible objects: A special type of visual illusion. *British Journal of Psychology*, 49, 31-33.

Pereira, C. S., Teixeira, J., Figueiredo, P., Xavier, J., Castro, S. L., & Brattico, E. (2011). Music and emotions in the brain: Familiarity matters. *PLoS ONE*, 6(11), e27241.

Peretz, I., Ayotte, J., Zatorre, R. J., Mehler, J., Ahad, P., Penhune, V. B., & Jutras, B. (2002). Congenital amusia: A disorder of fine-grained pitch discrimination, *Neuron*, 33, 185-191.

Peretz, I., & Coltheart, M. (2003). Modularity of music processing. *Nature Neuroscience*, 6, 688-691.

Peretz, I., Cummings, S., & Dube, M.-P. (2007). The genetics of congenital amusia (tone deafness): A family-aggregation study. *American Journal of Human Genetics*,

81, 582-588.

Peretz, I., & Morais, J. (1989). Music and modularity. *Contemporary Music Review*, 1989, 4, 279-291.

Pfordresher, P. Q., & Brown, S. (2009). Enhanced production and perception of musical pitch in tone language speakers. *Attention, Perception, and Psychophysics*, 71, 1385-1398.

Piccirilli, M., Sciarma, T., & Luzzi, S. (2000). Modularity of music: Evidence from a case of pure amusia. *Journal of Neurology, Neurosurgery and Psychiatry*, 69, 541-545.

Pikler, A. G. (1966). Logarithmic frequency systems. *Journal of the Acoustical Society of America*, 39, 1102-1110.

Pinker, S. (1994). *The language instinct: How the mind creates language*. New York: Morrow.

Pinker, S. (1997). *How the mind works*. New York: Norton.

Polo, Marco (1958). *The Travels of Marco Polo*. (Trans. R. Latham.), New York: Penguin Books. (First published c. 1300).

Pousada, A. (1994). The multilinguism of Joseph Conrad. *English Studies*, 75, 335-349.

Profita, I. J., & Bidder, T. G. (1988). Perfect pitch. *American Journal of Medical Genetics*, 29, 763-771.

Querleu, D., Renard, X., Versyp. F., Paris-Delrue. L., & Crepin, G. (1988). Fetal hearing. *European Journal of Obstetrics and Gynecology and Reproductive Biology*, 28, 191-212.

Ragozzine, F., & Deutsch, D. (1994). A regional difference in perception of the tritone paradox within the United States. *Music Perception*, 12, 213-225.

Rauschecker, J. P., & Tian, B. (2000). Mechanisms and streams for processing of "what" and "where" in auditory cortex. *Proceedings of the National Academy of Sciences,* 97, 11800-11806.

Remez, R. E., Rubin, P. E., Pisoni, D. B., & Carell, T. D. (1981). Speech perception without traditional speech cues. *Science*, 212, 947-950.

Revesz, G. (1954). *Introduction to the psychology of music*. Norman, OK: University of Oklahoma Press.

Risset, J.-C. (1971). Paradoxes de hauteur: Le concept de hauteur sonore n'est pas le meme pour tout le monde. *Proceedings of the Seventh International Congress on Acoustics*, Budapest, S10, 613-616.

Rojas, D. C., Bawn, S. D., Benkers, T. L., Reite, M. L., & Rogers, S. J. (2002). Smaller left hemisphere planum temporale in adults with autistic disorder. *Neuroscience Letters*, 328, 237-240.

Rosenhan, D. L. (1973). On being sane in insane places. *Science*, 179, 250-258.

Rossing, T. D., Wheeler, T., & Moore, R. (2002). *The science of sound* (3rd ed.). San Francisco: Addison-Wesley.

Rubenstein, A. (1973). *My young years*. New York: Knopf.

Ruckmick, C. A. (1929). A new classification of tonal qualities. *Psychological Review*, 36, 172-180.

Sacks, O. (2008). *Musicophilia: Tales of music and the brain* (Rev. and Expanded). New York: Vintage.

Sacks, O. (2012). *Hallucinations*. New York: Knopf.

Saffran, J. R., & Griepentrog, G. (2001). Absolute pitch in infant auditory learning: Evidence for developmental reorganization. *Developmental Psychology*, 37, 74-85.

Sasaki, T. (1980). Sound restoration and temporal localization of noise in speech and music sounds. *Tohoku Psychologica Folia*, 39, 79-88.

Schellenberg, E. G. (2015). Music training and speech perception: A gene-environment interaction. *Annals of the New York Academy of Sciences*, 1337, 170-177.

Schellenberg, E. G., & Trehub, S. E. (2003). Good pitch memory is widespread. *Psychological Science*, 14, 262-266.

Schenker, H. (1956). *Neue Musikalische Theorien und Phantasien: Der Freie Satz*. Vienna, Austria: Universal Edition.

Schlaug, G., Jancke, L., Huang, Y., & Steinmetz, H. (1995). In vivo evidence of structural brain asymmetry in musicians. *Science,* 267, 699-701.

Semal, C., & Demany, L. (1991). Dissociation of pitch from timbre in auditory short-term memory. *Journal of the Acoustical Society of America*, 89, 2404-2410.

Sergeant, D. (1969). Experimental investigation of absolute pitch, *Journal of Research in Music Education*, 17, 135-143.

Shakespeare, W. *Antony and Cleopatra,* Act 4, Scene 14.

Shakespeare, W. *Julius Caesar*, Act 3, Scene 2.

Shakespeare, W. *The Tempest*, Act 4, Scene 1.

Shaw, G. B. (2007). *Pygmalion*. Minneapolis, MN: Filiquarian Publishing. (Original work published 1913)

Shepard, R. N. (1964). Circularity in judgments of relative pitch. *Journal of the Acoustical Society of America*, 36, 2345-2353.

Shepard, R. N. (1965). Approximation to uniform gradients of generalization by monotone transformations of scale. In D. I. Mostofsky (Ed.), *Stimulus generalization* (pp. 94-110). Stanford, CA: Stanford University Press.

Shepard, R. N. (1982). Structural representations of musical pitch. In D. Deutsch (Ed.), *The psychology of music* (pp. 343-390): New York: Academic Press.

Shermer, M. (2009, January 1). Telephone to the dead. *Scientific American*.

Shermer, M. (2011). *The believing brain*. New York: St. Martin's Press.

Sidgwick, H., Johnson, A., Myers, F. W. H., Podmore, F., & Sidgwick, E. M. (1894). Report on the census of hallucinations. *Proceedings of the Society for Psychical Research*, 10, 24-422.

Simon, H. A. (1962). The architecture of complexity. *Proceedings of the American Philosophical Society*, 106, 467-482.

Simpson, J. (1988). *Touching the void: The true story of one man's miraculous survival*. New York: HarperCollins.

Sloboda, J. A. (1985). *The musical mind: The cognitive psychology of music*. Oxford, UK: Oxford University Press.

Smith, N. A., & Schmuckler, M. A. (2008). Dial A440 for absolute pitch: Absolute pitch memory by nonabsolute pitch possessors. *The Journal of the Acoustical Society of America*, 123, EL77-EL84.

Spence, M. J., & Freeman, M. S. (1996). Newborn infants prefer the maternal low-pass filtered voice, but not the maternal whispered voice. *Infant Behavior and Development*, 19, 199-212.

Spencer, H. (1857, October). The origin and function of music. *Fraser's Magazine*.

Steele, J. (1923). *Prosodia rationalis: Or, an essay towards establishing the melody and measure of speech to be expressed and perpetuated by peculiar symbols* (2nd ed, amended and enlarged). London: J. Nicols. (Original work published 1779)

Strauss, R. (1953). *Recollections and reflections*. (W. Schuh, Ed, E. J. Lawrence, Trans.). Zurich, Switzerland: Atlantis-Verlag. (Original work published 1949)

Suedfeld, P., & Mocellin, J. S. P. (1987). The "sensed presence" in unusual environments. *Environment and Behavior*, 19, 33-52.

Starr, G. E., & Pitt, M. A. (1997). Interference effects in short-term memory for timbre. *Journal of the Acoustical Society of America*, 102, 486-494.

Sundberg, J. (2013). Perception of singing. In D. Deutsch (Ed.), *The psychology of music* (3rd ed., pp. 69-106). San Diego, CA: Elsevier.

Takeuchi, A. H., & Hulse, S. H. (1991). Absolute pitch judgments of black and white-key pitches. *Music Perception*, 9, 27-46.

Temperley, D. (2007). *Music and probability*. Cambridge, MA: MIT Press.

Teranishi, R. (1982). Endlessly ascending/ descending chords performable on a piano. *Reports of the Acoustical Society of Japan*, H62-H68.

Terhardt, E., & Seewann, M. (1983). Aural key identification and its relationship to absolute pitch, *Music Perception*, 1, 63-83.

Thiessen, E. D., Hill, E. A., & Saffran, J. R. (2005). Infant-directed speech facilitates word segmentation. *Infancy*, 7, 53-71.

Thompson, W. F. (2013). Intervals and scales. In D. Deutsch (Ed.), *The psychology of music* (3rd ed., pp. 107-140), San Diego, CA: Elsevier.

Thompson, W. F., Hall, M. D., & Pressing, J. (2001). Illusory conjunctions of pitch and duration in unfamiliar tonal sequences. *Journal of Experimental Psychology: Human Perception and Performance*, 27, 128-140.

Thompson, W. F., Marin, M. M., & Stewart, L. (2012), Reduced sensitivity to emotional prosody in congenital amusia rekindles the musical protolanguage hypothesis. *Proceedings of the National Academy of Sciences*, 109, 19027-19032.

Thompson, W. F., Schellenberg, E. G., & Husain, G. (2004). Decoding speech prosody: Do music lessons help? *Emotion*, 4, 46-64.

Thomson, W. (1999). *Tonality in music: A general theory*. San Marino, CA: Everett.

Tien, A. Y. (1991). Distribution of hallucinations in the population. *Social Psychiatry and Psychiatric Epidemiology*, 26, 287-292.

Tierney, A., Dick, F., Deutsch, D., & Sereno, M. (2013). Speech versus song: Multiple pitchsensitive areas revealed by a naturally occurring musical illusion. *Cerebral Cortex*, 23, 249-254.

Treisman, A. M., & Gelade, G. (1980). A feature-integration theory of attention. *Cognitive Psychology*, 12, 97-136.

Twain, M. (1876). A literary nightmare. *Atlantic Monthly*, 37, 167-170.

Van Hedger, S. C., Heald, S. L. M., & Nusbaum, H. C. (2016). What the [bleep]? Enhanced pitch memory for a 1000 Hz sine tone. *Cognition*, 154, 139-150.

Van Noorden, L. P. A. S. (1975). *Temporal coherence in the perception of tone sequences* (Unpublished doctoral dissertation). Technische Hogeschoel Eindhoven, the

Netherlands.

Vanden Bosch der Nederlanden, C. V. M., Hannon, E. E., & Snyder, J. S. (2015a). Everyday musical experience is sufficient to perceive the speech-to-song illusion. *Journal of Experimental Psychology: General*, 144, e43-e49.

Vanden Bosch der Nederlanden, C. V. M., Hannon, E. E., & Snyder, J. S. (2015b). Finding the music of speech: Musical knowledge influences pitch processing in speech. *Cognition*, 143, 135-140.

Varney, N. R., & Benton, A. L. (1975). Tactile perception of direction in relation to handedness and familial handedness. *Neuropsychologia*, 13, 449-454.

Vargha-Khadem, F., Carr, L. J., Isaacs, E., Brett, E., Adams, C., & Mishkin, M. (1997). Onset of speech after left hemispherectomy in a nine year old boy. *Brain*, 120, 159-182.

Vernon, P. E. Absolute pitch: A case study. (1977). *British Journal of Psychology*, 68, 485-489.

Vokey, J. R., & Read, J. D. (1985). Subliminal messages: Between the devil and the media. *American Psychologist*, 40, 1231-1239.

Wallach, H., Newman, E. B., & Rosenzweig, M. R. (1949). The precedence effect in sound localization. *The American Journal of Psychology*, 62, 315-336.

Warren, R. M. (1983). Auditory illusions and their relation to mechanisms normally enhancing accuracy of perception. *Journal of the Audio Engineering Society*, 31, 623-629.

Warren, R. M., Obusek, C. J., & Ackroff, J. M. (1972). Auditory induction: Perceptual synthesis of absent sounds. *Science*, 176, 1149-1151.

Warren, R. M., Obusek, C. J., Farmer, R. M., & Warren, R. P. (1969). Auditory sequence: Confusions of patterns other than speech or music. *Science*, 164, 586-587.

Wessel, D. L. (1979). Timbre space as a musical control structure. *Computer Music Journal*, 3, 45-52.

White, R. W. (1964). Criminal complaints: A true account by L. Percy King. In B. Kaplan (Ed.), *The inner world of mental illness* (pp. 134-135). New York: Harper.

Williamson, V. J., Jilka, S. R., Fry, J., Finkel, S., Mullensiefen, D., & Stewart, L. (2012). How do "earworms" start? Classifying the everyday circumstances of involuntary musical imagery. *Psychology of Music*, 40, 259-284.

Winkielman, P., Schwarz, N., Fazendeiro, T., & Reber, R. (2003). The hedonic marking of processing fluency: Implications for evaluative judgment. In J. Musch & K. C. Klauer (Eds.), *The psychology of evaluation: Affective processes in cognition and emotion* (pp. 189-217). Mahwah, NJ: Erlbaum.

Woods, B. T. (1983). Is the left hemisphere specialized for language at birth? *Trends in Neurosciences*, 6, 115-117.

Wong, P. C., Skoe, E., Russo, N. M., Dees, T., & Kraus, N. (2007). Musical experience shapes human brainstem encoding of linguistic pitch patterns. *Nature Neuroscience*, 10, 420-422.

Wray, A. (1998). Protolanguage as a holistic system for social interaction. *Language and Communication*, 18, 47-67.

Wright, D. (1969). *Deafness: A personal account.* New York: HarperCollins.

Yam, P. (1996, March). Escher for the ear. S*cientific American*.

Zajonc, R. B. (1968) Attitudinal effects of mere exposure. *Journal of Personality and Social Psychology*, 9, 1-27.

Zatorre, R. J., Belin, P., & Penhune, V. B. (2002). Structure and function of auditory cortex: Music and speech. *Trends in Cognitive Science*, 6, 37-46.

찾아보기

왜곡하는 뇌

2023년 2월 23일 1판 1쇄 발행
2023년 3월 13일 1판 2쇄 발행

지은이   다이애나 도이치
옮긴이   박정미·박종화
펴낸이   박래선
펴낸곳   에이도스출판사
출판신고   제395-251002011000004호
주소   경기도 고양시 덕양구 삼원로 83, 광양프런티어밸리 1209호
팩스   0303-3444-4479
이메일   eidospub.co@gmail.com
페이스북   facebook.com/eidospublishing
인스타그램   instagram.com/eidos_book
블로그   https://eidospub.blog.me/
표지 디자인   공중정원
본문 디자인   김경주

ISBN   979-11-85415-53-6   93400